JICHU HUAXUE ZHONG DE
WEIWU BIANZHENGFA

JICHU HUAXUE DUI
WEIWU BIANZHENGFA
JIBEN YUANLI DE
YANZHENG

基础化学中的唯物辩证法

基础化学对唯物辩证法基本原理的验证

赵建 著

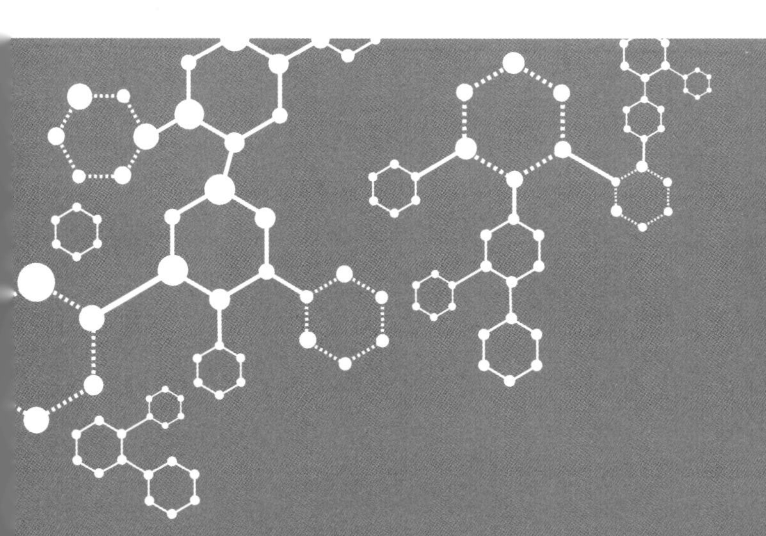

天津大学出版社
TIANJIN UNIVERSITY PRESS

内 容 简 介

本书从基础化学的理论和实践出发，系统性地诠释了其中所蕴含的丰富的唯物辩证法思想，全书内容分为唯物论、辩证法和认识论三部分。一方面，本书通过基础化学验证了辩证唯物主义基本观点和原理的科学性，可以帮助读者通过化学学科增强对辩证唯物主义基本观点和原理的认识和理解；另一方面，本书以辩证唯物主义基本观点引领对基础化学理论发展和理论间内在关系的分析，增强对基础化学理论的体系化认识，不仅可以消除不同理论间的隔阂，连通古代化学、近代化学与现代化学，还有助于解决基础化学理论中的难点问题。从而使基础化学和辩证唯物主义哲学间呈现出相互促进、相得益彰的关系。

本书特别适合教授和学习大学普通化学的老师、学生参考，也适合对自然科学和辩证唯物主义间关系感兴趣的爱好者参考。

图书在版编目(CIP)数据

基础化学中的唯物辩证法：基础化学对唯物辩证法基本原理的验证 / 赵建著. -- 天津：天津大学出版社，2024. 7. -- ISBN 978-7-5618-7748-7

Ⅰ. O6; B024

中国国家版本馆CIP数据核字第2024KQ2546号

出版发行　天津大学出版社
地　　址　天津市卫津路92号天津大学内（邮编:300072）
电　　话　发行部:022-27403647
网　　址　www.tjupress.com.cn
印　　刷　廊坊市瑞德印刷有限公司
经　　销　全国各地新华书店
开　　本　787mm×1092mm　1/16
印　　张　15.25
字　　数　381千
版　　次　2024年7月第1版
印　　次　2024年7月第1次
定　　价　76.00元

前言 Foreword

本书是作者的另一本书《基础物理学与哲学的另一半对话——基础物理学对辩证唯物主义基本原理的验证》（以下简称《对话》）的延续。

在《对话》一书中，作者通过对包括牛顿力学、经典电磁学、热力学、相对论、量子理论以及现代热力学等基础物理学300多年发展形成的理论和实验事实的分析，指出并论证了基础物理学的发展与唯物论和辩证法的发展之间惊人的契合关系：牛顿力学标志着唯物主义对唯心主义的第一次胜利，但这时的唯物主义是形而上学的；经典电磁学、热力学标志着唯物主义对唯心主义的第二次胜利，但这时的唯物主义是半形而上学半辩证法的；相对论、量子理论、现代热力学不仅是唯物主义对唯心主义的第三次胜利，而且全面体现了辩证法的思想，可以说是辩证唯物主义思想的完美胜利，基础物理学的发展轨迹几乎完美演绎了辩证唯物主义的胜利和强大生命力。在该书的成书过程中，作者还发现以上述哲学视角的分析为纽带，可以更好地使原本相对分离的基础物理学的几大理论——牛顿力学、经典电磁学、热力学、相对论、量子理论以及现代热力学建立联系，呈现发展演化关系，构造更加有机的基础物理学体系。不仅如此，借助辩证唯物主义的观点和视角，相对论、量子理论以及现代热力学中原本难以理解的理论难点问题变得容易理解了，基础物理学和辩证唯物主义哲学之间呈现出相互促进、相得益彰的良性互动关系。

于是，作者就产生了将这种良性互动关系继续延伸到其他自然基础学科的想法。这种做法可能产生以下方面的效能：①在自然科学领域继续回答辩证唯物主义是否还成立的问题，在现代自然科学取得重大发展的情况下，这种验证是有意义的；②以验证辩证唯物主义主要观点和原理为纽带，系统性地梳理自然科学的体系结构，解决自然科学研究中往往存在的古代、近代、现代相对割裂的问题，使一门自然科学成为一个有机相连的体系，正如借助验证辩证唯物主义的基本观点和原理，将牛顿力学、经典电磁学、热力学、相对论、量子理论以及现代热力学几大理论板块相互贯通构成一个有机的整体一样；③利用唯物辩证法基本规律的指导，解决现代科学理论中原本非常难以理解的问题，正如借助唯物辩证法的视角，更容易理解相对论、量子力学、现代热力学中一些重要的难点问题一样。

在其他自然学科中，化学自然一马当先。它是自然科学中另一门基础性学科，相比物理学，人类对化学的利用或许更加久远，最古老的化学应用——人类对火的使用，距今已有几十万年的历史。当然，按照现代科学的观点，化学的基本原理主要来自物理学理论的支撑，例如经典价键理论的理论支撑是电子的发现和经典原子模型，现代价键理论的理论支撑是量子力学理论。因此，从这个角度看，物理学和化学之间的关系是十分密切的，而这种密切的关系也一定会体现在它们与辩证唯物主义的关系上，既然基础物理学的发展和辩证唯物主义之间体现了良好的对应性，那么这种对应性在化学和辩证唯物主义之间也应得到体现。

研究化学对辩证唯物主义的验证问题具有以下三方面的现实意义：①化学是一门实践性强、历史更加悠久的自然学科，化学对辩证唯物主义基本观点和原理的验证将增加辩证唯物主义的说服力；②由于化学的强实践性和久远的发展历史，使化学学科成为一个理论体系非常庞杂、内部存在隔阂的学科，而利用验证过程中辩证唯物主义基本观点和原理的内在逻辑性，可以对庞杂、存在隔阂的化学学科的理论体系进行一个有效的梳理，从而形成一个有序、贯通的理论体系，增强对各个化学理论，特别是理论间相互联系的再认识；③借助唯物辩证法的视角，可以帮助我们更好地理解现代化学理论中难以理解的难点问题。

以上就是创作本书的初衷。

在具体的组织上，本书基本延续了《对话》的思路：以辩证唯物主义基本原理和主要内容为框架，以基础化学理论和实验实践为依据，总结基础化学中所体现的唯物辩证法。本书主体内容主要分为基础化学如何体现物质与意识的关系，基础化学如何体现辩证法运动与变化的基本观点，基础化学如何体现辩证法三大基本规律以及基础化学所体现的认识论，最后在总体上给出基础化学与辩证唯物主义的对应关系。

第 1 章讨论了基础化学中的唯物论，即物质与意识的辩证关系，包括物质决定意识（即物质第一性原则）和意识对物质的能动作用两方面。

在物质第一性原则方面，基础化学提供了一系列有力的支撑和依据。①从化学的角度看，常见的物质世界是由原子以及原子构成的分子组成的，组成原子和分子的基本单元是元素，目前人类已经确认的元素有 118 种，正是这 100 多种元素通过化学键形成的不同组合构成了目前人类所看到的千姿百态、形形色色的物质世界。进而借助宇宙学进一步指明，现在地球上的元素都来自几十亿乃至上百亿年前宇宙中不同质量恒星生命周期中的聚变、超新星爆炸以及关联的黑洞、中子星间的合并过程，这些由宇宙产生的元素在其产生后就进入永恒的运动和变化中，它们随着星体的形成和灭亡不断地相互结合，又不断地相互分离，它们中极其微小的一部分在大约 46 亿年前随太阳系的形成聚集在一起，从而形成了我们的地球。②在随后的地球演化中，化学使我们更好地理解了几十亿年间地球生命圈（水圈、大气圈、岩石圈、生物圈）自我形成和演化的过程，并列举了一些化学起关键作用的典型过程，例如地球原始水圈和大气圈到现代水圈和大气圈的演化、水的分子结构到水的特性（最典型的表现就是氢键的形成），再到与地球生命圈的关系、碳循环与温室效应、氮循环与生命等。③基础化学打通了无机世界、有机世界和生物世界的联系，说明地球上的非生命元素在一定的自然条件下首先通过化学作用产生氨基酸、核酸等构成生命分子的通用的结构单元，这些结构单元在一定的自然条件下再进一步结合生成蛋白质、核酸等生命分子物质，再进一步进化而产生原始的生命体。④利用自然科学知识，现在我们已经能大致还原地球及其演化过程，说明地球上的星辰大海、山川河流、植物动物的形成和演化过程。这样就从本源上回答了物质的来源问题，生命的来源问题，人类的来源问题，即它们来自宇宙的自我演化过程，不需要任何“圣灵”的参与和干预，化学过程在其中发挥了重要作用。⑤在人类文明产生之后，化学开始在人类社会生活中发挥巨大作用。人类开始利用掌握的化学知识不断发现新物质，并根据自己的需要创造新物质，从而满足人类生存和发展的需要，截至 20 世纪末，化学家合成的化学物质的数目就已达 2 230 万种，其中 6 万到 7 万种为人类所使用，7 000 种被工业大量生产，如此数目庞大的各种物质都是由几十种元素结合而来的。从原子世界到宏观世界是人类感知最直接的物质空间，也是和人类社会生活关系最密切的物质空间，基础化学使人类充分领略到物质世界的丰富多彩，为人类生存和活动所需的能源、材料、信息、环境等要素提供了物质支撑，也成为物质第一性原则的重要依据。

唯物辩证法在承认物质第一性原则的同时，还承认意识可以对物质产生巨大的能动作用。意识对物质的能动作用在化学学科上更加可见、更可感受，其原因是人类生存和直接感知的空间“刚好”

落在化学所支配的原子、分子汇聚空间，即化学创造的物质正好在人的直接感受范围内。因此，化学学科所体现的意识对物质的能动作用也更加突出，并且在不同阶段呈现出不同的特点。

一般把远古到 16 世纪前的化学称为古代化学。古代化学实践的发展史几乎就是古代人类生产力的发展史：我们远古的祖先对火的使用点燃了人类文明的第一束光，火不仅能带来光明和温暖、驱赶野兽，而且能把在大火中丧生的野兽变为美味，我们的祖先在生活实践中掌握了摩擦生火和钻木取火的技能，从被动的火种看管者变成了火的驾驭者，火的使用使人类最终区别于其他动物，拉开了人类支配和改造大自然的序幕；在火的使用之后，陶器的发明成为人类社会发展史上具有划时代意义的标志，也是新石器时代的主要标志之一，这也是人类最早通过化学变化将一种物质改变成另一种物质的创造性活动，在利用火的基础上，把黏土变成陶器是一种质的变化，是人力改革天然物的开端，陶器成为推动人类走向定居和农耕文明的不可或缺的要素；在陶器的发明之后，我们的祖先在实践中发明了青铜的冶炼技术，人类由此进入青铜时代，铜器是人类第一次采用化学的方法，将天然的矿石熔化并铸造出的器具，铜器坚韧、可随意成型、损坏后仍可回炉重铸，具有石器所不可比拟的优越性，提高了生产力，使劳动产品出现剩余，从而产生了阶级分化，青铜器推动人类社会从原始社会进入奴隶社会。古代化学实践在冶金方面的另一个高峰是铁的冶炼，“铁使更大面积的田野耕作、开垦广阔的森林地区成为可能；它给手工业者提供了坚牢而锐利的器具，不论任何石头或当时所知道的任何金属，没有一种能与之相抗。”（恩格斯语）在中国，战国中晚期铁器已被广泛用于农具、兵器，对战国秦汉时期生产力的发展起到了重要作用，铁器的成规模使用推动中国社会从奴隶社会进入封建社会。从火的使用到陶器的发明，再到铜器、铁器的发明，它们都是古代先民发挥意识能动性进行的一系列基于化学实践的成果，这个阶段的特点是以经验为主、没有理论，即还没有形成系统性的理性认识。

16 世纪到 20 世纪初的化学一般称为近代化学。近代化学的兴起和发展主要在西方。中世纪的欧洲由于受到基督教会经院哲学的压制，自然科学发展非常缓慢。在化学实践方面，主要是围绕炼金术开展。经过长期的实践和摸索，人们逐步发现炼金术的指导思想是错误的，它颠倒了物质和性质的关系，应该是物质决定性质，而不是性质决定物质。于是，炼金术“破产”了，但炼金术为近代化学的发展留下一批遗产，包括化学实验的方法、化学实验的器具和对一些化学变化规律的认识。16 世纪起，化学开始从炼金术阶段进入医药化学和冶金化学阶段，逐步面向生活和生产实际，但仍没有成为一门独立的科学。1661 年，波义耳提出了科学的元素概念，明确了化学的研究方向，即寻找这些基本物质元素，以及这些元素结合成化合物与化合物分解为元素的规律，这样就把化学从医学和冶金中分离出来，使之形成一门独立的科学。近代化学和古代化学的区别主要体现在以下方面：①利用更加广泛的手段，包括吸收最新的物理学的成果，开展更加广泛的化学实验；②在化学实验中，引入测量手段，开展严谨的定量分析；③从结构上思考化学的基本问题，从而建立体系化的化学理论。近代化学的成果主要体现在元素与物质的发现与制备、近代无机化学理论的构建、近代有机化学的发现与理论构建以及近代无机化工工业和近代有机化工工业的兴起与发展等方面。得益于近代化学理论的创立，近代化学创造了远比古代化学辉煌的成就，19 世纪时化学工业已经成为人类工业化革命的支柱性产业，推动了人类社会发展中的近现代化进程，当人类对化学从没有理论的感性认识上升到有体系化理论的理性认识，并把这种理性认识应用于改造自然的实践时，意识的能动性在近代化学实践方面显示出巨大的威力。不过近代化学理论主要建立在对实践经验进行归纳和扩展的基础上，还不能从本质上解释化学键、化学反应等最重要的化学基本概念的实质。

20 世纪初至今的化学称为现代化学，其大致可分为前后两个阶段。前期阶段基于电子的发现以及旧量子论，人们初步确立了这样的共识——原子由原子核和核外电子组成，几乎所有的化学现象都是核外电子扮演主角，基于电子的行为可以阐释化学。在此背景下，在化学领域形成了一系列关于物质结构和化学键的理论成果，例如 1916 年提出的离子键理论、1916 年提出的共价键理论、1927 年提出的配位键理论以及金属键和分子间的范德华力等，通过意识对物质的能动作用建立的上述理论大大促进了人们对化学键、化学反应等重要的基本概念的认识，但这时的理论多停留在定性分析和猜测推理的基础上。20 世纪 30 年代起，利用量子力学理论定量求解原子核外电子分布和相互作用变为可能，于是借助物理学上的最新成果，从根本上解决了从原子结构到化学键的问题，从而带来了现代化学理论上一系列的重大突破。1927 年，人们发现了一种针对薛定谔方程中波函数的多粒子体系能量计算的近似方法，通过计算两个氢原子构成的氢分子体系的能量和波函数，定量分析了氢分子的结构问题，在此基础上逐渐形成了价键理论（VB 理论）的基本观点：如果原子在未化合前有未成对的电子，这些未成对的电子可两两结合成电子对（自旋相反），这时构成电子对的两个电子的密度分布（波函数）发生重叠，使原子“轨道”重叠交盖，形成一个共价键，将不同的原子结合在一起成为分子；一个电子与另一个电子配对后，就不能再与第三个电子配对；电子的密度分布（波函数）重叠得越多，所形成的共价键就越稳定。不过，很快 VB 理论在解决有机物分子成键问题时遇到了困难。1931 年，一种创新性的杂化轨道理论被提出，该理论认为在四价碳的化合物中，为使能量最低，成键轨道不再是单纯的 2s 轨道和 2p 轨道，而是由它们混合起来重新组成的四个新轨道，杂化轨道理论可以解释 CH_4 是正四面体结构的事实，但它在解释分子的磁性、多原子分子以及许多的有机共轭分子结构时遇到了困难。1932 年，分子轨道理论被提出，该理论认为在分子中电子不从属于某些特定的原子，而是在遍及的整个分子范围内运动，分子轨道由原子轨道线性组合而成，在分子中电子填充分子轨道时也遵从原子内相似的规则——能量最低原理、泡利不相容原理和洪特规则，分子轨道理论对 20 世纪后半叶化学的许多领域都产生了巨大冲击。另外，量子力学理论的应用使金属键理论产生了巨大进步，在 20 世纪 30 年代形成金属键的能带理论。量子力学理论还被用来解释配合物的键及物理性质，1929 年晶体场理论被提出，它很好地解释了配合物的磁性、配离子的空间构型、配离子的稳定性以及配合物可见光谱（颜色）等问题，但在解释配体对中心离子的配合能力时并不理想。因此，1952 年人们把晶体场理论和分子轨道理论相结合，把 d 轨道能级分裂看作静电作用和生成共价键分子轨道的综合结果，这就是配位场理论，它是目前为止较为理想的络合物化学键理论。总之，在现代化学的后期阶段，量子力学理论被大规模用于化学机理的分析，使演绎法在化学理论的创新中发挥了更大作用，产生了众多先进的理论，而这些理论用于指导实践，产生了巨大的效果。以人类发现或创造的物质种类为例，在 1900 年一年内登记的从天然产物中分离出和人工合成的已知化合物是 55 万种，到 1945 年翻了一番，达到 110 万种，之后新化合物增长的速度大约每隔十年翻一番，目前每天增加的新化合物大约是 12 000 种，这些新的化合物给人类带来了生命、能源、材料、环境等人类生存与发展核心要素上的改变。

综上，基础化学以大量的理论和事实验证了物质是第一性的，同时也验证了意识对物质具有巨大的能动作用，二者共同构成了辩证唯物主义的唯物论观点。

第 2 章讨论了关于基础化学与辩证法的总特征，基于量子力学的观点，通过对化学键、化学反应机理和具体表现的分析，说明了化学世界中的普遍联系与变化发展，验证了辩证唯物主义关于辩证法的两个基本特征。

在旧量子论阶段，人们利用玻尔模型和光谱学的实践大致确定了原子核外电子分布的三个量子数，加上第四个量子数——电子自旋的假设，从而大致确定了原子核外电子分布的壳层模型，但尚无法真正从本源上解释这个模型。

1926 年，奥地利物理学家薛定谔提出了薛定谔方程，利用波动力学方程描述了原子核外电子的波动性质。薛定谔方程首先被应用于单个氢原子体系的求解，不仅得到了主量子数、角量子数、磁量子数三个量子数及对应的壳层模型，更重要的是彻底改变了人们原来对原子核外电子运行“轨道”的认知，并开始认识到对原子核外电子运动的描述使用“轨道”的概念是不正确的，而破除“轨道”概念的束缚后，就可以在更高的层面对各类化学键及原理的内在关系有一个新的认识，随之而来的主要改变包括：①电子是以概率的形式出现在原子核外；②根据量子力学理论和薛定谔方程，原子核外电子所能处的位置不是连续的，只能位于一些离散的驻留位置上（对应于波函数在势阱条件下的驻波的平衡位置）；③由于电子具有量子效应，受不确定原理的作用，电子在这些驻留位置将会发散，从而形成发散的区域，使电子出现的轨迹看似一个以原子核为中心的几何形体（最简单的如球体），这种“假象”使人们仍按照传统力学的习惯，把这些约束电子运动的固定的几何形体称为“轨道”。但后来，人们发现使用“轨道”的概念是不合理的，因为电子并不像行星那样在围绕着恒星的轨道上运行，正确的说法是把电子以概率方式出现所形成的形体称为电子云。即对原子核外电子而言，本来就不存在所谓的固定“轨道”，而是存在电子云，它是量子化的电子的概率分布，体现的是动态、运动的图景，可以更加适应原子间运动变化和普遍联系的需要，在形成化学键时，在基本规则（系统能量最低）作用下，电子在不同的范围内发生不同的联系时，电子的电子云是可以根据情况发生动态变化、灵活调整并相互重叠的，由此诞生现代化学中不同类型的化合键，而对于固定的“轨道”而言，这是难以做到的。利用电子云的概念可以更好地理解化学键的实质，而电子云的概念更体现了唯物辩证法的普遍联系与变化发展的特征。

与化学键实质相关联的另一个重要概念是电子自旋。1928 年，英国物理学家狄拉克将狭义相对论引入薛定谔方程而得到了狄拉克方程，该方程将原来状态函数的空间形态（三分量场）改变为四分量场，即将原来分离的空间和时间合并成统一的四维时空，通过狄拉克方程的求解，狄拉克证明了电子自旋的存在，表明电子除有轨道角动量外，还应该有内禀角动量，这个内禀角动量就是自旋，并且由狄拉克方程可以得到电子自旋的两个值：一个是正旋，另一个是反旋。从自旋的由来可以看出，自旋本身就是狭义相对论时空联系的延续，从哲学角度看，难以理解的自旋本身原来就来源于时空联系。电子自旋又带来了新的联系和变化。首先，电子自旋带来了同一原子的核外电子间的一种联系，由于只有正负两个值，这些电子只能两两配对形成一组电子对，再结合前面提到的三个量子数和能级分布，就形成了原子核外电子按照能级从低到高依次填充的有序分布，原子核外电子的有序分布成为整个化学的基础。其次，电子自旋又带来了不同原子的电子间新的联系和变化，即如果两个相邻的原子各自有一个孤立电子，为保持能量最低，原本两个孤立电子间会因为自旋的不同发生纠缠而产生波函数的重叠（电子云的重叠），波函数的重叠会产生交换能，交换能的大小取决于两个电子波函数的重叠程度，且比库仑能要大得多，这就是两个同带负电荷的电子会克服同种电荷间的斥力结合在一起构成电子对的原因，而这也是共价键形成的内在本质。共价键理论是最基本的价键理论，它是由邻近的不同原子的核外最外层s或p轨道电子在能量最低原理的作用下，形成共用电子对而产生的，可以认为是核外最外层s或p轨道电子单独参与形成的化学键。杂化轨道理论则是在上述共价键理论的基础上，打破了最外层s、p和次外层d轨道电子各自孤立成键的限制，认为在一些情况下，为满足能量最低原理的要求，最外层s、p轨道和次外层d轨道电子云可以发生联系、相互重叠，组合成新的杂化轨道，邻近的不同原子再通过新形成的杂化轨道配对形成各种共价键。在杂化轨道理论的基础上，对于配位化合物又发展出配位化合物的价键理论，配位化合物的价键理论将联系从共享电子对发展到共享孤电子对和空轨道，从原子间相互联系的层面扩展到原子与原子基团间相互联系的层面。从共价键理论到s-p杂化轨道理论，再到配位键理论，是在原子轨道概念的基础上，核外电子联系范围不断扩大、层次不断加深的过程。当然，围绕化学键之间的相关联系范围的扩大还没有停止，从原子轨道概念的化学键理论又发展出基于分子的分子轨道理论，分子轨道理论把构成分子的不同原子视为一个体系，来自不同原子的不同类型的原子轨道通过原子间原子轨道波函数幅度叠加产生的增强和减弱效果，形成新的高低能量轨道，称为分子轨道。如果再扩大联系范围，当把整个金属作为一个大分子，把分子轨道理论应用到金属键的解释上，就形成了金属的晶体场理论，金属键将原子间的联系扩展到金属块包含的所有原子之间。

化学键理论是化学最基本、最重要的内容，在上述不同化学键理论的演变过程中，我们不难看到和各类化学键相关的联系范围在不断扩大，而联系范围的扩大又伴随着电子云的动态调整和运动变化，即从哲学角度看，化学键理论的发展演化生动印证了唯物辩证法关于普遍联系和运动变化的总特征。同时，以哲学观点为纽带，主要化学键和相关理论的内在关系也被贯通起来。

第 2 章还具体讨论了金属键理论、共价键理论、杂化轨道理论、配位物化学键理论、分子轨道理论、金属键理论中所具体体现的联系与运动变化。

在化学反应部分，我们首先讨论了化学反应的实质是反应物分子旧键断裂、新键产生的过程。化学反应可以视为化学键运动变化上的运动变化、化学键联系上的联系，即在化学键联系和运动变化上又叠加了一个层次的联系和运动变化。其次在具体内容方面讨论了碰撞理论和活化络合物理论两种化学反应论模型中所体现的联系与运动变化，以及酸碱反应、氧化还原反应、沉淀反应和多类化学反应共存时所体现的联系与运动变化。

于是，通过在本质上解释化学键、化学反应等最重要的化学基本概念，验证了普遍联系与变化发展是唯物辩证法的两个基本特征的观点。

第 3 章探究了基础化学如何体现唯物辩证法的对立统一规律、量变质变规律和否定之否定规律等三大基本规律。

在对立统一规律方面，①从化学键、化学反应这两个化学的基石讨论了基础化学如何体现矛盾普遍存在的哲学观点，具体分析了以电子得失为基础的离子键、以形成电子对共享电子对为基础的共价键、以共享“所有”价电子为基础的金属键都构成矛盾体，从化学反应的两种理论机制——碰撞理论和活化络合物理论出发，指出可逆化学反应包含正反应和逆反应两个过程，它们构成了矛盾体；②以多个具体的化学过程为例，说明矛盾有主次之分，即当存在多个化学反应时，其中往往有一个化学反应会占据主导地位，这就是主要矛盾，它决定着这个时刻物质变化的主要方向，而此时其他化学反应则是次要矛盾，以具体的化学反应为例，说明即使在同一个矛盾中（正反应和逆反应）也存在矛盾的主要方面，反应的性质由矛盾的主要方面决定；③通过对吉布斯自由能的分析，验证了内因是化学反应的依据，是支配化学反应的根本原因，即内因是变化的依据的哲学观点，通过反应条件的改变（浓度、温度、压强、催化剂等）造成的化学平衡的改变，验证了外因是变化的条件，外因通过内因起作用的哲学观点；④提出一个分层的反应模型——底层遵循能量守恒定律、质量守恒定律等基本定律，上一层是基于化学键基础的反应机制，再上一层是化学反应达到的化学平衡，最上一层是各种内外因素相互作用引起的平衡移动，在每一层中都存在矛盾，而这些矛盾的运动推动了化学反应的进行，再结合酸碱反应、氧化还原反应两类主要化学反应中矛盾表现的具体分析，验证了矛盾是事物发展的根本动力的哲学观点。

在量变质变规律方面，我们讨论了一个依据原子核外电子结构和原子大小构成的吸引电子和抵抗电子丢失的矛盾运动的模型；在此基础上，围绕元素周期表，以第三周期主族元素在横向上的变化为例，讨论了该矛盾运动所体现出的金属属性和非金属属性的量变和质变特征，即随着电负性数值的不断增大（量变），第三周期主族元素出现了金属属性和非金属属性的划分（质变）；同时，在钠、镁、铝三种金属元素中，金属属性依次降低，这是金属元素的量变，而在硅、磷、硫、氯四种非金属元素中，非金属属性依次升高，这是非金属元素的量变。

在否定之否定规律方面，我们讨论了元素周期表中金属与非金属分隔折线体现的前进性和曲折性的统一，即不同周期中金属与非金属的分界随周期增大而不断向右推进，即从金属到非金属的进程减缓，使元素周期表中金属与非金属的分隔呈现一条折线；而且同一种元素化合价的变化也是前进性和曲折性的统一，并且指出曲折性不完全是“坏事”，其可以带来发展中的多样性，这在与生物相关的化学反应中很有意义。

第 4 章讨论了从基础化学看辩证唯物主义的认识论。在自然科学中，化学是一门来自实践，又把获得的认识应用于实践，且认识和实践紧密融合的基础学科，它为辩证唯物主义认识论的体现和验证提供了内容极其丰富的素材。

围绕实践和认识间的辩证关系，我们重点验证了实践决定认识、实践是认识的基础的观点，具体分为实践是认识的来源、实践是认识的动力、实践是检验认识的真理性的唯一标准以及实践是认识的目的和归宿等方面。①在实践是认识的来源方面，列举了古代化学阶段，陶器的发明、冶金技术的发明、玻璃的发明、火药的发明等对人类文明进程有重大影响的化学发明，无一例外都来自实践；而到了近现代化学，在实验室对物质成分、结构等开展定性、定量和容量分析的实验活动成为一种重要的实践活动，甚至产生了一个化学的学科分支——分析化学。②在实践是认识的动力、是认识的目的和归宿方面，分别以19世纪和20世纪前半叶两次大的化学工业的兴起为例进行了讨论。19世纪科学技术迅速发展，人类对各种新物质的需求大幅度增加，这些来自人类社会发展的现实需求催生了众多的化学产业，包括制碱产业、肥料产业、染料合成产业、制药产业、炸药产业、金属和合金产业等；20世纪前半叶全世界受累于两次世界大战，但战争产生了新需求，化学扮演了重要的角色，战争对很多产品的巨大需求促进了新技术的开发，使生产量大大增加，一战结束后，尽管战争中产生的需求随着战争的结束消失了，但随之出现了新的需求，例如汽车的普及带来石油炼制的巨大需求，随后的二战又带来了对汽油、合成橡胶、青霉素、航空燃料等的巨大需求，正是这些需求推动了化学在相关理论和技术方面的发展。③在实践是检验认识的真理性的唯一标准方面，通过对"颠倒"的物质与性质的关系、"倒立"的燃素说、阿伏伽德罗分子假说、电化二元论、门捷列夫的元素周期表等内容的分析，指出近代化学在实践中每前进一步几乎都伴随着不同观点的争论，而最后做出正确与错误判决的只能是实践。

围绕认识是实践基础上主体对客体的能动反映的观点，分别从认识是主体对客体的反映、主体对客体的反映是一个能动的创造性过程两个方面展开验证。①在认识是主体对客体的反映方面，通过燃素说与拉瓦锡的氧化论和物质的燃烧现象相联系，原子论、分子论与原子量、分子量以及气体反应实验现象相关联，物质组成与价键理论、化学动力学与反应速度及反应机制、化学热力学与化学平衡都基于原子间相互结合、相互分离，元素周期表与元素周期律则是基于发现的不同物质元素的排列和性质变化的规律等事实，以及有机理论与天然有机物（尿素、胆固醇等）的提取、合成的联系，说明在化学理论的形成发展过程中，所走的每个关键的一步都是建立在与相应的客观对象发生相互联系、相互作用的基础上。②在主体对客体的反映是一个能动的创造性过程方面，则具体列举了原子论和分子论、元素周期律的发现与元素周期表、苯环结构学说、配位理论等"惊艳性"成果提出等认识过程中，所体现出的人所具备的难以置信的归纳力、透视力、想象力、建构力，这些都是主体对客体能动反映的生动表现。

认识的发展过程是从感性认识到理性认识，再回到实践，实践、认识、再实践、再认识，循环往复、不断深化是认识发展的总过程。我们分四种情况，分别讨论了一些主要的化学理论的认识过程：①发现电子前，人们对化合价和氧化还原反应理论的认识；②发现电子和提出原子结构模型后，人们对化合价和氧化还原反应理论的再认识；③量子理论在化学上带来的再认识，包括共价键的再认识、轨道杂化——立体结构化学理论的再认识、配位化合物价键理论的再认识等；④热力学成果在化学上带来的再认识，集中体现在吉布斯自由能的提出和应用上。由此，我们指出既要重视依据来自本领域实践归纳和总结形成理论的认识过程，也要重视通过相关领域（如物理学）先进成果的引入带来的理论上的再认识过程，而且后者往往以演绎的方式带来了理论上更大的突破。

第 5 章探讨了基础化学的发展与唯物辩证法的对应关系。首先，我们给出了基础物理学发展与唯物辩证法的对应关系，即基础物理学的发展和唯物辩证法之间存在惊人的契合关系，基础物理学的发展轨迹几乎完美演绎了辩证唯物主义的胜利和强大生命力。其次，我们总结了基础物理学成果到基础化学的输出及带来的基础化学的发展，说明基础化学理论的发展和基础物理学理论的发展具有良好的对应关系。最后，我们整理了基础化学的发展与唯物辩证法的对应关系，说明基础化学理论的发展同样演绎了辩证唯物主义的胜利和强大生命力，而该结论正应当是前面两点的一个合理推论。

关于哲学与自然科学的关系，钱学森曾说过一句生动而经典的话："没有科学的哲学是跛子，没有哲学的科学是瞎子。"当然，哲学与自然科学的关系其实比较复杂，特别是到了现代，自然学科和哲学之间呈现出渐行渐远的趋向。

探索基础化学与唯物辩证法的关系一定是有意义的，也是一件奇妙的事，但一定不是一件轻松的事。限于有限的能力和知识，本书做了一点初步的探索。

爱因斯坦曾说："我自己只求满足于生命永恒的奥秘，满足于察觉现存世界的神奇的结构，窥见它的一鳞半爪，并且以诚挚的努力去领悟在自然界中显示出来的那个理性的一部分，即使只是其极小的一部分，我也就心满意足了。"这也是每一个探索者的追求和满足。有幸能探索到基础化学与哲学的一些自然联系，并把它们分享出来，作者就很满足了。

作者深知，无论在哲学方面，还是在基础化学方面，本人都还有很多不足之处，本书中的探讨难免有偏颇之处，欢迎读者朋友批评指正。

目　录

Contents

第 1 章　基础化学中的唯物论：物质与意识的辩证关系

物质和意识的关系问题是哲学的基本问题，对基本问题的回答是解决其他一切哲学问题的前提和基础。辩证唯物主义认为，物质决定意识，意识对物质具有能动作用。

凡是赞成物质是第一性的，称为唯物论。凡是赞成意识是第一性的，称为唯心论。但要证明是唯物论正确还是唯心论正确却不是一件容易的事情。列宁曾指出："单靠论据和三段论法是不足以驳倒唯心主义的，这里的问题不在于理论上的论证。"现代自然科学产生以后，物理、化学、生物学等自然学科成果为证明是唯物论正确还是唯心论正确提供了有力的武器和依据，使人们脱离了单纯的思辨，而是从事实的角度去分析这个问题。化学在其中扮演了重要的角色。

首先，在 1.1 节中我们分析了基础化学对验证物质第一性原则论断所发挥的重要作用。

其次，辩证唯物主义还承认意识对物质能起到巨大的能动作用，在 1.2 节中我们通过回顾基础化学的发展历程以及基础化学对人类社会发展所起到的巨大推动和促进作用验证意识对物质的巨大能动作用。

需要说明的是，从自然科学的角度回答物质和意识的关系问题需要物理、化学、生物学三门学科的相互配合，本书主要以基础化学的论述为主，但对涉及的物理和生物学的相关内容也会做简单的介绍，以便能更好地体现自然科学对物质与意识的关系问题分析所能起到的整体效果。

1.1 基础化学支持了物质第一性原则

本节我们首先指出，根据现代自然科学成果，从化学的角度看，物质世界是由原子以及原子构成的分子组成的，组成原子和分子的基本单元是元素。其次，通过对宇宙大爆炸理论的简单介绍，说明宇宙中所有的元素都是在宇宙大爆炸初期或者宇宙自我发展过程中恒星生生死死的生命周期中产生的。再次，说明这些由宇宙产生的元素在其产生后就进入永恒的运动和变化中，它们不断地相互结合，又不断地相互分离，分分合合，它们中极其微小的一部分在大约46亿年前太阳系形成时，聚集在一起形成了我们的地球，由此形成了地球上的物质世界，不仅包括地球和其演化过程，还包括地球上的星辰大海、山川河流、植物动物的产生和演变过程，而化学过程在其中起到了重要作用。在地球生命圈诞生出人类以后，人类不仅可以利用掌握的化学知识（即元素结合和分离的规律）去发现新物质，还可以根据自己的需要去创造新物质，化学所创造的各种新物质为人类的生存和发展提供了支撑。另外，现代化学还打通了无机世界、有机世界和生物世界的联系，建立在现代化学基础上的现代生物学、人类学已经初步解释了人的大脑的工作机制，表明人的意识是大脑的产物，是物质的产物。综上要点，基础化学支持哲学上的物质第一性原则。最后，我们还利用现代物理学作为补充，论述了宇宙大爆炸前既不可能也不必要有“上帝”或任何意识的存在，使对辩证唯物主义关于物质第一性原则的验证形成了一个较为完整的闭环。

1.1.1 从现代物理学的基本粒子到现代化学的原子、分子和物质

人类自诞生以来，就没有停止过对一个终极问题的思考：宇宙从哪里来？我们从哪里来？物质世界的本质是什么？即使在自然知识非常缺乏的古代，我们的先人也创造性地提出了物质是由少量简单的基本成分构成的猜想。到了现代，这个猜想才逐步由现代物理学、现代化学、现代生物学共同解答。

如图1-1所示，现代自然科学大致形成了物质世界构成的分层模型，包括基本粒子、强子、原子、分子、宏观世界、宇观世界。其中，从基本粒子到构成原子的底层主要由现代物理学家回答，顶层的宇观世界主要由天文学家和理论物理学家回答，中间的原子、分子和宏观世界的构成主要由化学家和生物学家回答。

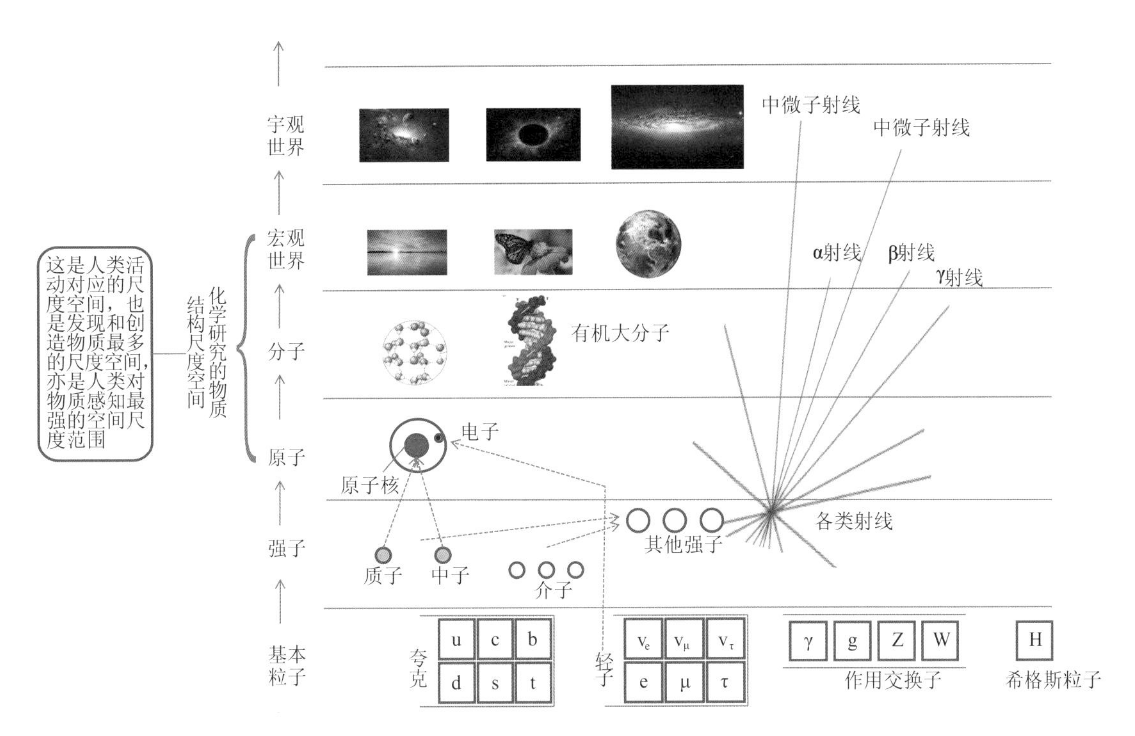

图 1-1　物质世界构成的分层模型

目前，物质结构模型的最底层是 61 种粒子构成的基本粒子，包括夸克、轻子、作用交换子和产生质量的希格斯粒子。这几十种基本粒子首先构成强子，种类有几百种，但大部分的强子在自然条件下寿命很短，其中最重要的强子是质子和中子，它们都由三个夸克结合而成。不同数量的质子和中子通过核力（强相互作用和弱相互作用）结合在一起，构成不同类型的原子核，这些带正电的原子核通过电磁作用吸引与原子核中等质子数的电子共同构成不同的原子，一般把原子核中质子数相同的原子称为同一元素。

再之上，就进入现代化学对物质结构组成进行解释的领域。一定种类和数目的原子相互作用（通过借用、交换、共享它们的电子），即形成化学键的过程，构成不同的分子（包括无机分子和有机大分子），并且形成的分子通过旧化学键的断裂和新化学键的形成，即发生化学反应产生原子间新的组合，从而发生原子和分子层面物质的变化。现代化学在吸收现代物理学发展成果的基础上，阐释了化学键的本质，让我们在原子、分子水平上理解了物质结构和化学反应的本质。于是，原子成为化学元素的最小单元，分子成为表征物质特性的最小单元，原子、分子成为构成宏观物质世界及其变化的砖石。在从原子到分子再到宏观世界的物质构成层面，化学占据了主导地位。[1] 同时，化学还具有创造新物质的特点，单从数量看，在物质结构底层，人类了解的粒子（基本粒子、强子等）不过几百种，在物质结构顶端（宇观世界），人类了解的事物（如星

1　在这个层面，生物学也有重要地位，它解释了从分子到细胞，再由细胞到器官、由器官到动物和植物个体的过程。不过，现代生物学离不开现代化学的支撑，现代化学为理解生命现象打下了基础，它促进了分子生物学的兴起和生命科学的发展。

系、超新星等）也不过几十个或几百个，而在物质结构的中间层面（原子、分子、宏观世界），截至 20 世纪末，化学家合成的化学物质的数目就已达 2 230 万种，其中 6 万到 7 万种为人类所使用，7 000 种被工业大量生产。同时，原子到宏观世界的层面是人类活动的物质空间，是人类感知最直接的物质空间，也是和人类社会生活关系最密切的物质空间。通过实践和理论，我们已经知道，在这个物质空间数目如此庞大的各种物质都是由几十种元素结合而来的。

包括人工合成的元素在内，我们人类已经完成了一张元素周期表[2]。如图 1-2 所示，全部的元素共 110 种，自然界中存在前 92 种元素，自 93 号元素开始都是人工合成的元素（如图中橙色部分所示）。正是前面有限的 92 种元素形成了地球上所有的一切有生命和无生命的物质，包括大气、山川、河流、动物、植物和矿物等。而构成生命（动物和植物）的元素更少，只有 25 种（如图中黄色部分所示），其中 12 种是非金属元素，13 种是金属元素。[3] 化学学科的一大使命就是回答大千世界中千姿百态、数以亿计的各种物质、各种生命是如何由有限的元素形成的，以及元素间的相互作用和分分合合是如何完成各种物质间的转化及各种生命现象和生命功能的。从这个角度看，化学学科恰好从人类所最容易感知的角度验证了大自然是由各种物质所组成的物质性观点。

2 这是截至目前的认识和发现，目前一些理论认为在宇宙中当前发现的元素周期表只是元素的第一部分，还可能存在其他部分。

3 朱万森：《生命中的化学元素》，46 页，上海，复旦大学出版社，2014。

1 H 氢																	2 He 氦
3 Li 锂	4 Be 铍											5 B 硼	6 C 碳	7 N 氮	8 O 氧	9 F 氟	10 Ne 氖
11 Na 钠	12 Mg 镁											13 Al 铝	14 Si 硅	15 P 磷	16 S 硫	17 Cl 氯	18 Ar 氩
19 K 钾	20 Ca 钙	21 Sc 钪	22 Ti 钛	23 V 钒	24 Cr 铬	25 Mn 锰	26 Fe 铁	27 Co 钴	28 Ni 镍	29 Cu 铜	30 Zn 锌	31 Ga 镓	32 Ge 锗	33 As 砷	34 Se 硒	35 Br 溴	36 Kr 氪
37 Rb 铷	38 Sr 锶	39 Y 钇	40 Zr 锆	41 Nb 铌	42 Mo 钼	43 Tc 锝	44 Ru 钌	45 Rh 铑	46 Pd 钯	47 Ag 银	48 Cd 镉	49 In 铟	50 Sn 锡	51 Sb 锑	52 Te 碲	53 I 碘	54 Xe 氙
55 Cs 铯	56 Ba 钡	57-71 镧系	72 Hf 铪	73 Ta 钽	74 W 钨	75 Re 铼	76 Os 锇	77 Ir 铱	78 Pt 铂	79 Au 金	80 Hg 汞	81 Tl 铊	82 Pb 铅	83 Bi 铋	84 Po 钋	85 At 砹	86 Rn 氡
87 Fr 钫	88 Ra 镭	89-103 锕系	104 Rf 𬬻	105 Db 𬭊	106 Sg 𬭳	107 Bh 𬭛	108 Hs 𬭶	109 Mt 鿏	110 Ds 𫟼	111 Rg 𬬭	112 Cn 鿔	113 Uut	114 Fl	115 Uup	116 Lv		118 Uuo

镧系	57 La 镧	58 Ce 铈	59 Pr 镨	60 Nd 钕	61 Pm 钷	62 Sm 钐	63 Eu 铕	64 Gd 钆	65 Tb 铽	66 Dy 镝	67 Ho 钬	68 Er 铒	69 Tm 铥	70 Yb 镱	71 Lu 镥
锕系	89 Ac 锕	90 Th 钍	91 Pa 镤	92 U 铀	93 Np 镎	94 Pu 钚	95 Am 镅	96 Cm 锔	97 Bk 锫	98 Cf 锎	99 Es 锿	100 Fm 镄	101 Md 钔	102 No 锘	103 Lr 铹

图 1-2 人类目前完成的元素周期表

不过，大自然由有限种物质元素构成的事实还不能彻底回答哲学上物质和意识谁是第一性的问题，还要继续回答地球上组成物质的各种元素从哪里来的问题。根据现代科学的研究，已经知道地球上所有的原子在地球环境下都不能产生，也不能发生改变[4]，即地球上的任何一个原子都来自地球外的宇宙空间，无论是来自 46 亿年前在地球形成之时，还是在地球存在以后随着地球外的彗星来到地球，一旦来到地球以后，一个原子就不会消失也不会变成其他原子，而只能在地球的物质世界中循环：和其他原子构成一种物质（包括生命体），在该物质解体或消失后，又和其他原子构成另一种物质（包括生命体），循环往复，直到地球在宇宙中消失。于是，地球上组成物质的各种元素的来历就成为一个需要回答的关键问题：如果这些元素最初是由物质世界按照自身的发展演变，即按照客观的规律产生的，就说明其符合物质第一性原则；反之，如果这些元素最初不是由物质世界按照自身的发展演变而来，而是由某种“神灵”创造的，就说明其不符合物质第一性原则，而符合意识第一性原则。对这个问题的回答需要借助现代物理学的知识。

4　除极少数发生核裂变的原子外。

1.1.2　宇宙中元素的由来

要回答宇宙中的元素从哪里来的问题，就要回答宇宙从哪里来的问题以及宇宙在产生以后的发展演变过程。

基于广义相对论、现代粒子学理论和现代天文观测，物理学家已经大致推算出当前宇宙的产生和发展演变过程，依据这个过程，科学家也从科学的角度解释了宇宙中各种元素的由来，如图 1-3 所示。

首先，理论物理学家根据广义相对论引力场方程求解提出了宇宙在不断膨胀的概念，宇宙膨胀的概念在 1929 年由根据天文观测总结的哈勃定律得以验证。[5] 根据宇宙不断膨胀的特征进行反演，科学家提出当前的宇宙随着时间的回退最终会缩为一个无穷小的点，物理学家称它为奇点，在奇点处无限致密灼热，没有通常所说的物质，自然也没有任何的元素，只有极高的温度、能量和压强。当前的宇宙就是由该奇点爆炸膨胀而形成的，称为宇宙大爆炸假说，该假说后来得到不断完善，特别是现代粒子物理形成后，物理学家可以推算出宇宙诞生后的某一时刻存在什么样的粒子形态，并且在天文观测上得到关键的支撑性证据以后，才成为一种被广泛接受的学说。

5　即河外星系的退行速度与它们离我们的距离成正比，该定律由美国天文学家哈勃在 1929 年总结当时的天文观测数据得到，故称为哈勃定律。

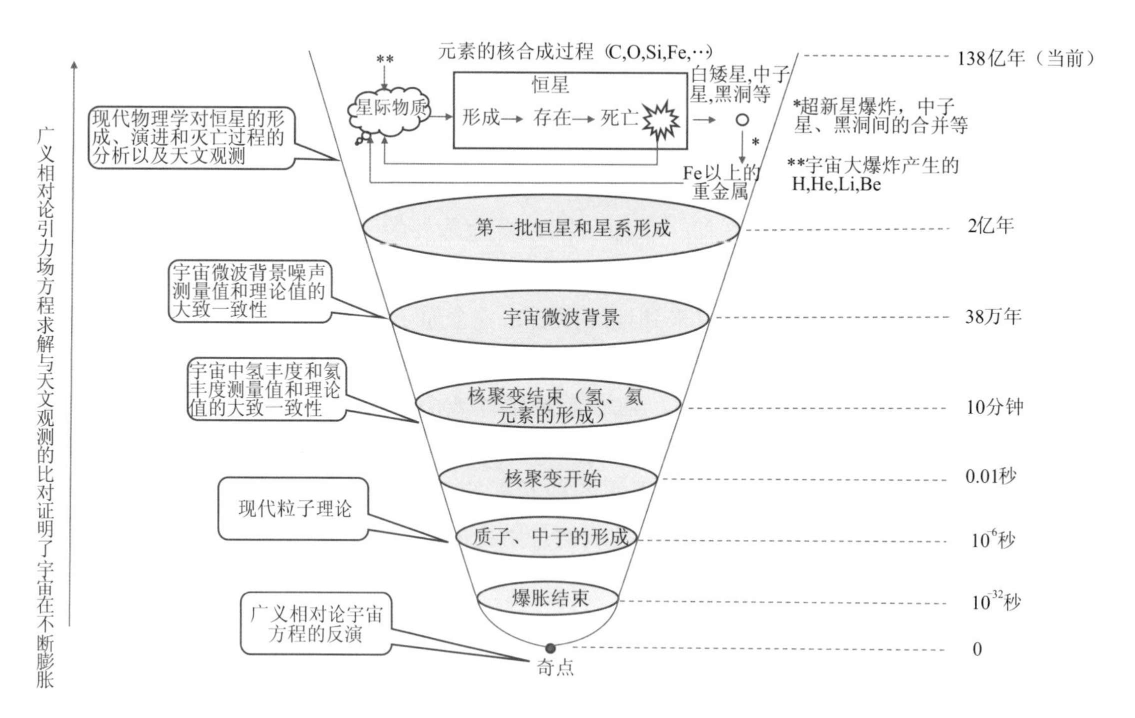

图 1-3 宇宙大爆炸模型和化学元素的产生过程示意图

6 在引力和强力分离产生的极大正能量的驱动下，在 10^{-36}~10^{-32} s 宇宙经历了一次指数式的爆胀过程，每 10^{-36} s 宇宙大小就增加 1 倍，由此宇宙的大小增加了 10^{26} 倍。

7 宇宙膨胀速率与核反应速率之间的竞争固定了这时形成的原子核的数量和种类。如果宇宙的膨胀速率更快，中子仍保持为自由粒子，并不断衰变，于是所有的中子都会转化为质子，从而宇宙也就没有机会形成比氢重的元素，即无法形成现在的大千世界。

根据推算，在最初极短的时间内，原始宇宙经历了一次指数式的爆胀过程。[6] 爆胀结束后，充斥整个空间的能量转化为物质，这是夸克等基本粒子形成的原因，宇宙重新变得炽热，并成为充满各种基本粒子和辐射的粒子汤。这种状态持续到 10^{-12} s，随着温度降低（大于 10^{15} K），能量也降低（大于 100 GeV），从而发生了电弱相变，原来在高能状态下统一的电磁力和弱力分离成两种不同的力。不过这个时期宇宙的温度仍然足够高，夸克无法结合形成强子（质子和中子），宇宙中充满高密度的热夸克-胶子等离子体。在 10^{-6} s 以后，粒子的平均能量降到强子的结合能量以下，于是出现了强子。后来，宇宙的能量密度急速下降，无法继续支持强子的形成，于是以当前密度存在的能量开始转变为轻子（电子、中微子等）。大约在 1 s 时，宇宙温度降至约 10 亿摄氏度（对应的能量约 1 MeV）以下，宇宙进入核物理的能量范围。这时，碰撞中的质子和中子通过核聚变结合形成最简单的化学元素——氢、氘和氦。这个阶段，宇宙膨胀速率和核反应速率之间会形成一个平衡，理论物理学家估算处于平衡状态的质子和中子的比例应为 7∶1。[7] 于是，考虑如果有 16 个核子，按照上述的比例，应该有 14 个质子和 2 个中子，它们可以形成以下元素的组合：2 个质子和 2 个中子构成 1 个氦元素，其余 12 个质子构成 12 个氢元素，这时宇宙中氢元素和氦元素的质量比应该是 12∶4，即 3∶1。也就是说，在早期宇宙中，氢的质量分数是 75%，氦的质量分数是 25%。现代天文观测的结果非常接近这一预言，于是氢和氦在早期宇宙中的丰度值成为宇宙大爆炸学说最有力的证据之一。

大爆炸后约 10 分钟，大爆炸核合成过程结束。这时宇宙中绝大多数物质是带正电的氢与氦的原子核和带负电的电子，以及宇宙产生的辐射热光子。由于此时辐射热光子的能量高于原子核与电子的结合能，带正电的氢与氦的原子核和带负电的电子还无法结合形成稳定的氢与氦的原子，原因是它们刚结合在一起就会被辐射热光子轰击而重新分开。随着宇宙的膨胀和宇宙温度的降低，其所产生的辐射热光子的能量也逐步降低。终于，在大爆炸发生 38 万年以后，宇宙温度降到 3 000 ℃，对应的辐射热光子的能量约为 0.3 eV，这时宇宙产生的辐射热光子的能量已小于原子核和自由电子的结合能，即不能再将结合在一起的原子核和自由电子分开，宇宙介质变成了普通的中性原子气体，原来宇宙产生的辐射热光子也就不再被吸收，从而作为背景光子保留下来，一直存在到今天，称为宇宙背景辐射。不过，这些背景光子的波长后来随着宇宙的膨胀而不断被拉长[8]，现在可以计算得到它们的温度约为绝对温度 5 K，对应的波长已经来到微波波段。20 世纪 60 年代末，科学家在偶然中测到了宇宙背景辐射，测量结果和理论预测符合得很好，这也成为宇宙大爆炸模型最有力的证据。

8 波长拉长等于能量幅度降低，也可等效于温度降低。

大爆炸 38 万年以后，原始形成的氢、氦气体分子由于量子涨落等原因，在基本均匀一致的质量分布上出现了局部汇聚的情况，质量的不均匀带来了引力“凹陷”。在千百万年里，氢原子和氦原子在引力“凹陷”里聚集起来，形成越来越稠密的气体云，这就是原星系。更多的物质意味着更强的引力，更强的引力则吸引更多的物质，从而形成雪球效应。经过漫长的积累，原星系聚集了足够多的质量（10 万至 100 万倍太阳质量），并且引力的吸引力超过了空间膨胀的影响，于是在这些引力“凹陷”处聚集起的物质块开始在自身引力作用下塌缩，在塌缩过程中，巨大的势能转化为内能，从而使塌缩中心的温度急剧增大，当超过 1 500 万摄氏度时，就触发了氢核聚变反应，由此第一批星系和恒星开始形成。根据现代天文观测和理论分析，第一批恒星的质量很大（太阳质量的 10~100 倍）。根据现代物理学理论，恒星的质量越大，寿命越短，因此第一批恒星的寿命一般只有几百万年。但也正是因为质量大，塌缩引起的温度足够高（超过 6 亿摄氏度），第一批恒星可以触发多次的核聚变过程，由氢聚合产生氦，由氦聚合产生碳和氧，由碳聚合还可以产生镁、铝，直至产生铁。在这类大质量恒星演变的最后阶段，星核的极高的密度将原子核外的电子重新压入核内，与质子结合形成中子，异常紧密排列的中子阻止了恒星的进一步收缩，并开始向外反弹，产生巨大的冲击波，导致猛烈的爆炸，这就是Ⅱ型超新星。超新星爆发能产生如金、铅、铀等其他比铁更重的元素，这些重金属原本不可能在恒星的中心区产生，由于新超新星的大爆炸，它们弥漫在宇宙中。

第一批恒星和星系形成以后，进入现代宇宙阶段。已经发现，自那时起气体云塌缩形成不同质量与类型的恒星，这些恒星又接着形成称作星系的物质岛，星系平均由 1 000 亿（10^{11}）颗恒星组成。这些星系相互吸引，形成星族和集团，它们构成宇宙中最大的结构，一直演变至今。

就化学元素的形成而言，恒星从诞生到死亡的演化过程具有极其重要的地位。恒星的演化过程就是大部分化学元素的生成过程，恒星就是一个把轻元素（氢和氦）炼成重元素的“炼炉”。古代术士梦寐以求的炼金炉，原来就隐藏在宇宙遥远的深处，高悬在我们的头顶。[9] 可以说，组成我们身体的每一个碳元素和我们周围环境中的碳元素没有区别，它们都是在百亿年或数十亿年前某个恒星的核聚变过程中诞生的。如图 1-4 所示，下面我们对恒星的演化与宇宙中各种元素形成之间的关系做简要描述。

9 朱万森:《生命中的化学元素》，23 页，上海，复旦大学出版社，2014。

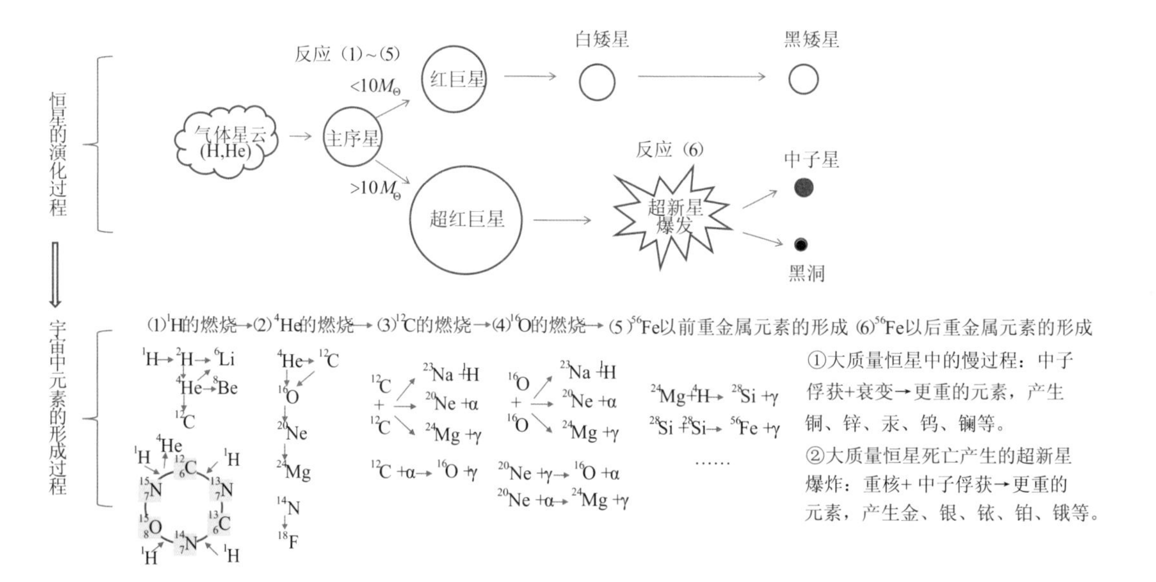

图 1-4 恒星的演化与宇宙中各种元素的形成

恒星的演化开始于巨型星云。巨型星云自身引力的不稳定性或者一些事件，例如邻近的超新星爆发抛出的高速物质或者星系碰撞造成的星云压缩和扰动，都可能造成巨型星云大片碎片的引力塌缩，形成原恒星。星体收缩释放的引力势能转化为气体的内能，使星体内部的温度逐步升高，当达到一定温度后，核心区发生氢转化为氦的热核反应，反应所释放的核能足够维持星体表面辐射，温度不再随时间变化，则星体的缓慢收缩也停止。原恒星达到平衡的状态，安顿下来成为所谓的主序星。

然后，恒星在主序星阶段的演化十分缓慢，根据其质量的大小进行不同层次的核聚变，其主要原因是恒星质量的大小将决定其核心区温度的高低，而核心区温度的高低将决定氢元素向上进行核聚变的层次，从而决定不同元素的生成。一般把太阳作为基本的参考，成为主序星以后，太阳中心区的温度大约是 1.5×10^7 K，在太阳的中心区仍将继续氢转化为氦的热核反应：

$2{}^1H \rightarrow {}^2H$

$2{}^2H \rightarrow {}^4He$

如果恒星的质量稍大于太阳的质量，恒星中心区的温度达到 10^8 K 时，将触发氦的核聚变反应，生成 Li、Be、C 元素：

${}^2H+{}^4He \rightarrow {}^6Li$

$2{}^4He \rightarrow {}^8Be$

$3{}^4He \rightarrow {}^{12}C$

需要说明的是，像太阳这样的恒星会从核心开始以一层一层的球壳将氢融合成氦。当太阳结束主序星阶段时，其内部所有的氢都已经聚变为氦，也可能会触发以上氦的核聚变反应，燃烧壳层内部的氦核向内收缩并变热，而其恒星外壳则向外膨胀并不断变冷，表面温度大大降低，成为一颗红巨星。内核温度继续升高，氦元素发生聚变生成碳甚至氧，进入不稳定状态。当达到极限后，红巨星会进行爆发，把核心以外的物质都抛离恒星本体，物质向外扩散成为星云，残留下来的内核就是我们能看到的白矮星。[10] 白矮星通常都由碳和氧组成。

如果恒星的质量为太阳质量的 1.3 倍，除直接的聚变方式外，还存在另一种由四个 ^{1}H 生成一个 ^{4}He 氦核的反应，这就是图 1-4 中（1）所示的 C-N-O 循环反应。[11]

如果恒星的质量再大些，内部温度达到 10^8 K 时，在恒星内部将触发 He 燃烧，生成 Na、Ne、Mg 等元素：

$3{}^4He \rightarrow {}^{12}C$

${}^{12}C+{}^4He \rightarrow {}^{16}O+\gamma$

${}^{16}O+{}^4He \rightarrow {}^{20}Ne+\gamma$

${}^{20}Ne+{}^4He \rightarrow {}^{24}Mg+\gamma$

${}^{14}N+{}^4He \rightarrow {}^{18}F+\gamma$

如果恒星的质量再大些，内部温度达到 6×10^8 K 时，在恒星内部将触发 C 燃烧，生成 Na、Ne、Mg、O 等元素：

10　白矮星是质量较小的恒星演变的产物，它们本身不能产生能量，但能依靠存储的能量发光。它们的大小与地球相当，但拥有的质量大约为太阳的一半。

11　在生成的 ^{12}C 的催化下，四个 ^{1}H 生成一个 ^{4}He 氦核。具体可参见：[英]巴赫拉姆·莫巴舍尔：《起源：NASA 天文学家的万物解答》，李永学译，191 页，长沙，湖南科学技术出版社，2021。

$^{12}C+^{12}C \rightarrow {}^{23}Na+{}^{1}H$

$^{12}C+^{12}C \rightarrow {}^{20}Ne+\alpha$（氦核粒子流）

$^{12}C+^{12}C \rightarrow {}^{24}Mg+\gamma$

$^{12}C+\alpha \rightarrow {}^{16}O+\gamma$

而当恒星质量足够大，内部温度达到几十 10^{8} K 时，在恒星内部将触发 O 燃烧，生成 Si、P、S 等元素：

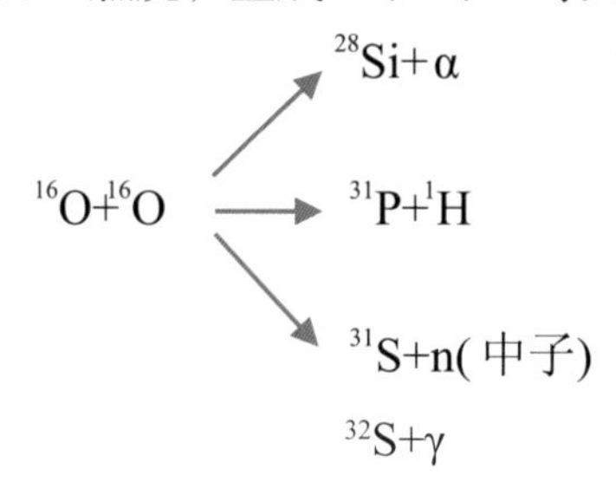

并且，这时可以通过以下两条途径生成铁。

（1）重元素聚合，即 $^{28}Si+^{28}Si \rightarrow {}^{56}Fe$，考虑到重元素的丰度比较低，碰撞概率很小，这个过程比较少见。

（2）先生成 ^{56}Ni，即 $^{28}Si+7（^{4}He）\rightarrow {}^{56}Ni$，$^{56}Ni$ 是放射性元素，不稳定，会衰变成 ^{56}Co（钴），然后进一次衰变为 ^{56}Fe。

由于铁原子核的结合能大于其他任何元素的结合能，因此它非常稳定，往往被认为是恒星燃烧过程中形成的最高、最重的元素。

对于原子序数大于铁的元素，理论上有两种产生方式。第一种是通过大质量恒星核反应中的慢过程产生。其大致的机制是恒星的星核中发生的核反应会产生副产品中子，星核中的重元素可以触发一种称为中子俘获的过程，即一个中子被星核中的重元素俘获，添加到原子核中，产生同种元素的较重的同位素。由于俘获中子的概率很小，该同位素的核俘获另一个中子大约需要一年时间，期间该同位素中的一部分不稳定，进而衰变成为另一种元素。由于这个过程较慢，故不是产生原子序数大于铁的元素的主要方式。第二种是通过大质量恒星（质量大于 10 倍太阳质量）死亡产生超新星爆发而产生。超新星爆发能产生其他比铁更重的元素，如金、铅、铀等元素，原因有两个：①超新星爆炸的能量极高，打碎了重元素的原子核，释放数量相当多的中子；②释放的中子在极短时间内被其他重元素吸收，生成的重金属元素没有足够时间衰变。超新星爆发是产生原子序数大于铁的元素的主要方式。

恒星在其诞生后的生命时间内，通过内部的核聚变及后续的核衰变，可以产生氦、碳、氮、氧、硅、硫、镁、铝直至铁等多种元素。而恒星的死亡则是最后的辉煌，它将产生的物质元素无私地撒向太空，成为新的恒星、行星以及各种物质和生命体形成的原料。而大质量恒星的死亡，就是更加盛大的“婚礼”，它会产生超新星爆发，进而产生众多原子序数大于铁的重金属元素。由于超新星爆发事件少，且持续时间短，造成这些重金属元素在宇宙中的丰度很低，因此也比较贵重。而宇宙中所有的元素一经产生，除非经历极其极端的事件（如被黑洞吞噬），否则就会一直存在下去。

总之，在目前的元素周期表中，除 93 号元素以后的人造元素外，前 92 号元素都来自各种“宇宙工厂”，包括宇宙的大爆炸过程、大小恒星的演化过程、超新星的爆发过程等。图 1-5 给出了元素周期表中各种元素的大致来源。[12]

12　[英]巴赫拉姆·莫巴舍尔：《起源：NASA 天文学家的万物解答》，李永学译，192 页，长沙，湖南科学技术出版社，2021。

大爆炸　恒星　恒星或超新星　超新星　人工制造

1 H 氢																	2 He 氦
3 Li 锂	4 Be 铍											5 B 硼	6 C 碳	7 N 氮	8 O 氧	9 F 氟	10 Ne 氖
11 Na 钠	12 Mg 镁											13 Al 铝	14 Si 硅	15 P 磷	16 S 硫	17 Cl 氯	18 Ar 氩
19 K 钾	20 Ca 钙	21 Sc 钪	22 Ti 钛	23 V 钒	24 Cr 铬	25 Mn 锰	26 Fe 铁	27 Co 钴	28 Ni 镍	29 Cu 铜	30 Zn 锌	31 Ga 镓	32 Ge 锗	33 As 砷	34 Se 硒	35 Br 溴	36 Kr 氪
37 Rb 铷	38 Sr 锶	39 Y 钇	40 Zr 锆	41 Nb 铌	42 Mo 钼	43 Tc 锝	44 Ru 钌	45 Rh 铑	46 Pd 钯	47 Ag 银	48 Cd 镉	49 In 铟	50 Sn 锡	51 Sb 锑	52 Te 碲	53 I 碘	54 Xe 氙
55 Cs 铯	56 Ba 钡	57-71 镧系	72 Hf 铪	73 Ta 钽	74 W 钨	75 Re 铼	76 Os 锇	77 Ir 铱	78 Pt 铂	79 Au 金	80 Hg 汞	81 Tl 铊	82 Pb 铅	83 Bi 铋	84 Po 钋	85 At 砹	86 Rn 氡
87 Fr 钫	88 Ra 镭	89-103 锕系	104 Rf 𬬻	105 Db 𬭊	106 Sg 𬭳	107 Bh 𬭛	108 Hs 𬭶	109 Mt 鿏	110 Ds 𫟼	111 Rg 𬬭	112 Cn 鿔	113 Uut	114 Fl	115 Uup	116 Lv		118 Uuo

镧系	57 La 镧	58 Ce 铈	59 Pr 镨	60 Nd 钕	61 Pm 钷	62 Sm 钐	63 Eu 铕	64 Gd 钆	65 Tb 铽	66 Dy 镝	67 Ho 钬	68 Er 铒	69 Tm 铥	70 Yb 镱	71 Lu 镥
锕系	89 Ac 锕	90 Th 钍	91 Pa 镤	92 U 铀	93 Np 镎	94 Pu 钚	95 Am 镅	96 Cm 锔	97 Bk 锫	98 Cf 锎	99 Es 锿	100 Fm 镄	101 Md 钔	102 No 锘	103 Lr 铹

图 1-5　元素周期表中各种元素的大致来源

超新星爆发会产生异常强大的冲击波，将周围的星际天体以及分子云（已经由先前恒星演化生成的物质元素，有时又称为恒星育婴室）炸个粉碎，并把它们推向太空的深处，成为孕育新一代恒星的物质材料。超新星爆发在带来毁灭的同时，又带来新生。超新星爆发冲击波的威力会随着传播距离的增大而不断减小，超新星爆发的冲击波不会毁灭远方的分子云，相反会帮助这些分子云进行分裂。这意味着，虽然超新星爆发会摧毁孕育自己的恒星育婴室，但却能在遥远的地方形成新的恒星育婴室，并且原来被摧毁的恒星育婴室中的物质又会回归星际介质，等待下一次的新生。在物质周而复始的轮回中，宇宙生生不息。[13]

13 王爽:《穿越银河系》，182页，北京，清华大学出版社，2019。

下面来看我们所在的太阳系的诞生过程。与其他恒星一样，太阳系也是由庞大的气体云在其自身引力作用下收缩形成的，它们是由几十亿年间在星际介质中循环使用的材料（元素）所组成的，富含重元素。起初，由于它们以极大的半径伸展，范围极大，所以这些气体云起始的温度和密度很低，气体云表面受到的引力很弱，并不能形成塌缩。在宇宙大爆炸发生约90亿年后，周围一定范围外的超新星爆发产生的冲击波引起了这些气体云最初的塌缩，随后引力控制太阳和太阳系的诞生过程。气体云的收缩使其密度增加、引力增大，增大的引力又使气体云更加集中，发生更大的收缩。当气体云收缩时，引力势能被不断转化为分子热能，进而温度不断增加。当中心的密度和温度增加到足够程度时，核聚变开始，太阳便在气体云的中心诞生了。另外，气体云在塌缩的同时，还在自转，由于自转半径变小，根据角动量守恒的要求，其自转速度增加，这种转动的结果是组成气体云的物质向外分散，从而形成了太阳系平面。在塌缩过程中，气体云的物质块相互碰撞，破碎的物质块得到了旋转系统的平均速度，原来的气体云变成了不均匀、形状扁平、向外伸展的旋转圆盘，这就是最初的太阳系。

太阳质量适中，按照恒星形成理论，像太阳这样的主序星，其中心具有1 500万摄氏度以上的高温，还有极高的压强，内部不断进行氢核聚合成氦核的热核反应，并不断放出能量。在太阳系形成的过程中，核心的气体云塌缩形成了位于太阳系中心的太阳，太阳的质量大概占太阳系总质量的98%~99%。在中心塌缩的过程中，周围的其他星际物质由于绕中心旋转的选择性作用，来自其他死亡恒星的星际物质中较重的元素（其他金属和铁等）会逐步聚焦在太阳系的内层区，并形成种子，或大或小的物体相互吸引在一起，体积变大，形成星子，星子之间发生狂暴的碰撞。其结果是大的星子保留下来，围绕太阳旋转，这就是类地行星，如水星、地球、火星、金星。类地行星相对较小，由石质构成，富含其他金属和铁。在太阳系的外围区域，则形成类木行星，其中包含数量很大的冰，同时也有金属和岩石，它们吸引氢气和氦气，使它们的体积庞大，成为含有丰富气体的较大的行星，如木星、土星、天王星以及海王星。一些稍小的星子被形成行星的大的星子俘获而演变成它们的卫星。有些星子未能与其他星子携手形成行星，而成为彗星，也在太阳系中绕太阳运动。

从太阳系的形成过程，我们可以明确知道形成太阳系的原始物质是星际物质，这些星际物质来源于宇宙大爆炸产生的最轻元素氢和氦，宇宙中已死亡的小质量恒星产生的各种比碳轻的元素，以及宇宙中已死亡的大质量恒星产生的各种上至铁的元素，还有在超新星爆发中产生的各种比铁重的元素，这些元素物质通过恒星死亡前的爆炸或者超新星爆发分散到星际中。从元素的角度看，元素周期表中前 92 种是自然界存在的，在这已知的 92 种元素中，有 81 种稳定存在于地球上，还有 10 种不稳定的放射性元素，由于持续的衰变，它们的丰度随时间降低，现在地球上已经非常稀有了。这也从一个侧面印证了星际物质中的各种元素是太阳系中的行星、地球及其上面生命形成的根源。如果我们要证明物质具有第一性，我们就应该继续回答自然界中千千万万种不同的物质，人类社会发展中发现和创造的各种物质，乃至包括生命是如何具体由宇宙中所产生的不足百种的元素构成的问题，而这正是化学学科的使命。

1.1.3　地球演化中的化学

化学是在原子、分子层面研究物质的组成、结构、性质和反应的科学。目前的研究表明，在太阳系中地球是类地行星中演化最为复杂的，而且它是目前已知的太阳系中唯一有生命存在的星体。地球上之所以存在生命，是因为它在长期的演变中形成了一个独特的生命圈。地球生命圈包括大气圈、水圈、生物圈和岩石圈表层，它们都是组成地球自然环境的物质要素。地球生命圈不是地球与生俱来的，它是地球产生后长期发展演化的结果。对这个过程的解释，需要综合利用人类所掌握的物理、化学、生物、地质等多个自然学科的知识[14]，化学在其中充当了重要的角色。从化学的角度看，地球生命圈的各种现象都是运行在金属元素、非金属元素、各种无机和有机化合物的反应之上。本节我们选取了地球生命圈形成过程中的几个重要环节，讨论化学在这些环节中所起的作用，说明地球生命圈形成和运作的主要环节是在客观规律，特别是化学规律的作用下，大自然长期自然发展演化的产物，不需要任何“神灵”的“创造”或“干预”。

14　严格来说，还包括地球化学以及后来的地球环境化学、地球系统科学等交叉型专业学科的知识。

1. 原始的岩石圈、水圈和大气圈

地球上的岩石圈、水圈和大气圈是地球上生命存在的不可或缺的条件。

首先看地核、地幔和地壳的形成。45 亿年前地球刚刚形成的时候，地球的表面是熔融的，还没有形成固体地壳，自然也没有地球表面现在的水圈。此时，在太阳系中大小不等的星子还在不断到处碰撞，地球就是在这种“乱世”中逐步成长的。此刻地球面临来自星子陨石的狂暴轰击，天体碰撞带来的动能被转化为热能，这些巨大的热能与化学元素的放射性衰变产生的热能结合，使地球保持熔融状态。熔融的岩浆为黏稠状流体，由于质量和密度的不同，其中的元素成分分布出现分化，较轻的硅铝质滞留在上层，较重的金属质（铁、镍等）以“团滴”方式穿过熔融的硅酸盐层下降，停滞在地下约 400 km 深处的岩浆海底部，聚集成一个金属“池”，随后再以大团滴的形式流向地心，从而形成了地核，如图 1-6（a）所示。按照目前的理解，45 亿年前的一次大撞击，使停留在中段的金属层突然下沉，引发了核幔分离，从而形成了地幔。地壳和地幔的分离是一个长期的过程，不过根据现在对锆石矿物的测定，我们知道地球上岩浆海形成不到 1 亿年的时候，最早的大陆地壳就形成了。也就是说，大约 44 亿年前，由于半衰期较短的放射性元素已经全部衰变完毕，天体碰撞也大大减弱，两者所产生的热能大大降低，由岩浆冷却凝固形成一层“薄薄”的地壳。地壳之下是近 3 000 km 厚的地幔，可分为上地幔和下地幔；再往内是直径超过 3 000 km 的地核，可分为外核和内核，其中外核由液态的铁镍合金构成，内核因为巨大的压强而是固态的铁镍合金。不过之后由于板块运动的影响，大陆地壳一直处于变化之中，直至今日。[15]

15 汪品先，田军，黄恩清，马文涛：《地球系统与演变》，16-17 页，北京，科学出版社，2018。

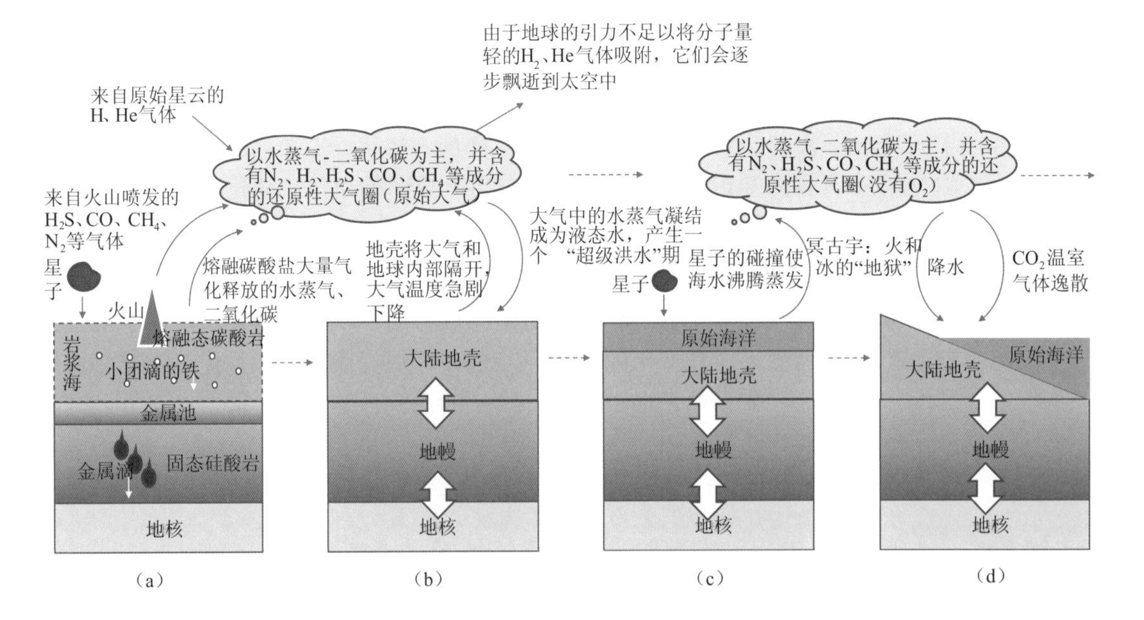

图 1-6 地球上原始的岩石圈、水圈和大气圈的形成示意图

现在的水圈和大气圈是由地球形成之初形成的原始水圈和大气圈经过漫长的演化而形成的，在性质上两者有巨大的差异。下面我们就来看原始水圈和大气圈是如何形成的。

地球诞生时，原始的大气圈已经存在，但其组成和现在的大气圈组成有着“天壤之别”，原始的大气圈既含有捕获于太阳星云的 H_2、He 等气体，又含有大量陨石撞击使地球碳酸盐等物质大量气化释放的水蒸气、二氧化碳，以及在火山爆发中释放的 H_2S、CO、CH_4、N_2 等气体，形成以水蒸气-二氧化碳为主，并含有 N_2、H_2、H_2S、CO、CH_4 等成分的还原性大气圈。

而形成的地壳将大气与地球内部隔开，大气温度急剧下降，大气中的水蒸气凝结成为液态水，产生一个“超级洪水”期，超级的暴雨接连下了几百年，雨量比现在的热带雨林还要高出近十倍，如图 1-6（b）所示。这种高温大雨还会对地面产生强烈的风化作用。

这样地球上就出现了原始的海洋，深度可能在几十米，覆盖了地球所有的表面。目前有证据表明，44 亿年前已经有海洋存在。[16] 期间，星子的碰撞产生的巨大能量还可能将原始的海水蒸发，一段时间冷却后再度形成暴雨，循环往复很多次，如图 1-6（c）所示。

终于，如图 1-6（d）所示，在地球形成 5 亿年后，大陆壳层和原始海洋逐步形成，原始大气圈中的 CO_2 溶于大量液态水中，并与水中被风化岩石的金属元素 Fe 反应，生成大量的 Fe^{2+}，遍布海洋各处，形成还原性海洋环境。由于 CO_2 同时是主要的温室气体，大气中 CO_2 的减少又进一步降低了地球表面的温度。这些都为地球上出现原始的生命创造了条件。不过，这时的原始大气圈中基本没有 O_2。

16　锆石是一种宝石，相比于装饰，其更可贵之处在于科学研究。锆石只能在花岗岩或者长英质火成岩里形成，但在风化搬运中十分稳定，作为碎屑矿物的它，保留着最早大陆地壳的证据。人们发现了 44 亿年前的锆石，通过同位素测定，确认它是当时地幔物质和地面水相互作用的产物，从而间接证明 44 亿年前已经有海洋存在。

2. 水圈、大气圈的演化

从原始的水圈、大气圈演化到现代的水圈、大气圈是一个极其复杂而漫长的过程，历经几十亿年，而且和岩石圈的活动紧密相关，并且在演变的过程中还伴随着生物的产生和演化，进而由此产生岩石圈、水圈、大气圈、生物圈之间相互影响、错综复杂的演进之路。由于时代的久远以及直接环境的缺少，地质学家、地球化学家、生物学家等尚不能完全还原地球水圈、大气圈的演进之路的所有过程，但依据各种野外观测手段所获得的数据，已经可以大致描述地球水圈、大气圈的演进过程。下面就是对这个过程简化性的描述。

如前所述，刚冷却下来的早期地球，其浓厚的大气层主要由二氧化碳和水组成，没有氧气，也没有臭氧层。因为没有臭氧层，太阳辐射光谱中的紫外线就不会被吸收，而这样的紫外线会杀死暴露在阳光下的生命。由此，科学家推断地球上最早的生命只能产生在水下，而且是在缺氧的还原环境中。到了现代，深海科学家发现了深海热液和热液生物群，揭示了生命活动除依靠太阳能外，还可以依靠地球的内能，而这恰好是地球演化早期的特色。因此，近年来广泛认为，在海底热液附近最有可能是地球上生命的起点[17]。这样，也就可以分析地球演化过程中的一个重要事件——“大氧化事件”。

17 汪品先，田军，黄恩清，马文涛:《地球系统与演变》，20 页，北京，科学出版社，2018。

元古宙以前的大气圈不含氧或其浓度仅相当于现代大气含氧水平的 10^{-5}~10^{-3}，而海洋中完全无氧，约在 24 亿年前时，大气含氧量快速上升至现代大气含氧水平的 1%~10%，这个过程被称为“大氧化事件”。依据现在的一些观测，地质学家和地球化学家对这个事件给出了一个解释。如图 1-7（a）所示，27 亿年前大气圈和海洋中都没有 O_2，含 Fe^{2+}矿石风化后，还原性的 Fe^{2+}进入海洋形成还原性海洋环境，来自太阳的紫外线也可以直接照射到岩石和海面上。但在海洋较深处存在喷涌的海洋热液，在海洋热液的喷口附近，在还原环境下诞生了地球上最早的生物——原核生物。这些原核生物中主要以厌氧型为主，但也有少量的喜氧型的蓝细菌，蓝细菌可以发生产氧的光合作用。不难推测，产出的少量的氧会立刻被海水中的 Fe^{2+}消耗掉。

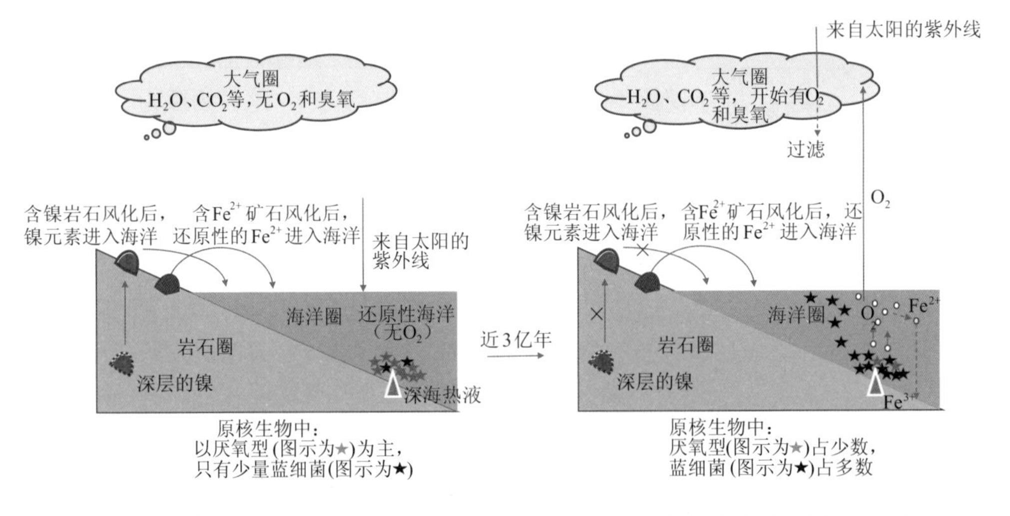

图 1-7 地球上水圈和大气圈的演化示意图

约在 27 亿至 24 亿年前，地质学家认为地壳的运动出现了变化，原来激烈动荡的地壳运动开始平和起来，由此对海洋热液中的原核生物产生了影响。如图 1-7（b）所示，原来占主体的厌氧型细菌的代谢需要镍元素，而由于地壳运动的减弱，原来从地壳深处流出的镍元素大大减少，造成厌氧型细菌获得镍元素的途径大大削弱，甚至消失。于是，海洋热液中的原核生物的比重关系发生了改变，喜氧型的蓝细菌变为多数，于是产生更多的 O_2，由此产生了一系列影响。一些 O_2 通过海洋进入大气中，大气圈中开始含有 O_2，其中的一部分 O_2 可能被太阳光分解形成少量的臭氧，于是大气圈中开始出现臭氧。随着产生的 O_2 更多，就更容易汇集到海洋的浅层，而且由于大气圈中开始出现臭氧，在海洋的浅层，来自太阳的紫外线对生物的伤害降低，原来在海洋深处的蓝细菌可能来到海洋的浅层，蓝细菌的生存环境得到极大扩张，于是在海洋的浅层蓝细菌产生越来越多的 O_2，从而更多的 O_2 进入大气层。由此，在大约 24 亿年前的时候，大气圈中氧的含量发生了显著的提升，达到现代大气圈氧气含量的 1%~10%。

但通过放射性元素的测定，地球化学家发现在其后十几亿年中，大气圈中氧的含量起起伏伏，大致维持在现代大气圈氧气含量的 1%~10%。显然，地球的水圈和大气圈演化到现代的水平，经历了更加漫长和复杂的过程。下面对这个过程做一个粗略的描述。

如图 1-8 所示，在发生“大氧化事件”以后，大气圈中氧的含量并没有出现继续增长的势头，而是在十几亿年中保持在一个不高的水准波动，直到大约 6 亿年前时，大气圈中氧的含量再次出现跃变，达到现代大气圈氧气含量的 20%以上。这个事件被称为“再次氧化事件”。这个现象曾经使很多地球化学家很困惑。经过深入的检测和分析，现在地质学家和地球化学家对这个现象有了一种解释，而其中化学作用依然占据了极其重要的地位。

在“大氧化事件”发生后，进入大气中的 O_2 将露出地面的 FeS_2 氧化为 SO_4^{2-}，其中一部分 SO_4^{2-}溶于水并随着水进入海洋，在还原性海洋环境中生成大量的 H_2S，即“大氧化事件”并没有给深海带来氧气，反而形成了硫化氢海洋，破坏了生命元素在海洋中的循环途径，这对于表层海洋生物同样不利。[18] 同时，海洋中产氧生物生成的氧气还会和海洋中的 Fe^{2+}反应生成 Fe^{3+}（Fe_2O_3）而沉淀下来。由于“大氧化事件”以后的数亿年间地质活动相对平稳，上述的反应过程持续了很长的时间。这也就是条带状含铁建造在 24 亿至 18 亿年前分布最广泛的原因。“大氧化事件”以后的十几亿年间，一方面“大氧化事件”带来的硫化氢海洋对海洋生物的发展起到抑制作用；另一方面海洋生物生成的氧气又被海洋中的 Fe^{2+}持续消耗，再加上其他的一些原因，如海洋表层有机物的堆积等，海洋表层和大气中的氧气含量就一直在现代大气圈氧气含量的 1%~10% 变化。尽管海洋表层和大气中的氧气含量增长的停滞限制了地球上生命的演化进程，在“大氧化事件”后的十几亿年间地球上生命的演化进程极其缓慢，但“青山遮不住，毕竟东流去”，在 11 亿年前

18　汪品先，田军，黄恩清，马文涛：《地球系统与演变》，29 页，北京，科学出版社，2018。

左右，终于有多细胞生物出现了，这也为“再次氧化事件”后的生命大爆发做好了准备。

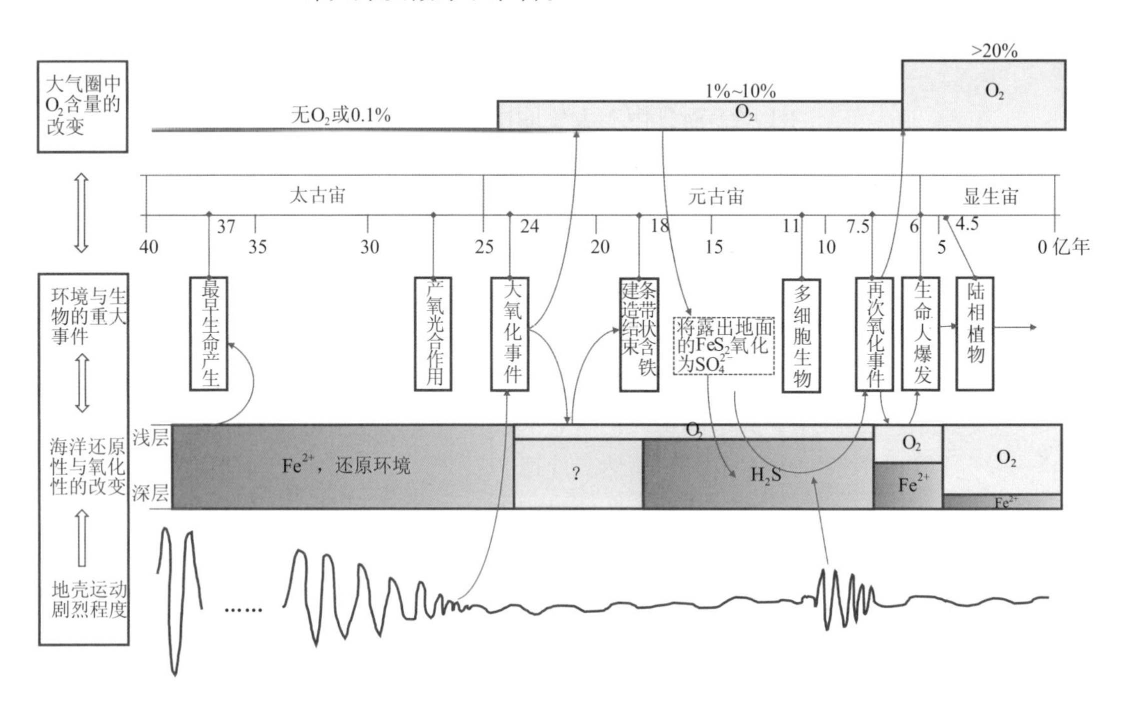

图 1-8 “再次氧化事件”的产生及影响

在大约 7.5 亿年前的时候，发生了“再次氧化事件”。一个可能的直接诱因是地球岩石圈发生了剧烈的运动，使原来地层中积累的大量 SO_4^{2-} 在短时间内进入海洋，这些 SO_4^{2-} 和海底的 Fe_2O_3 可以发生以下反应：

$$16H^+ + 8SO_4^{2-} + 2Fe_2O_3 \rightarrow 8H_2O + 4FeS_2 + 15O_2$$

该反应促进了海洋黄铁矿的生成[19]，放出的氧气进入海洋和大气。不仅如此，剧烈的地壳运动还将海面原来大量淤积的腐朽的有机物堆积埋葬，从而改善了海洋浅层生物的生存空间，使海洋浅层生物通过光合作用产生更多的氧气。以上两方面产生的氧气带来了海洋中氧气含量的快速上升，海洋中的含氧层增加，氧化还原界面下移，以及大气中氧气含量的快速上升，达到超过现代大气圈氧气含量的 20%以上，这就是“再次氧化事件”。由于氧气是复杂生物生存必需的条件，海洋和大气中含氧量的快速增加为生物进化和即将到来的生命大爆发奠定了基础。

19 汪品先，田军，黄恩清，马文涛:《地球系统与演变》，29 页，北京，科学出版社，2018。

“再次氧化事件”还带来了大气圈成分的另外两个变化：一是由于大气圈中氧气的快速增加，使大气中由太阳辐射分解氧气生成的臭氧量增加，进而可以更好地去除太阳光中对生命有害的紫外线，保护生物的生存；二是大气中产生的具有温室效应的 CO_2 更多地溶于水中，进一步降低了海水的温度，使海水温度更加适合复杂生物的生存。这两个因素也都为生物进化和即将到来的生命大爆发创造了条件。

随着海水和大气中含氧量的增加，在七八亿年前的元古宙末期，先是演化产生了食用单细胞生物的原生动物，然后是出现了多细胞动物和植物。从单细胞到多细胞生态系统的转换，犹如人类社会从一个“日出而作、日落而息”的个体户变成大企业、大农场的转折。动物的出现建立了多营养级的生态系统，激起了生物多样性的急速增加，加速了生物演化的步伐，在约 5.4 亿年前，地球上出现了一次生命大爆发过程（“寒武纪大爆发”）。进入显生宙后，生物的演化进入了快车道。[20] 水中动物的演化促进了海洋中植物的演化，海洋中植物的演化又通过光合作用产生更多的氧气，产生的氧气进一步促进了在更大深度内的还原性海洋环境向氧化性海洋环境的转变，这种转变又反过来促进了海洋中的动物和植物具有更大的生存和发展空间。由此，地球上水圈、大气圈、生物圈进入相互影响、相互促进的良性循环阶段。

20　汪品先，田军，黄恩清，马文涛：《地球系统与演变》，221 页，北京，科学出版社，2018。

随着大气中氧气含量的增加，原来大气中的一氧化碳经过氧化成为二氧化碳，原来大气中的甲烷经过氧化成为水汽和二氧化碳，原来大气中的氨经过氧化成为水汽和氮，大气中的二氧化碳还可以通过碳循环进入地壳内部，大气中的水汽随着地球温度的降低更多地进入海洋，形成对地球生物圈极其重要的水循环。由此，就基本形成了地球上现代意义下的水圈、大气圈。

可见，两次大气氧化过程对于地球上水圈、大气圈的演化和生物演化发挥了重大作用。应该说，两次大气氧化过程都由地壳运动的巨变引起，反映出地球内部对表层环境的调控作用，但这种对水圈、大气圈的调控又主要通过生命圈中岩石圈、水圈、大气圈、生物圈之间的各种化学元素和化学作用具体实现。尽管目前还存在一些未完全确定的问题，但地球自产生后，水圈、大气圈、生物圈的发展演化总体上是可以利用科学规律来解释的，并且相关解释又都基本有实际的数据作为支撑和验证，从而说明地球的演化过程是地球在外界环境的作用下按照客观规律“自我运转”“自我发展”的结果，不需要任何“神灵”的“干预”。当然，在这些客观规律中，化学规律占据了极其重要的地位。

3. 大气层中臭氧的产生与作用

在现在的大气层中，在 10~50 km 处飘浮着一种看不见的痕量气体，保护着地球上的生命免受来自太阳的高能紫外辐射的伤害，称为臭氧层，如果没有它的话，地球上的大多数生命将陷入灭顶之灾。

在地球诞生之初，臭氧层并不存在，它是在前面介绍的两次氧化事件的促进下，以大气中的氧气为基础，经过长时间的演化形成的。臭氧形成的机理以及对地球上生命的保护机理如图 1-9 所示。

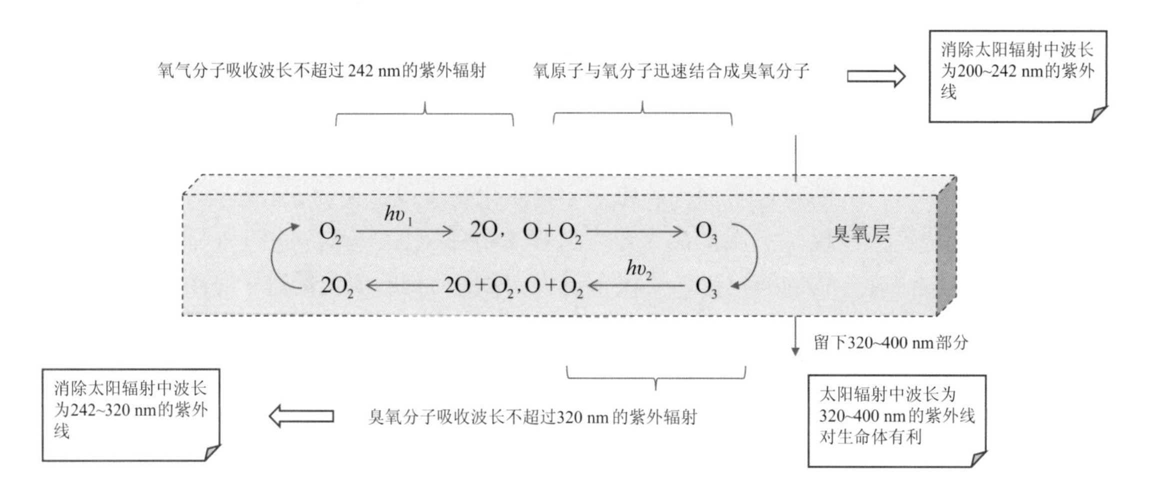

图 1-9 地球大气层中臭氧的产生与作用示意图

在地球大气上界的太阳辐射中，大约 50%是可见光，43%是红外线，7%是紫外线。红外线、可见光、紫外线都是电磁波，频率依次从低到高，对应的光子的能量依次从小到大。红外线、可见光一般不足以破坏原子结构，而紫外线的高频率赋予了它从原子中剥离电子的能力，它可以使原子分裂发生电离。在 7%的紫外线中，又可分为波长分别为 200~280 nm、280~320 nm、320~400 nm 三部分。波长短的 200~280 nm 紫外线对生命体的危害最大，其次是波长为 280~320 nm 的紫外线，它们都可以严重损害生命体或损害生命体中的蛋白质和 DNA；而波长为 320~400 nm 的紫外线对生命体有利，如可以促进生命体中维生素 D 的合成以及骨骼的生长。

地球在演化过程中，形成了一个“巧妙”的保护机制。[21] 当大气中的氧气含量达到一定量后，少量氧气分子可以吸收太阳光中波长不超过 242 nm 的紫外辐射，并分解为两个氧原子，上述反应生成的氧原子可以与氧分子迅速结合生成臭氧分子，具体反应为

$$O_2 \xrightarrow{h\upsilon_1} 2O，O+O_2 \longrightarrow O_3$$

21 赵建:《写给未来工程师的物理书》, 152 页，天津，天津大学出版社，2021。

臭氧形成后，由于其比重大于氧气，故会逐渐向臭氧层的底层降落，在降落过程中随着温度的上升，臭氧的不稳定性越趋明显，在波长稍长的紫外线（波长不超过 320 nm）的照射下，再度还原为氧气，具体反应为

$$O_2 \longleftarrow 2O，O+O_2 \xleftarrow{h\upsilon_2} O_3$$

经过长时间的演化，臭氧层形成并保持这种氧气与臭氧相互转换的动态平衡。[22] 于是，在臭氧的作用下，太阳辐射中对人体有害的短波长紫外线被消除，对人体有利的长波长紫外线被保留下来。臭氧层犹如一把保护伞保护地球上的生物得以生存繁衍。

22　一般认为，当大气中的氧气水平达到临界值（当前含氧量的 10%）时，臭氧便开始形成。

4. 水的特性与地球生命圈的关系

水是地球上分布最广的物质，它几乎占据了地球表面的 3/4，包括广袤的海洋、各式的河川和湖泊，还有高山之巅和两极地区常年覆盖的冰块和积雪。地壳中也有水，它浸润着土壤和岩层，成为地下水的源泉。天空中的云也是由水的微小液滴组成，大气中还有气态的水。地球上最早的生物也起源于海洋。

水还是组成生物体的主要物质。在动物中，水母的含水量为 97%，鱼类的含水量为 80%~85%，哺乳动物的含水量为 65%。在植物中，水生植物的含水量大于 90%，草本植物的含水量为 70%~80%。

地球是太阳系中唯一有液态水存在的类地行星，也成为太阳系中唯一有生命的行星。在地球的生命圈中，水与岩石圈、大气圈、水圈、生命圈有着极其密切的关系。没有水，也就没有地球的生命圈，从而也就没有生命和我们人类。

是什么造就了水这么重要的地位？从根本上说是源于化学上水的分子结构的特殊性，最典型的表现就是氢键的形成。理解了氢键的形成过程和特征，就可以理解水的各种物理和化学特性，也就可以理解水在地球生命圈中为什么具有如此重要的地位。

水分子由氧和氢两种元素构成。[23] 在水分子中，氧原子和氢原子共同构成的一种独特组合，形成一种“简约但不简单”的分子间的作用方式——氢键，水的诸多独特的物理和化学特性都与氢键相关，所以我们先介绍氢键的形成和特征。图 1-10（a）给出了正常的 O 原子的最外层电子结构。如图 1-10（b）所示，当 O 原子遇到 H 原子结合成 H_2O 时，O 原子的最外层电子结构会先发生 sp 杂化，生成 4 个 sp_3 轨道，其中 2 个 sp_3 轨道是高能级轨道，另外 2 个 sp_3 轨道是低能级轨道，原来 O 原子外层的 6 个 sp 层的电子进行了重新分配，其中 4 个电子占据 2 个 sp_3 低能级轨道，另外 2 个电子分别占据 2 个 sp_3 高能级轨道。

23　由于自然界中 H 元素存在 2 种同位素（^{1}H，^{2}H），而 O 元素存在 3 种同位素（^{16}O，^{17}O，^{18}O），原则上可以存在 9 种不同组合的水，但以 $H_2{}^{16}O$ 最多，一般用 H_2O 表示，我们讨论的就是 H_2O。

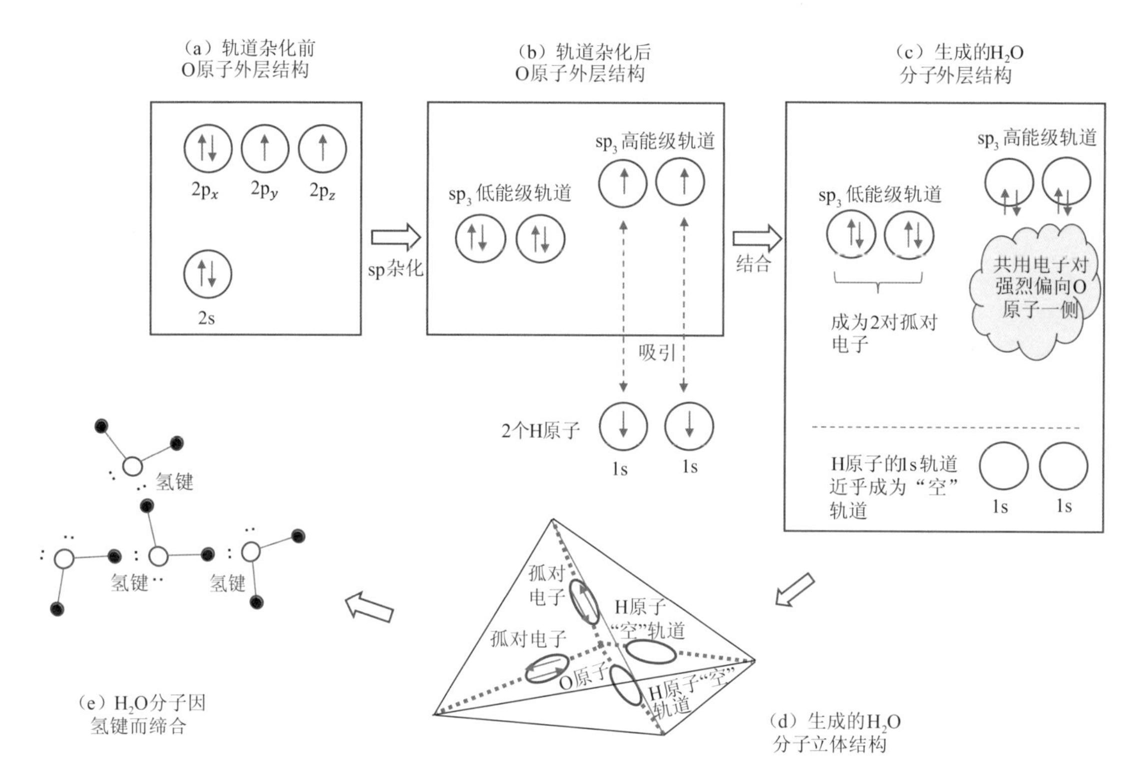

图 1-10 水分子氢键的形成和特征

如图 1-10（c）所示，在 1 个 O 原子、2 个 H 原子结合形成水分子时，O 原子 2 个 sp_3 高能级轨道上的单个电子分别吸引 1 个 H 原子 1s 轨道上的单个单子，形成 2 个共用电子对，由于 O 原子的电负性远大于 H 原子的电负性，这 2 个共用电子对形成的电子云强烈偏向 O 原子一侧，使 H 原子的 1s 轨道近乎成为“空”轨道。同时，O 原子 2 个 sp_3 低能级轨道上的 2 对电子对成为 2 对孤对电子。考虑到 sp_3 轨道的空间结构，1 个水分子就形成如图 1-10（d）所示的 V 形空间结构：一个 O 原子位于一个四面体的内部一点，从该点连接四面体的四个顶点，形成四条连线，其中 2 条连线上是 2 个 H 原子及对应的 2 个 1s“空”轨道，另外 2 条连线上是 2 对孤对电子。于是，水分子就具有了奇特的结构，它既有“空”轨道，也有孤对电子。根据现代化学原理[24]，一个水分子上的孤对电子可以吸引另一个水分子上的“空”轨道，形成一种分子间类似化学键的作用，这种作用就是氢键，通过氢键，多个水分子可以缔合在一起，如图 1-10（e）所示，而且这种缔合在分子数量和空间形态上几乎可以具有任意种组合方式。

24 类似原子间形成配位键的原理，只是发生在分子间。

可见，氢键是一种分子间的作用力（分子间力），但它又不同于一般的分子间力，一般的分子间力是由分子内极性的不均匀分布引起的，而氢键则是一个水分子上的孤对电子吸引另一个水分子上的“空”轨道而形成，因此它不仅具有分子间力的特征，还具有原子间化学键（共价键）的特征。由于是分子间的作用，氢键的键能比共价键的键能小很多，但又比分子间力的键能大很多。同时，氢键又具备共价键的特征，如具有饱和性和方向性。下面我们就从氢键出发，分析水所具有的特性以及相应的在自然界中的神奇之处。

首先，氢键的存在使水的三相（液态、固态和气态）之间具有很好的连通性，方便相态的转化。水的相态和水分子间形成的氢键的比重有直接的关系。在实验中，通过对水的相对分子质量的测定，大致计算出水蒸气由 96.5%的单分子水 H_2O 和 3.5%的双分子水 $(H_2O)_2$ 组合而成。在固态时，全部水分子都通过氢键而合成为一个巨大的缔合分子。即水的三相间的区别主要体现在氢键的多少上。气态水中氢键发生的比例大致是 3.5%，固态冰中氢键发生的比例是 100%，液态水中氢键发生的比例为 3.5%~100%。而温度和热量可以影响氢键发生的比例，温度升高或吸收热量的时候，更多的氢键被打开；反之，温度降低或放出热量的时候，更多的氢键被缔合。于是就带来以下优势：①水几乎是自然界中唯一一种在自然条件下具有三种相态并能实现相互转化的物质，由此水成为在岩石圈、水圈、大气圈和生物圈在自然条件下可以实现循环的物质，由此支撑了生命圈中板块运动、气候变化、温度调整等众多功能的实现；②由于氢键的存在，打开或形成氢键都可以吸收或放出较多的热量，因此水的比热容是除氨以外所有液体和固体中最高的，由此水对热能的传输、吸收能力强，对温度变化的调节能力强，例如地球的水圈对于调节昼夜温差意义重大，其是保证地球表面的温度在昼夜间相差不大的重要条件，还例如由于水具有比较高的比热容，植物叶面的蒸腾作用可以防止阳光灼烧造成的组织损伤，烈日下动物出汗也具有同样的效果；③由于氢键的存在，固体冰靠氢键的作用结合成含有许多空洞的结构，因此冰的密度小于水，冰能浮在水面上，在地球的演化中，这个特性发挥了重要作用，例如在地球的演化历史中，曾发生过大的冰期，几乎所有的地球表面都被冰封在厚厚的冰层下，但由于冰层浮于水上，水下的生物才得以幸免于难而生存下来，为劫后地球的生物演化保留了种子。另外，由于冰的密度小于水的密度，水在冻结成冰的时候体积增大，在生活中这种现象会造成冬天水管的爆裂，但在大自然中其具有特殊的意义，例如这种现象可以使坚硬的岩石破碎开来，从而为形成土壤创造了有利条件，有了土壤，才有了绝大多数陆地植物生长的基础。

其次，由于氢键的存在，液态水具有良好的流体性质。①通过氢键，液态水可以形成层状结构，层与层之间可以顺畅地滑动，阻力很小，从而使液态水具有很好的流动性。②通过氢键的断开和结合，液态水可以瞬间根据需要改变形状，具有灵活的变化性。液态水的这种形状的灵活性和良好的流动性造就了自然界中海洋、湖泊、河流、瀑布等动态景观，对自然界中的水循环意义重大。③氢键的存在使水的表面张力成为除汞外所有液体中最高的[25]，因此液态水的毛细现象和润湿能力强，这对生物细胞的渗透和活性有重要作用。通过表面张力，高大植物中的水甚至可以输送到几十米的高度。

25 一般来说，液体的表面张力和液体分子间的分子力的大小有很大关系。氢键的键能大于一般液体的分子间力。

再次，由于氢键的存在和特性，使液态水成为理想的溶剂。氢键的形成是由于水分子同时具有孤对电子和“空”轨道，因此无论对正离子还是负离子都是强极性分子。众多无机物能溶于水，例如许多的盐类和极性共价化合物等。一些对生命重要的有机物也能溶于水，因为这些有机物中往往包含可以形成氢键的羟基。结合液态水的良好流动性，各种无机和有机分子、离子都可以溶于水，不仅为各类化学反应提供了平台，并且可以利用液态水完成反应物、生成物的扩散、传递、运输等过程。在前面介绍的地球演化过程中，已经充分看到液态水作为理想溶剂所发挥的重要作用。同时，这也是无论动物体还是植物体中都含有大量的水，并且生命体活动离不开水的一个重要原因。

另外，水的电离度很小，属于中性介质，同时又能提供微量的氢离子和氢氧根离子，支持各种水解和酸碱盐反应等。这些反应无论对自然界还是人类社会都具有重要意义。

可以说，没有水就没有地球的生命圈，也自然不会有地球上的生命和人类。而水的奇妙作用来自其独特的分子结构，这种结构依据现代化学理论大致是可以解释的，因此“神奇”但不“神秘”。

5. 碳循环与温室效应

碳是地球上最重要的元素之一。它不仅是组成生命有机物的基本构架，而且是光合作用的重要原料，同时它与地球能保持一个稳定的温度以及为人类活动提供主要的能源都有密切的关系。由于地球上并不能生产碳元素，而地球上的生命却是生生不息的，这就要求在地球的生命圈中形成一个有效的碳元素循环，以支持地球的生命圈可持续的生存和发展。

地球上碳元素的循环涉及生命圈的四个组成单元，即岩石圈、水圈、大气圈和生物圈。如图 1-11 所示，我们给出了一个简化的碳元素循环模型。其中，图的右侧，大气中的 CO_2 可以溶于海洋、湖泊的水中，并与水中的钙盐反应生成 $CaCO_3$ 沉淀下来，随后沉淀的 $CaCO_3$ 随地壳的运动从上地壳俯冲进入中地壳。由于中地壳温度高，$CaCO_3$ 分解生成 CO_2，这些 CO_2 一部分可以通过岩石孔隙、火山喷发、地震海啸等方式进入大气；还有一部分可以在 H_2 的作用下参与煤、石油、天然气等化石能源的生成。而图的左侧，大气中的 CO_2 通过植物的光合作用和细菌的作用转变为有机物进入生物和土壤中。动植物通过生命过程中的氧化过程生成一部分 CO_2 返回大气中，一部分碳元素通过动植物的尸体进入岩石圈，并生成煤、石油、天然气等化石能源存储在地下。人类社会产生以后，特别是大工业生产诞生以来，人类开始大规模开采利用地下的煤、石油、天然气等化石能源，经加工和燃烧以后，将生成的大量的 CO_2 排放到大气中。以上就是和 CO_2 密切相关的碳循环过程。

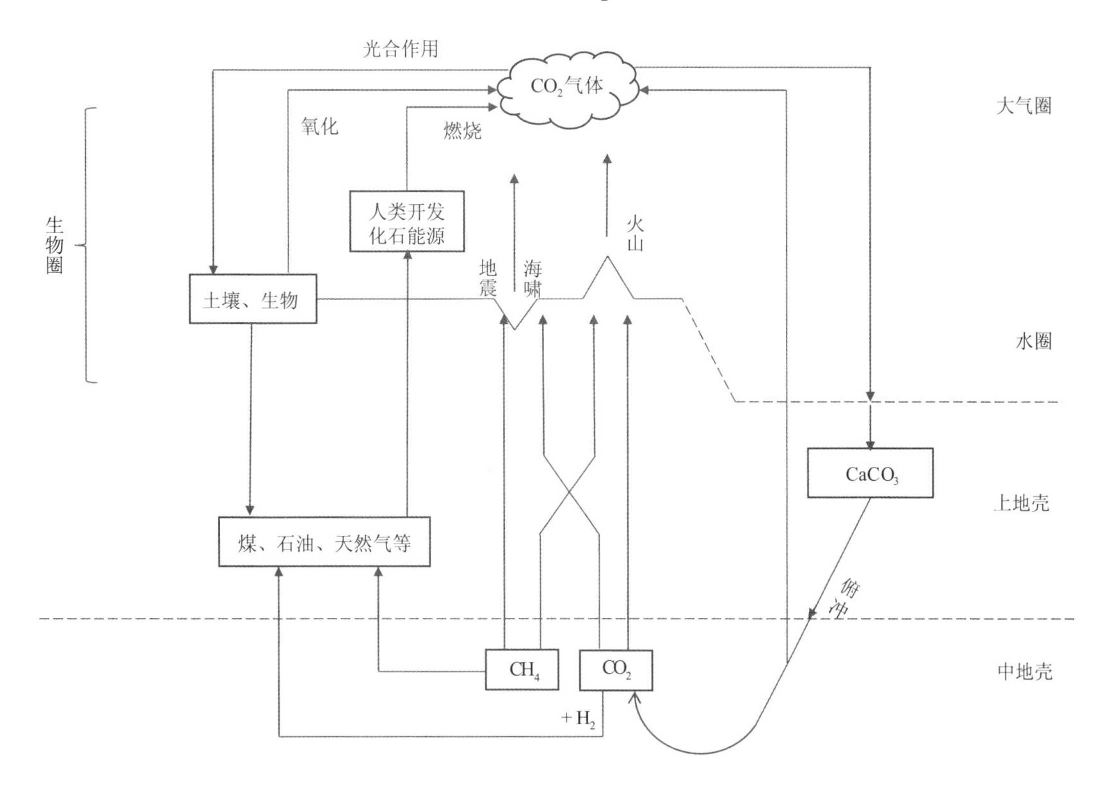

图 1-11　地球上简化的碳元素循环模型

在碳循环的过程中，在大工业生产产生以后，还有一个对地球生命生存和发展至关重要的效应，就是温室效应。自 1860 年有气象仪器观测记录以来，在 160 多年间全球平均气温升高了 0.6 ℃。地球气候变暖已引起全世界人们的关注，使地球变暖的原因是大气的化学成分发生了变化，温室气体的比重增加，所产生的温室效应造成了温度的升高，而主要的温室气体就是 CO_2。

一般来说，气体分子可以通过共振的方式吸收光谱，使分子的振动增加，也使自身的温度增加。因为采用的是共振吸收的方式，所以不同键能的分子对应的可吸收光谱的频率值有所不同。大气中的单原子分子和双原子分子对应的可吸收光谱的频率值，相比大气中三原子和三原子以上的多原子分子对应的可吸收光谱频率值更高些。如图 1-12 所示，阳光中包含的可见光、紫外线的光谱频率刚好大于三原子和三原子以上的多原子分子对应的可吸收光谱频率值，而由地球热辐射发出的红外线光谱频率刚好对应 CO_2 等三原子及三原子以上气体可吸收光谱频率值。[26] 在这些气体中，CO_2 的含量最大。于是，CO_2 等温室气体就像是给地球穿上了一件“保暖棉衣”，将大部分来自地球的热辐射吸收并“反射”回地球，由此就保证了地球表面的平均温度为 14 ℃左右，而大气层上方的温度为-19 ℃。并且，CO_2 等温室气体提供的这件“保暖棉衣”还有一个神奇之处，它并不吸收太阳辐射光谱中的可见光、紫外线，可见光、紫外线可以穿过，从而不影响地面植物利用可见光进行光合作用。在一个较长时期内，地球上的生命圈通过前面介绍的碳循环过程，保持了大气中 CO_2 等温室气体的含量相对稳定，从而保证了地球表面温度的相对稳定。

26 周公度:《化学是什么》（第 2 版），203-204 页，北京，北京大学出版社，2019。

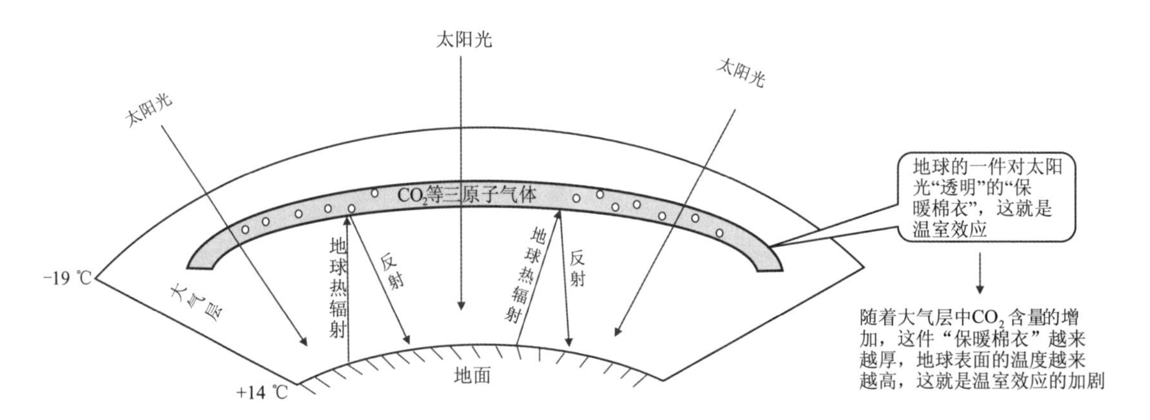

图 1-12 温室效应形成机制示意图

不过，这种天然的温室效应自 18 世纪中叶工业革命以来由于人类的活动而加剧。在工业革命之前数十万年中，大气中 CO_2 的天然浓度一直保持在 280 ppm 以下。但到了 2004 年，大气中 CO_2 的浓度达到了 377 ppm，增加了约 34.6%。这使地球在过去的一个世纪中逐渐变暖。这种人为的对天然温室效应的加强称作全球变暖。解决全球变暖的核心在于减少对化石能源的利用，增加绿色新能源的供给，减少碳排放。

6. 氮循环与生命

氮是一种主要的生命元素，生命体中的氮主要是以氨基、碱基的形态与碳、氢、氧以及硫、磷等元素共同形成蛋白质、核酸等构成生命体细胞及组织的结构物质和生命的遗传物质。每个蛋白质分子一般含 10%~15%的氮原子。因此，大多数生物含有 8%~16%的氮，动物约为 16%，植物约为 8%。没有氮，就没有地球上的生命。没有氮的循环，也就没有地球上生命的持续发展和演进。在地球长时间的演化过程中，形成了一个有效的氮循环过程。

地球大气 79%的成分是氮气，但这些氮气却不能被动植物直接吸收，其原因是氮气分子中的两个氮原子是以牢固的三键结合的，要使它们断裂，需要每摩尔 670 kJ 的能量。

一般来说，动物可以通过食物获取氮，植物则只能通过吸收土壤中的氨、硝酸盐来获取氮。这样，生物圈里的氮的循环就首先要从大气的固氮（称为硝化作用）开始，再以释放氮回到大气中（称为反硝化作用）结束，构成氮的循环。这两个过程都是典型的化学过程。海洋中最重要的固氮生物是一种蓝细菌，称为束毛藻，它能够将大气中的 N_2 变成 NH_3。陆地上的固氮作用也一样，由土壤或者植物根瘤里的固氮菌将 N_2 变成 NH_3。生成的 NH_3 不稳定，立即转变成 NH_4^-，最后变成硝酸，故称为硝化作用，具体反应如下：

$$2NH_4^- + 3O_2 \rightarrow 2NO_2^- + 2H_2O + 4H^+$$

$$2NO_2^- + O_2 \rightarrow 2NO_3^{2-}$$

而海洋和陆地上的一些微生物在缺氧条件下进行呼吸，可以将电子给予硝酸盐作为氧化剂，最终将氮还原为氮气，称为反硝化作用，具体反应如下：

$$2NO_3^{2-} + 10e^- + 12H^+ \rightarrow N_2 + 6H_2O$$

另外，氮循环与碳循环及气候变化有密切关系。硝化作用活跃时，海洋生物泵加强，会吸收更多的 CO_2；反硝化作用活跃时，会增加大气中的 N_2O，并通过减少硝酸盐而削弱生物泵的作用，有利于大气 CO_2 的增多。[27]

近代以来，随着人工氮肥的大量使用，在提高粮食产量的同时，带来了水陆生态系统的富营养化和全球性的酸化，氮循环也成为人类保护生态环境的重点课题。

27　汪品先，田军，黄恩清，马文涛：《地球系统与演变》，205-206 页，北京，科学出版社，2018。

1.1.4 社会生活中的化学

前面我们主要介绍了化学在地球生命圈演化过程中，即在大自然物质世界的演进变化中所体现出来的物质第一性原则。自人类产生以后，地球的生命圈就发生了巨大的改变。人类利用自身所具有的巨大的意识能动性改变了整个世界，创造和发展了人类文明。而人类文明的一切活动都建立在物质之上，这些物质不仅包括自然界存在的物质，更包括千千万万种人类利用化学原理改造和创造的新物质。人类社会产生以后，就是发现物质、利用物质、创造物质的循环往复、不断上升的过程。地球上的人类就生活在化学物质的世界中。下面选取健康生活、能源、材料、信息、环境五个事关人类生存发展的环节，简要分析化学在改变人类社会、推动人类社会发展中所起的作用。从而说明在人类社会生活中，人类离开物质就没有生活，物质的创造依靠客观规律，特别是化学所体现的规律，通过化学创造社会生活中的物质验证社会生活中的物质第一性原则。

1. 健康生活中的化学

食物是人的最基本需求。在解决人类的吃饭问题上，化学是最有成效的学科之一。随着人类总人口的增加，为保证人类吃饱饭，就要生产更多的粮食。据统计，近 50 年来，世界人口翻了一番，粮食总产量也增加了一倍。种子、化肥、农药等因素是促进粮食增产的重要因素，其中化学的作用超过 50%。在解决人类的吃饭问题上，一半依靠化学。食物中能够被人体消化和利用的各种营养成分称为营养素。人类需要的营养素有七大类：糖类、蛋白质、脂肪、无机盐、维生素、膳食纤维和水等。它们都是有机化合物或无机化合物。这些化合物在人体内发生各种化学反应，从而维持人体一切生命活动的进行。[28] 为了使食物更加可口，人们通过化学合成生产出各种食品添加剂。食品添加剂的有效应用，一方面可以改变食物的口味，让其变得更加鲜美；另一方面可以促进食物保质期的延长。为了保证这些食品添加剂的安全使用以及避免其他的食品安全问题，人们利用化学理论又开发出了各种针对食品安全的化学检测技术。

28 周公度:《化学是什么》（第 2 版），223-224 页，北京，北京大学出版社，2019。

穿衣是人的另一个基本需求。17 世纪，人类提出了可以模仿蚕丝吐丝采用人工方法生产纺织纤维的想法。19 世纪，先是用硝化纤维素溶液成功制作出纤维；再后以纤维素的铜氨溶液为纺织液，制得铜氨纤维，20 世纪初，改进为用强碱和二硫化碳分解纤维素，生产出粘胶纤维；随后又生产出醋酸纤维和蛋白质纤维。20 世纪 30 年代，以煤、空气和水通过化学手段制得合成纤维，并进入规模化生产。之后又以石油、天然气等为原料，先制得单体化合物（如乙烯、丙烯、聚乙烯等），再聚合得到高分子化合物，最后利用抽丝设备制成各种合成纤维。合成纤维不仅生产效率高、产量大，且具有比天然纤维更优越的性能，如它的强度大、弹性高、耐磨、耐化学腐蚀、不会发霉、不怕虫蛀、不缩水，做成的服装挺括美观、坚韧耐用。例如，尼龙纤维称为锦纶，由于高分子链间的氢键作用，坚固耐磨，易洗美观；聚酯纤维称为涤纶，制成的布料具有坚固、易洗快干、免熨烫、挺括舒展的特点；聚丙烯纤维称为丙纶，质轻而强度大，耐腐蚀，吸水性几乎为零；聚乙烯醇纤维称为维纶，有"合成棉花"的美誉，用它做成的冬衣，没有闷气的感觉。常见的纺织品可以由天然纤维和人工合成纤维按比例混纺而成，由此制作出美观、舒适且适合不同环境的衣物。依靠化学所创造出来的各种合成纤维，人类的穿着需求早已告别仅满足冷暖的要求，而是逐步走向美观、舒适、健康、享受。

化学在制药上的应用，对帮助人类战胜各种疾病、恢复身体健康、延长平均寿命做出了重大贡献。治疗疾病的药物先是取自天然的动植物和一些矿石，之后逐渐发展出人工合成制药的方式。在天然药物方面，化学的发展使天然药物的研究不断取得新的进展，表现在：通过阐释医用药用生物的有效成分，获得具有新结构的化合物或具有生物活性的单体；对稀少难得的活性化合物及前体进行半合成和生物转化研究；以天然活性化合物为先导物，研究其构效关系，获得高效低毒的创新药物；以化学原理审视药物配方，分析药物在不同环境下的变化，提高配方水平。这方面的一个典型代表是我国科学家屠呦呦，她在 2015 年获得了诺贝尔生理学或医学奖，以表彰她用青蒿素治疗疟疾的原创思想和她领导的研究集体对青蒿素有效成分的提取和化学改性所取得的巨大成绩。在化学合成药物方面，20 世纪通过化学合成制造的药物有数千种，最有影响和代表性的是磺胺类药和青霉素药类。20 世纪 30 年代以前，一些细菌性传染病严重危害人类健康，造成大量人口死亡。1935 年，化学家合成出对氨基苯硫酰胺抗菌药物，之后又合成、筛选出各类磺胺类药物，有效医治了许多细菌类感染的疾病。第二次世界大战期间，生物化学家实现了一些抗生素的合成以及对青霉素的分离与纯化，并发现了批量生产青霉素的方法，这种新的药物对控制伤口感染非常有效，青霉素成为从战场上拯救生命最多的药物。1945 年，其发明者获得了诺贝尔生理学或医学奖。根据统计，世界人口的平均寿命在 20 世纪初为 45 岁。到 20 世纪末增长到 65 岁，现在一些发达国家接近或超过 80 岁。因此，化学家合成的药物在增进人类健康、延长人的寿命方面发挥了重要作用。[29]

29 周公度:《化学是什么》(第 2 版), 247-258 页, 北京, 北京大学出版社, 2019。

2. 能源中的化学

能源是一切物质活动的基础。对能源的开发和利用是人类社会发展的基础。目前，人类社会还是以化石能源为主，包括煤、石油、天然气等。同时，还积极开发和利用清洁能源和新能源，包括太阳能、生物能、风能、海洋能、地热能以及核能。在上述的能源中，除核能更多依靠物理学的突破外，其他能源的开发和利用都与化学有很大关系。

煤是地质历史时期由堆积的植物遗体在缺氧环境中经过复杂的生物化学作用和地质作用转化而成的可燃有机物质。煤中含有多种高分子有机物和混杂的矿物质。碳是煤中的主要成分，氢也是煤中重要的可燃物质。煤的开采已有 2 000 多年历史，在工业革命后相当长的时间里，煤一直是人类社会最主要的能源。人类对煤的利用，一是利用其高热值直接燃烧产生热能，由热能转化为电能、动力能等，煤的燃烧过程就是典型的化学反应过程；二是将煤炼成焦炭，产生煤焦油，开展煤化工过程，从煤焦油中提炼芳香族化合物，并以这些化合物为原料，合成染料、药品、香料、炸药等许多有机产品，形成以煤焦油为原料的有机合成工业，这些过程也是典型的化学反应过程。

石油是一种黏稠的、深褐色液体，被称为“工业的血液”，储存在地壳上层部分地区。石油主要是碳氢化合物，由不同的碳氢化合物混合组成。组成石油的化学元素主要是碳（83%~87%）、氢（11%~14%），其余为硫（0.06%~0.8%）、氮（0.02%~1.7%）、氧（0.08%~1.82%）及微量金属元素（镍、钒、铁、锑等）。由碳氢元素化合形成的烃类构成石油的主要组成部分，一般占 95%~99%，各种烃类按其结构可分为烷烃、环烷烃、芳香烃。石油的成油机理有生物沉积变油和石化油两种学说。前者较广为接受，其认为石油是古代海洋或湖泊中的生物经过漫长的演化形成的，属于生物沉积变油，不可再生。后者认为石油是由地壳内本身的碳生成的，与生物无关，可再生。20 世纪 60 年代中期开始，石油替代煤炭成为世界工业的第一能源来源。石油也是许多化学工业产品如溶剂、化肥、杀虫剂和塑料等的原料。对石油的开发利用需要依赖化学。由于石油的成分主要是碳氢化合物，已有的化学方法能比较容易地将其转化为其他国民经济所需要的产品，这种化学工业称为石油化工。石油化工是以石油为原料，在催化剂作用下，通过催化反应获得化工产品的过程。石油化工产品的品种有 3 000 多种，涉及国民经济的各个部门，例如轻工、纺织、农药、医药、电子、文化、通信、机械等各个领域。石油的主要产品是炼制成的汽油、煤油和柴油等燃料油，这些燃料油和氧气燃烧释放出化学能，为社会发展提供主要的能源来源。燃料油的燃烧会产生二氧化碳并排放到大气中，从而增加了大气中二氧化碳的浓度，由此可能会加剧前面所介绍的温室效应，引起全球变暖。因此，开发可替代石油的绿色新能源成为事关人类生存发展的重要议题。

太阳能是一种可利用的清洁能源，具有储量大、不会枯竭、不受地域限制、清洁无污染等优点。太阳能利用的主要手段是光伏发电，即将太阳光照射到太阳能电池上，将光能直接转化为电能。光伏发电无须消耗燃料、无运动部件、无排放、无副作用，是可持续发展的最佳能源之一。光伏发电的关键设备是太阳能电池，它根据半导体材料的光电效应制成，目前所用的半导体主要是单质硅，它是纯度很高，并定量掺有特定杂质的单晶硅片。单晶硅片生产的关键是化学问题，涉及材料的制备、提纯和检测等多个方面。另外，光伏发电还需要配套强度高、透光好、非常薄的玻璃板以及蓄电池，这些产品的开发也主要依赖于化学。

氢能源在未来将有很大发展，其原理非常简单，即利用氢气燃烧发热产生能量。由于其燃烧产物是水，没有其他污染物，且热效高[30]，因此是清洁高效燃料。但氢气的制备需要由另外的能源来交换，目前最常用的是用电能电解水制得氢气。由于氢气很轻、密度很小、很难液化、容易泄漏，因此储备氢能是氢能利用的一个关键问题。目前，科学家正在用化学的方法进行实验，希望制备出既容易和氢结合又容易分离的化合物，其中石墨烯材料的开发已经取得一些成效。

30　按质量计，氢气的燃烧热为 1.2×10^5 kJ/kg，是汽油的 3 倍。

核能是核反应过程中原子核结构发生变化所释放出的能量。核能的产生有两类：一类是核裂变；另一类是核聚变。由于核聚变需要极端的环境，目前还在研究中。目前，人类对核能的利用主要是依靠核裂变实现。尽管核裂变的原理是依据物理学上的质能关系，但实现核裂变所需要的材料却是依靠化学反应来获得。例如 ^{235}U、^{238}U 是核裂变的主要材料，但它们在自然铀中占比很低，必须把它们富集起来才能成为核原料。其富集主要依靠化学方法实现，即将矿石开采所得到的 UO_2 和 HF 反应得到 UF_4，再将 UF_4 和 F_2 反应得到 UF_6， UF_6 是 U 化合物唯一易挥发且稳定的气态化合物，而 F 只有一种同位素，因此 UF_6 气相产物中只有两种成分——$^{235}UF_6$（分子量为 348.99）和 $^{238}UF_6$（分子量为 351.99），利用它们质量的微小差异，可以通过超离心法或气相扩散法分离和富集出 ^{235}U、^{238}U，供核反应堆使用。[31]

31 周公度:《化学是什么》（第 2 版），145-146 页，北京，北京大学出版社，2019。

因此，离开了化学，无论是传统的化石能源，还是新兴的新能源都是不可能获得的。

3. 材料中的化学

材料是人类用于制造社会生活所需的物品、器件所需的具有某些特定性能的化学物质。在古代，陶瓷、青铜、玻璃、生铁等材料的发明和应用是撑起人类文明发展的支柱。在近现代，水泥、塑料、合金、高分子材料的发明和应用对人类社会生产、生活具有重要的促进作用。20 世纪 70 年代以来，具有各种特殊性能的新材料（如光纤、非晶体硅、新型陶瓷、富勒烯、钛合金、纳米材料、生物材料、智能材料等）不断涌现。例如，钛合金具有强度高、密度低、抗腐蚀、无磁性等优良性质，既可以用于大型客机和高速战斗机的机体制造，也可以作为重要的生物医用材料，如用于制造植入人体的人造骨和关节，甚至可以制造个人生活中高品位的眼镜框架。由氮化硅、氧化锆、氧化铝和碳化硅组成的高温结构陶瓷中，这些化合物由共价键结合，具有硬度高、强度高、热稳定性好、电绝缘性好等优点，用它制作的发动机工作温度能稳定在 1 300 K 左右，燃能充分而又不需要水冷系统，且由于陶瓷的密度低于钢铁，故用陶瓷制作的发动机较轻，无冷却式陶瓷发动机对于未来汽车、航空工业发动机的发展很有吸引力。从 20 世纪中期起，人们以石墨为原料，加镍或钴作催化剂，在高温（约 1 800 K）高压（约 6 000 MPa）的密闭条件下，生成了人工金刚石。尽管人工合成的金刚石主要是纳米级的颗粒，很难达到宝石级，但它具有稳定性高、无毒性、硬度高等特点，广泛应用于金属切割以及抛光合金、陶瓷、光学玻璃等，还可制作钻头供地质钻探用。再如，石墨烯是由单层碳原子组成的二维晶体，每个碳原子和周围三个碳原子都以 sp_3 杂化轨道形成 σ 键，而垂直于层的 p_z 轨道上电子互相叠加形成离域 π 键，电子可以在层的上下层面间自由运动，自由运动的 π 电子通电时电阻非常小，具有独特的电学特性，用它制作电容器，导电性能极佳，且电容量大、充电速度极快，制成的超级电容器具有较长的使用寿命和极高的能量密度，故石墨烯可以作为超级电容材料、锂电池材料、铝电池材料、燃料电池材料、太阳能电池材料。

总之，材料技术被认为是各种新技术发展的物质基础，某些重要的新型材料的出现，往往导致某种程度的技术革命和新兴产业的出现，产生巨大的经济效益，而化学在材料技术的发展中起到了不可替代的作用。

4. 信息中的化学

现在人类社会已经进入信息时代。围绕着信息的产生、收集、传输、接收、处理、存储、检索等，形成了开发和利用信息资源的高技术群——信息技术。其中最重要的技术有信息处理技术（主要是计算机技术）、信息传输技术（主要是通信技术）及信息存储技术。集成电路和光纤是支撑现代计算机、现代通信网络和信息存储技术的硬件基础。目前，集成电路依赖于晶圆材料的加工制作。晶圆的成分是硅，硅是由石英砂精炼而来的，晶圆是硅元素加以纯化至 99.999%的产物，需要经历化学气相沉淀、光学显影、化学机械研磨等步骤。将晶圆制作成特定功能的集成电路芯片需要利用物理和化学手段完成光刻、显影、蚀刻、封装等加工工序。光纤的学名是光导玻璃纤维，其化学成分是高纯度的二氧化硅，将它熔化拉成直径几十微米的纤维，称为纤芯，纤芯具有高折射率，再在纤芯外包一层直径 100 μm、折射率较低的包层。由于纤芯和外包层折射率的差异，光纤通信时光在纤芯和外包层的界面上发生无数次全反射，成锯齿形向前传播。光纤中二氧化硅需要极高的纯度，而普通玻璃中含有少量的过渡元素，如铁、锰等，这些杂质都需要利用化学手段清除干净。因此，没有化学就没有集成电路和光纤，自然也就没有现在高性能的计算机、高速的通信网络和计算机网络，也就没有人类信息社会的到来。未来，人类面临从以电子技术为基础的信息时代向以量子技术为基础的信息时代的发展，同样将依赖各种新型实用的量子材料的开发。

5. 环境中的化学

人类在发挥意识的能动性，掌握和利用包括化学在内的客观规律改造自然、创造新物质、提高生产和生活水平的同时，人类的活动也对自然环境带来了一些重大的影响，而且由于人类数量的快速增加和对资源的过度利用，也对自身赖以生存的自然环境造成了一些危害。这些危害在很大程度上表现为化学反应过程，而对应的治理也需要利用化学。以下是几个和化学密切相关的环境问题。

首先是由于化石能源的大规模使用，大量的 CO_2 温室气体被排放到大气中，引起温室效应的增强，带来全球变暖问题，前面已经讨论过。

其次是人类在大气中排放 Cl 元素引起的“臭氧空洞”问题及解决。20 世纪二三十年代以后，人类合成的一种称为“氯氟烃”

32 氟利昂属于卤代烃类，卤代烃类制冷剂化学式的通式为 $C_mH_nF_xCl_yBr_z$。

的物质（简称 CFC）[32]，具有以下物理和化学特性：①较强的化学稳定性，不分解；②良好的热稳定性、不燃不爆；③气液两相变化容易；④表面张力小，具有浸透性；⑤无毒、无刺激性、无腐蚀性；⑥电绝缘性高；⑦适当的亲油性；⑧价格低廉，易于大量生产。于是，CFC 被广泛使用，并成为冷冻设备、家用冰箱和空调的制冷剂，塑料工业中各类硬软泡沫塑料的发泡剂，医疗、美发、空气清新的气雾剂，还成为烟草工业的烟丝膨胀剂，后来还作为清洗电子零件的溶剂，对计算机革命起到了辅助作用。

CFC 造就了一大批产业，开始并没有引起异议。一直到 1974 年，科学家开始质疑，这些不活泼的气体分子飘移到哪里去了。由于本性不活泼，它们几乎是不能被破坏的。因此，所有自 1930 年以来生产的 CFC 基本上都应当停留在大气中。

随后，化学家发现了一个令人惊恐的可能性：这些不易被分解的 CFC 会慢慢飘升到距地面较高的同温层中，在那里它们可以原封不动地停留几十年甚至若干世纪。同时，依据化学理论，太阳的高能辐射最终能将 CFC 分子分解，并向同温层释放大量的 Cl 原子，而这将带来一个令人担忧的后果，即这些氯会破坏大气中的臭氧，具体反应为

$$Cl+O_3 \rightarrow ClO+O_2$$

在这个高度，由于太阳光中紫外辐射的轰击，还会发生第二个反应：

$$ClO+ClO+\text{阳光} \rightarrow Cl+Cl+O_2$$

这样，第二个反应放出的 Cl 随即又触发第一个反应，进而破坏更多的臭氧。根据推测，一个氯原子大约可以瓦解 100 万个臭氧分子。这就意味着，一点点的氯就能破坏大量的臭氧。[33]

33 [美]Art Hobson:《物理学的概念与文化素养》(第 4 版)，秦克诚，刘培森，周国荣译，197 页，北京，高等教育出版社，2008。

从 1977 年开始，通过对南极的大气观测，科学家发现在春季确实往往会出现一个臭氧含量的显著下降，形成一个“臭氧空洞”，并伴随着高水平的氯。1987 年，47 个国家签订了《关于消耗臭氧层物质的蒙特利尔议定书》，要求发展换代产品，在 2000 年前基本淘汰破坏臭氧的化学品。此限制行动的效果非常好，2000—2005 年臭氧的破坏程度似乎达到了最大，并趋于稳定。CFC 的例子给了人们一个启示：人类需要采取一致、有力而有效的全球行动解决全球性问题。

再次是大气污染和治理。大气污染的来源有天然源和人为源。从天然源看，火山爆发产生二氧化硫、硫化氢、气溶胶和烟灰等；生物腐烂释放二氧化碳、硫化氢、甲烷等；森林燃烧产生碳氧化

物、气溶胶等；雷电产生氮氧化物、臭氧等。从人为源看，大气污染主要源于化石能源燃料的燃烧，工业生产中各种废气的排放，机动车废气的排放，化肥、农药的使用等。空气污染物主要有五种：二氧化硫、一氧化碳、二氧化氮、臭氧和悬浮颗粒物。通常，雾是水蒸气凝结形成的小水滴，是自然出现的天气问题，纯粹的雾在水温升高后，会随着水滴蒸发成水蒸气而消散。霾是人们在生产和生活中燃烧煤、汽油等而散发到大气中的小颗粒。雾和霾相互联系，就形成了雾霾。根据实验测定，雾霾中小于或等于 2.5 μm 的颗粒对人的健康影响最大，它们容易进入支气管，干扰肺部气体的交换，引发哮喘、支气管炎和心血管疾病。由于每人每天平均要吸入 1 万升空气，如果雾霾现象较严重，就意味着吸入的有害物多，对人体健康的影响就大。因此，雾霾也成为人们关注的重大问题。减少雾霾产生的途径包括使用更多清洁能源，减少工业生产中废气排放和汽车尾气排放等。

最后是水的污染和治理。前面已经介绍，水是一种非常好的溶剂，大多数的金属、非金属离子都可以溶于水。同时，水具有很好的流动性，并且水在地球上分布很广，这意味着如果有污染物进入水体的话，很容易造成扩散性的污染。这些污染物包括：没有处理的废水和生活垃圾，工业生产中排放的大量废气、废液、废渣；矿山开发中的各种重金属；农业生产中使用的大量农药、化肥等。根据不同的水质和用途，需要采用不同的化学作用对水进行净化处理。

对于饮用水，一般来自江河湖泊，通常需要经过去除悬浮物和消毒两方面的处理。由于水中的悬浮物往往成细小的胶体状态，不宜通过沉降和过滤方法去除，通常是加入少量的明矾 [$KAl(SO_4)_2 \cdot 12H_2O$]，使它在水中形成氢氧化铝等，从而将水中的悬浮物一起聚沉在底部并去除。消毒的方法一般是在水中加入漂白粉或氯气。

对于工业用水，其中含有的金属粒子会对不同化学反应生产流程产生危害，需要加以处理除去。通常把水中含有的 Ca^{2+} 和 Mg^{2+} 等总浓度称为硬度，需要根据所含负离子的情况进行不同的软化处理。

如果含有的负离子是 HCO_3^-，加热煮沸生成碳酸盐沉淀即可使水软化，具体反应为

$$Ca^{2+} + 2HCO_3^- \rightarrow CaCO_3 \downarrow + CO_2 \uparrow + H_2O$$

如果含有的负离子是Cl^-和SO_4^{2-}，常采用以下两种方法进行软化。

（1）加碳酸钠或石灰乳[$Ca(OH)_2$]，使它们与Ca^{2+}和Mg^{2+}形成碳酸盐沉淀进行去除：

$$CaSO_4+Na_2CO_3 \rightarrow CaCO_3\downarrow +Na_2SO_4$$

$$Ca(HCO_3)_2+Ca(OH)_2 \rightarrow 2CaCO_3\downarrow +2H_2O$$

（2）将水通过聚苯乙烯磺酸钠离子交换树脂，使水中的Ca^{2+}置换树脂上的钠离子从而去除Ca^{2+}，含Ca^{2+}的树脂可用浓盐水使之再生。

如果水中含有有毒元素，一般也是采用化学方法，即加入能和这些有毒成分生成沉淀或者将其氧化还原成另一种无毒物种的制剂进行处理。

总之，依靠化学和其他科学知识，人类不仅能创造物质、改变世界，而且还能利用这些知识，特别是化学知识解决人类社会发展过程中产生的环境问题，以保证人类社会长期生存和可持续发展。

1.1.5 现代化学打通了无机世界、有机世界和生命世界的联系

前面几小节我们从化学的视角，讨论了宇宙中元素的由来，地球上各种物质元素（岩石圈、水圈、大气圈）的演化，以及人类社会生活对物质的创造和利用，涉及的物质主要是没有生命的物质，我们不妨把它们称为非生命世界。而地球上还有另外一个丰富的世界——生命世界，本小节我们从化学的视角讨论生命世界与非生命世界的关系，说明正是依据物质元素化学结构上复杂性的不断发展和长期演进，打通了无机世界、有机世界和生物世界的联系，说明了地球上的生命世界来自非生命世界，是非生命世界长期演化发展的产物，而不是“神灵”创造的。

1. 地球上的生命起源

关于地球上生命的起源有不同的说法。从科学看，化学进化学说是目前科学家给出的关于生命起源的主流观点。这种观点认为地球上的非生命元素在一定的自然条件下首先通过化学作用产生氨基酸、核糖等构成生命分子的通用的结构单元，这些结构单元在一定的自然条件下再进一步结合生成蛋白质、核酸等生命分子物质，有了生命分子物质后，再进一步进化，也就演变成了原始的生命体。[34]科学和神话的区别在于，它的结论需要事实依据来验证。

下面我们就以化学进化学说为主要框架，以其他进化学说为补

34 除化学进化学说外，地球上生命的起源还有外来说，即构成蛋白质、核酸等生命物质的氨基酸、核糖等来自外太空。当然这些外太空的氨基酸、核糖等也是由太空星云中的各种无机小分子在紫外线、γ射线、高能粒子照射情况下生成的。单纯从化学元素合成的角度看，不同学说的差别主要在合成的条件和场所的不同，合成的反应式没有本质差别。所以，这里主要以化学进化学说为框架进行介绍。

充，讨论地球上的生命起源。首先，给出地球上的生命起源的四个阶段，如图 1-13 所示：①从无机小分子物质生成有机小分子物质；②从有机小分子物质生成有机大分子物质；③从有机大分子物质生成能自我维持稳定并发展的多分子体系；④从多分子体系演变为原始生命。其次，给出验证化学进化学说所进行的人工模拟实验的情况。再次，给出地球上为完成上述转化过程所具备的各种自然条件。最后，给出来自地球外太空可能提供的“输入”。

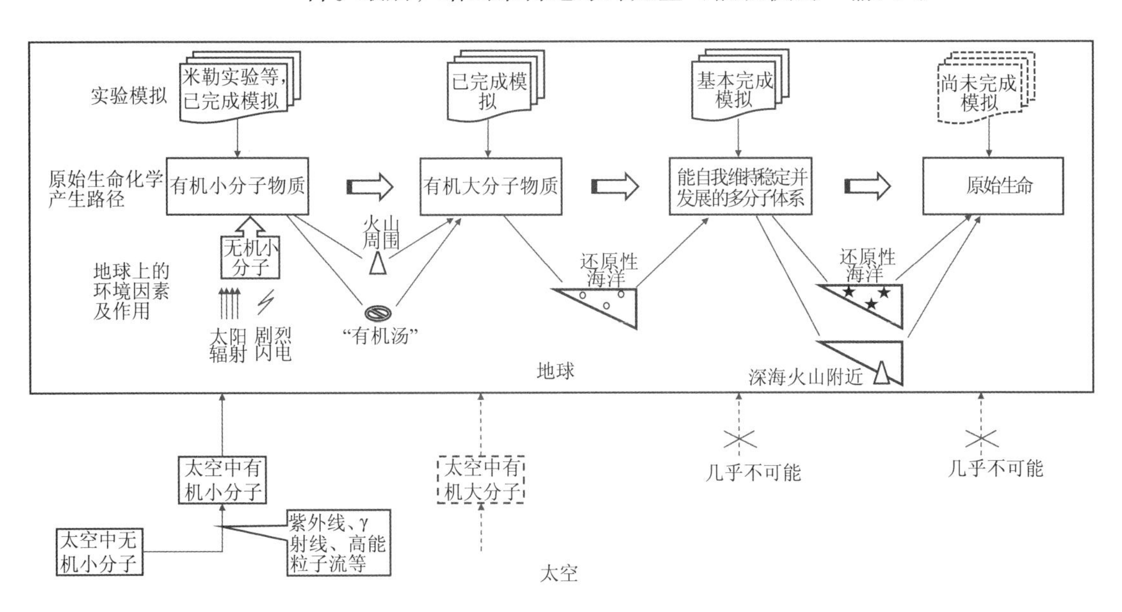

图 1-13　地球上的生命起源的四个阶段示意图

1924 年，苏联生物化学家奥巴林首先提出了一个比较系统的生命起源的假说——化学进化学说。他认为，生命起源于地球，且是一个化学进化过程，在当时原始地球的自然条件下（剧烈的闪电、没有遮挡的强烈紫外线、炽热的高温等），地球上最初的原始气体 NH_3,CH_4,H_2O,H_2 等无机小分子完全有可能生成最简单的有机物质——烃类，而最初生成的烃类化合物，通过一步一步地演化，最终形成类蛋白质化合物，这些类蛋白质物质形成胶体状小块颗粒，它们不溶于水，并能吸附其他有机物而生长，最终形成了复杂体系，称为团聚体，团聚体就是前细胞的模型。现在看来，奥巴林提出的化学进化学说非常的“粗线条”，且建立在推测的基础上，但它却为探索地球上的生命起源指明了一个方向。

1）从无机小分子生成有机小分子的过程

1953 年，S.L. 米勒完成了著名的米勒实验，该实验成功模拟了在原始地球环境、原始地球大气的条件下氨基酸产生的过程。他在一个密闭容器内加入 200 mL 水，然后通入 NH_3,CH_4,H_2 气体，使它们的比例和科学家认为的原始大气的组成基本相同，随后在加热的条件下模拟地球闪电的自然条件连续进行火花放电。8 天后，他发现装置中的液相由无色变为黄色，并有黄棕色沉淀。经分析发现，形成的物质中有甲酸（$HCOOH$）、甘氨酸（H_2NCH_2COOH）、乙醇酸（$HOCH_2COOH$）、乳酸（$CH_3CHOHCOOH$）、丙氨酸（CH_3CHNH_2COOH）、丙酸（CH_3CH_2COOH）、乙酸（CH_3COOH），还有痕量的谷氨酸和天门冬氨酸，竟然总计有 11 种氨基酸。米勒实验中的一个基本反应式为

$$2H_2O+3CH_4+NH_3 \rightarrow CH_3CH(NH_2)COOH+6H_2$$

后来发现用富含氢的大气合成氨基酸，不如用含 CO 的大气有利，于是就有以下反应式[35]：

$$CH_4+2CO+NH_4 \xrightarrow{\text{放电}} CH_3CH(NH_3)COOH$$

35 王文清：《生命的化学进化》，120 页，北京，原子能出版社，1994。

在米勒实验以后的 20 年间，科学家不断模拟原始地球条件，从无机物中合成了众多的生命有机物，包括天然蛋白质中的所有氨基酸，以及各种嘌呤、嘧啶、核糖、脱氧核糖、核苷、核苷酸、脂肪酸和脂类等。考虑到原始地球能源的多样性，一些学者还用别的能源，如短波长紫外线、X 射线、γ 射线作为能量源，也得到了类似的结果。[36]

36 朱万森：《生命中的化学元素》，27-28 页，上海，复旦大学出版社，2014。

1972 年，米勒改进了他的电火花实验，降低了所用的混合气体中氨的浓度，使之更接近科学家的最新估算值，从甲烷、氮和少量的氨混合物成功地合成了至少 33 种氨基酸，并首次指出碳质球粒陨石中的氨基酸可以在模拟原始大气环境的实验中合成。

而在宇宙空间，科学家在 1968—1969 年意外地从微波光谱中发现了宇宙有机质，首先是发现了甲醛的存在，随后又相继发现了一些有机化合物，如丙炔、甲酰胺、甲醇、甲酸和乙氰等。无论是从碳质球粒陨石还是从宇宙空间所发现的有机分子，都可能是非生物的宇宙过程产生的。尽管这些过程的机理目前仍然不清楚，但毫无疑问这些有机分子最有可能是简单无机物质反应的结果，这也从侧面证明了从无机小分子生成有机小分子理论的正确性，因为短波长紫外线、X 射线、γ 射线等能量源在宇宙中广泛存在。

2）从有机小分子物质生成有机大分子物质的过程

在原始海洋里，由无机小分子合成的有机小分子可能聚集在热泉口或者火山口附近的热水中，形成有机小分子的“有机汤”，通过聚合反应形成生物的大分子。经过长期的积累和相互作用，在适当的条件下再通过缩合或其他化学反应，形成重要的生命物质，如原始的蛋白质分子和核酸分子等。

前面我们已经介绍，在地球形成之初的几亿年间，频繁的流星雨、陨石、火山活动和雷电使“化学汤”遍布于地球各处，而小行星的频频撞击不断促使“化学汤”浓缩和聚化，这些都为从有机小分子物质生成有机大分子创造了条件。在氨基酸聚合生成多肽或蛋白质方面，有两种观点：其一是成百上千个氨基酸通过脱水缩合作用形成肽键，一个最简单的例子是由两个氨基酸形成二肽链，如图 1-14 所示，而后一条或几条肽链通过化学键（氢键等）相连产生折叠、盘曲、缠绕后，形成蛋白质；其二是聚甘氨酸理论，即先由无机小分子反应生成的 HCHO 与原始大气中存在的 NH_3 和 HCN 进行化学反应生成氨基乙酰腈，氨基乙酰腈再聚合、水解，并与醛类和烃类反应得到多肽或蛋白质。在核苷酸聚合形成核酸方面，核糖与碱基脱水缩合形成核苷，核苷与磷酸连接形成核苷酸，多个核苷酸通过磷酸连接形成核酸链，两条碱基互补配对的核酸链缠绕在一起就形成了双螺旋结构的 DNA。

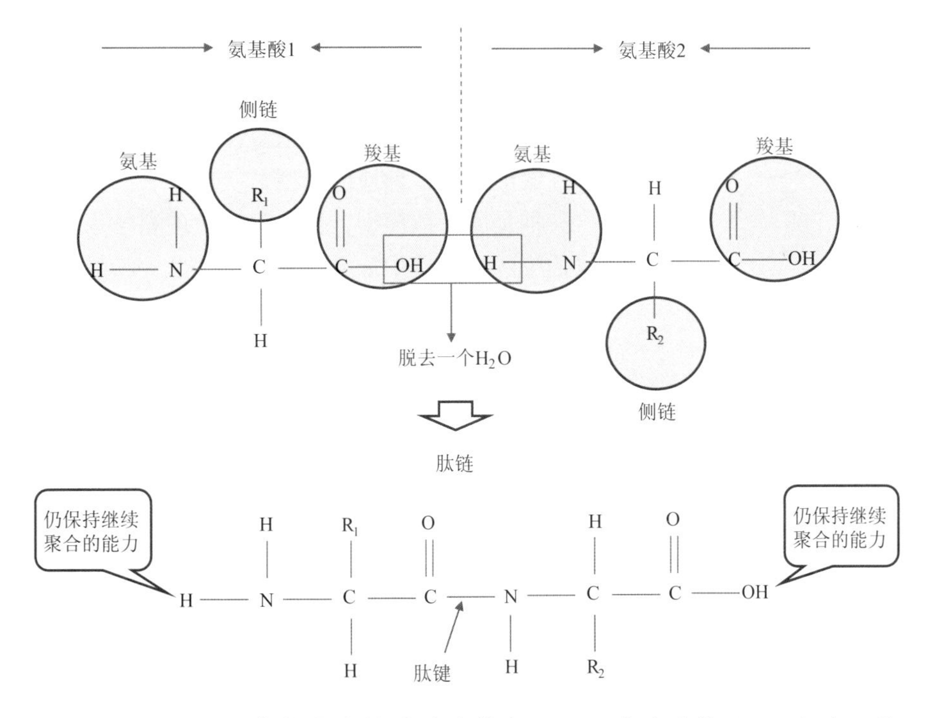

图 1-14　氨基酸形成肽链的示意图

在形成高能化合物磷酸腺苷方面，三磷酸腺苷（ATP）由 1 分子腺嘌呤、1 分子核糖和 3 分子磷酸基团聚合而成，二磷酸腺苷（ADP）由 1 分子腺嘌呤、1 分子核糖和 2 分子磷酸基团聚合而成，1 摩尔 ATP 水解成 ADP 时释放的能量多达 30.54 kJ/mol，因此 ATP 与 ADP 的相互转化可以实现高效的储能和放能。

当然，有机小分子物质可以生成众多的有机大分子，我们这里仅介绍了几种和原始生命产生相关的有机大分子。以现在的角度看，以氨基酸为单元，以结构化的方式形成蛋白质，又以不同的蛋白质实现不同的功能，奠定了以后生物进化的物质基础，并且该物质基础还预留了控制的接口（组成蛋白质的氨基酸的信息）；而核苷酸的特殊结构（核苷酸上的碱基只能互补配对）使核苷酸上的碱基具备编码功能，从而就可以实现对前面提到的蛋白质所含氨基酸信息的记录或者通过提供所含氨基酸信息实现指定蛋白质的合成；而 ATP 与 ADP 的相互转化提供了一种高效的储能和放能方式。这样，当蛋白质、核酸、ATP/ADP 三种生命有机大分子聚集在一起的时候，通过上述的化学结构间的相互配合就基本具备了物质、信息、能源三个基本要素，从而为下一步原始生命的形成奠定了基础。

在模拟实验方面，科学家模拟地球早期海洋环境和海水的潮汐现象，从而完成了氨基酸的脱水缩合反应；科学家模拟原始地球条件，将核苷和聚磷酸盐加热生成了核苷酸的短链多聚物等。

3）从有机大分子组成能自我维持稳定并发展的多分子体系

在地球诞生最初的几亿年里，“化学汤”遍布，“化学汤”里积累起越来越多的蛋白质、核酸、ATP 等生命分子。目前，对于多分子体系的形成有多种理论模型。

一种是团聚体模型，持这种观点的科学家发现，在白明胶或者阿拉伯胶的水溶液中加入蛋白质、多肽、核酸和多糖等生物大分子后，这些生物大分子以自组织的形式聚集在一起形成各种各样的小球体，并分散开来，这些小球体就是团聚体。团聚体具有类似于生物膜的界面，以区分团聚体内部与外部的环境，团聚体能从外部溶液中吸收可以为聚合提供能量的物质，也能把内部的一些生成物从团聚体中释放到周围的环境里。现代观测表明，溶解的高分子物质确实可以形成团聚体类型的凝聚，在数百米至数千米深海中用电子显微镜摄影，发现了团聚体。在有机物浓度较高，又无生物消耗的原始海洋中，很有可能形成团聚体。

另一种是微球体模型，持这种观点的科学家认为，当原始海洋中存在的氨基酸随着海水的流动和潮汐被冲到火山附近温度较高的地区时，就会通过蒸发、干燥然后缩合生成类蛋白。现代模拟实验显示，含类蛋白的溶液在沸腾时即可形成微球粒，微球粒不仅具有长大能力和选择性，对某些特定化学分子还具有吸收和扩散的能力，同时具有渗透、运动和旋转的能力，所形成微球粒在冷却状态下仍继续存在，如果微球粒进一步发展，则开始出现分区，这些区格化了的微球粒成为能自我维持稳定并发展的多分子体系，其外部被双层状磷脂膜包围，以个体作为单位与环境发生互动作用。在原始地球条件下，满足形成类蛋白以及将形成的类蛋白沸腾加热的条件非常普遍，因此微球体模型似乎更接近实际。

无论是团聚体模型还是微球体模型，它们都含有蛋白质和核酸，在海洋的表面逐步在其外部形成界膜，从而跟海水分隔开来，并开始逐步与外界进行原始的物质交换，成为能自我维持稳定并发展的多分子体系，由此向生命方向的演化又迈进了重要的一步。

4）从多分子体系演变为原始生命

上述能自我维持稳定并发展的多分子体系通过组织作用和代谢活动而具有生长能力，在能量和物质的吸收与转化过程中，对周围的其他多分子个体产生影响，特别是物质和能量的来源一旦受到限制，这些多分子体系个体间将发生选择作用，那些能从外部环境获取物质并高效地转化为能量的个体会生存下来，那些缺乏竞争的多分子体系由于不能得到能量和物质的补充而被淘汰，那些生存下来的多分子体系个体“期望”能一代接一代传承下去，开始可能以能够使子代生存的分子物质作为基础，但后来通过选择可能调整为以核酸作为遗传物质实现强竞争力的一代一代地向下传递，由此完成了原始生命诞生的关键性一步，即在基因的控制下进行遗传和代谢反应。

这样一个由生物膜包裹着的能自我复制的原始细胞（原始生命）就在地球上产生了。不过，科学家还不能完成这一阶段的实验模拟验证。

从上面的过程可以看出，地球上原始生命的诞生离不开蛋白质、核酸、ATP/ADP 等生命大分子的组合，离不开它们之间“相当完美”的配合，而这些都建立在它们各自独特的化学结构和特性的基础上。不难想象，从有机小分子到有机大分子，从有机大分子到多分子体系，从多分子体系到原始生命都是艰难的自然选择过程，原始生命应该是千千万万种有机大分子组合中选择出的胜利者。

需要说明的是，这时的原始细胞主要以地球上的外热能或化学反应能为动力，原始细胞可能是异养的，或者是化学自养的，很可能类似于现代所发现的在热泉附近的嗜热古细菌。[37] 另外，根据化学上的要求，上述原始生命的诞生过程需要在还原性环境下才能完成，而原始海洋也恰好提供了这个条件。

37　朱万森：《生命中的化学元素》，30 页，上海，复旦大学出版社，2014。

2. 光合自养生命的崛起

冥古宙末期，太阳系进入了宁静期，地球上外来获得的由于陨石碰撞产生的热能大幅减少，由于生命活动的不断损耗和缺乏源源不断的补充，“化学汤”已经不能为生命发展提供保证。同时，作为碳源和氢源的CH_4,H_2等也随着火山爆发的减少而不断减少，生命的继续发展面临能源、碳源和氢源缺乏的危机。另一方面，太阳光提供了巨量的源源不断的能量，大气中的CO_2可以提供充足的碳源，海洋中的H_2O可以提供充足的氢源。光能利用生物系统的建立，为生命的发展赢得了取之不尽、用之不竭的能源。于是，用CO_2作碳源和用H_2O作氢源来合成生命物质，将为生命的发展赢得取之不尽、用之不竭的物质来源。由此，生命摆脱了对“化学汤”的依赖，迈向了更广阔的发展空间。光合作用可以利用CO_2中的C和H_2O的H生成多糖，而多糖又可以转化为其他有机物，从而提供了生命发展的新的有机物源泉，而释放出的O_2改变了大气的组成，为动物的诞生奠定了基础，动物的诞生又促进了植物的进化，由此地球上的生命演进才真正步入长期的可持续发展之路。

蓝细菌是地球上已知最早出现的产氧光合微生物，也是早期地球大气自由氧的唯一生产者。27亿至24亿年前的这段时间，地壳运动由剧烈动荡到趋于平和的变化造成厌氧型细菌获得代谢所需的镍元素的途径大大削弱，喜氧型的蓝细菌获得发展的机遇，并在海洋热液中的原核生物中由少数变为多数，这种变化加速了地球表层环境演化，改变了生物进化方向。蓝细菌是原核生物，没有细胞核，但细胞中央含有核物质，蓝细菌含有叶绿素，但均匀分布在细胞质中，有进行光合作用的类囊体，但还没有专司光合作用的叶绿体，因此蓝细菌的光合作用形成了光合自养生命发展的星火之源。

在“大氧化事件”前后，真核生物产生了，它是原核生物通过“内共生”机制形成的。根据该机制，一个被吞噬的原核生物可以在更大的原核生物里存活下来，并经过长期共存演变为细胞器，例如蓝细菌成了叶绿体，好氧细菌成了线粒体。真核生物细胞的体积要比原核生物细胞大3~4个量级，内部构造有专业化的划分，因此两者新陈代谢的效率不可同日而语。真核生物都是依靠光合作用为生，真核生物的光合作用生产力得到显著提升。在真核生物诞生之后，单细胞真核生物形成群体，并带来生存方面的优势，由此在单细胞真核生物的基础上出现了多细胞真核生物。而多细胞生物出现以后，通过光合作用，才能在显生宙产生植被，绿化大地，改造大气，为生物大爆发创造条件。[38]

光合作用是将光能转化为化学能的过程，如图1-15所示，植物利用叶绿素将CO_2和H_2O转化为有机物，并释放出氧气。

38 汪品先，田军，黄恩清，马文涛:《地球系统与演变》，219页，北京，科学出版社，2018。

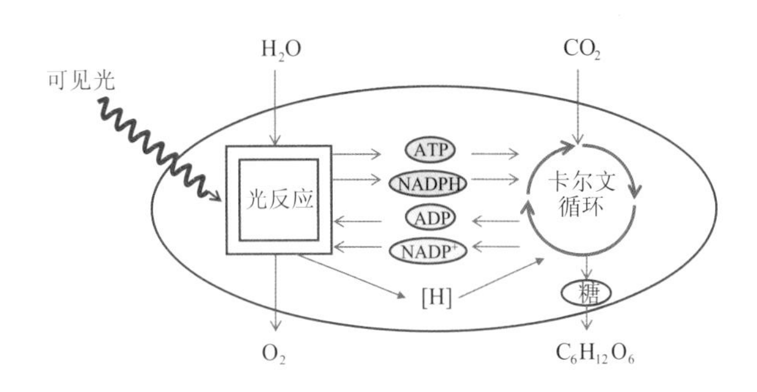

图 1-15　光合作用将光能转化为化学能的过程示意图

光合作用就是一组复杂的化学反应过程，其总的化学反应式为

$$6CO_2+6H_2O \xrightarrow{\text{阳光、叶绿体}} C_6H_{12}O_6+6O_2$$

具体而言，光合作用可分为光反应和暗反应两个阶段。在光反应阶段，细胞中的叶绿体利用光能把水分解为氢和氧。每 2 个氧原子互相结合成为 1 个氧分子，并释放到空气中。分解出的氢有一半与细胞中的辅酶 $NADP^+$ 结合形成还原性的辅酶 NADPH（剩下一半氢原子在暗反应阶段还原 CO_2），同时又使细胞中低能量的 ADP 变成高能量的 ATP，从而将光能转变成 ATP 的化学能。光反应的总反应式为

$$12H_2O+18ADP+18P+12NADP^+ \xrightarrow{\text{光}} 6O_2+18ATP+12NADPH+12H^+$$

其中，反应式中的 P 代表磷酸根。

在暗反应阶段，不需要光，但在光照下也能进行，在光反应中提供的氢离子还原二氧化碳，生成葡萄糖，这就是著名的卡尔文循环，反应所需要的能量由高能 ATP 转化成 ADP 时释放的能量提供，这样光能最终转化成化学能，无机物 CO_2 和 H_2O 转化为有机物——糖类化合物。暗反应的总反应式为

$$6CO_2+18ATP+12NADPH+12H^+ \xrightarrow{\text{酶}} C_6H_{12}O_6+18ADP+18P+12NADP^++6H_2O$$

从结果看，光合作用是一种神奇的作用，它通过一系列的化学反应，利用无限的光能将无限的无机物转为一种基础的有机物，成为地球上几乎所有生物的生命活动的保障和物质基础，同时光合作用也再次打通了无机物和有机物之间的隔膜，再次验证了无机物、有机物之间在化学组成和转换上的连通性。光合作用在单细胞的原核生物中萌发，在单细胞和多细胞的真核生物中不断成熟，为动植物提供了赖以生存的氧气和有机物，促进了地球上碳循环的形成，开启了地球上一个繁荣的植物和动物世界的发展之路。

3. 基于分子和化学的生命现象的理解

生命是化学现象。20世纪初，化学中产生了一个新的分支——生物化学，来专门研究生命中的化学现象。在20世纪前半叶，生物化学主要是通过化学来阐释以代谢为中心的生命过程，包括蛋白质、酶、代谢等传统领域。从20世纪后半叶起，化学开始直接参与遗传、发生、进化这样的生物学的重要议题，打开了在分子水平阐释生命现象的道路，分子生物学作为尖端学术领域就此诞生了。在这里，生物学与化学完全结合在一起。生物学的主要部分都可以作为分子结构、分子间相互作用和分子的转变过程来理解。分子生物学通常被看作生物学的一个领域，但站在以分子为基础的角度看，这就是化学本身。另外，从20世纪后半叶起，蛋白质、酶、代谢等传统生物化学领域也进入基于生物大分子结构的精密讨论阶段，阐释生物大分子结构和功能的结构生物学也由此诞生了。[39]同样，结构生物学的基础也是化学。所以，这里我们利用分子生物学和结构生物学的成果，站在分子的角度，以化学的视角，来看对一些重要的生命现象（蛋白质、DNA/RNA、酶和代谢活动）的理解。由此说明化学是生物的基础，无机、有机、生命现象在化学上看是相通的。

39 [日]广田襄:《现代化学史》，丁明玉译，391页，北京，化学工业出版社，2018。

1）蛋白质的结构解析

蛋白质是生命的物质基础，是构成细胞的基本有机物，是生命活动的主要承担者。没有蛋白质就没有生命。令人惊奇的是组成地球上生命体蛋白质的氨基酸只有20种，这些氨基酸以不同种类、不同数量和不同的排列顺序互相连接，由此构成种类繁多的多肽链，从而决定了蛋白质分子结构和生理功能的多样性。

蛋白质的结构是非常复杂的，一般分为四级结构：一级结构、二级结构、三级结构、四级结构。一级结构称为化学结构，主要指蛋白质的氨基酸的种类、数量以及它们的连接方式和排列顺序。二级结构通常指蛋白质多肽链主链在空间中的走向，一般以氢键来维持主链所形成的有规律的构象，有α螺旋结构和β折叠结构两种。三级结构指在二级结构基础上进一步盘曲或折叠，形成所有原子（包括主侧链在内）的相互作用所构成的空间构象。生物体的重要生命活动都与蛋白质的三级结构直接相关，并且对三级结构有严格要求。具有各自独立的三级结构的多条肽链，彼此间通过非共价键（盐键、氢键、二硫键、疏水键等）相互连接而成的蛋白质聚合体结构称为四级结构。[40]

40 朱万森:《生命中的化学元素》，154-155页，上海，复旦大学出版社，2014。

从生物蛋白质的组成和结构可以看出以下特征：①组成地球上

所有生命体蛋白质的氨基酸的种类都相同，间接印证了地球上所有的生命都有一个共同的祖先，以及地球上化学进化的生命起源学说；②组成地球上所有生命体蛋白质的氨基酸的种类只有 20 种，这为蛋白质的分解、复用创造了条件；③对一条肽链而言，尽管它自身可能形成蛋白质的三级复杂结构，并且还可能与其他肽链作用形成蛋白质的四级结构，但只要知道组成肽链的氨基酸的具体种类和排列顺序，理论上就可以根据化学键的分析确定单条肽链的结构，即理论上只要提供组成肽链的氨基酸的具体种类和排列顺序信息，在氨基酸可获得的情况下就可以完成对肽链的合成，不同的肽链间作用及形成的四级结构同样可以根据肽链间非共价键的分析确定，即只要提供组成蛋白质的氨基酸的具体种类和排列顺序信息，就可以完成对该蛋白质的合成，以上机制提供了实现生物遗传的重要前提；④生物蛋白质的结构十分复杂，蛋白质结构的基础是化学键，图 1-16 给出了蛋白质分子中可能存在的各种化学键，包括离子间的盐键、氢键、二硫键、疏水键、范德华力以及酯键等，蛋白质的四级机构是蛋白质内各种氨基酸之间可能存在的各种化学键作用下形成的一种复杂、客观的结果，蛋白质分子的结构不是简单的一条线性伸展的肽链，而是具有螺旋状、折叠状或球状的特殊空间结构，甚至是多条弯曲肽链缠绕在一起，这些复杂的结构称为蛋白质的高级结构或空间结构，又被称为蛋白质的构象，它决定着蛋白质的生物学特性。

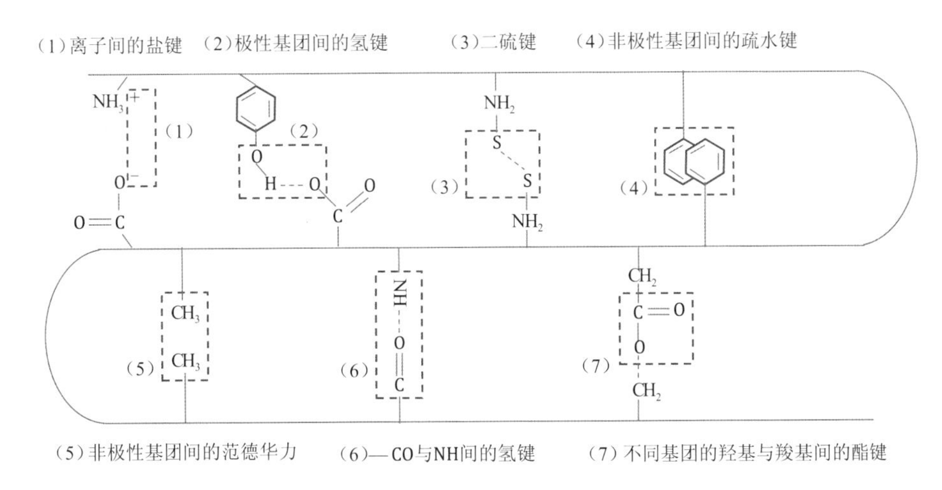

图 1-16　蛋白质分子中可能存在的各种化学键

当然，在涉及生命起源的蛋白质结构领域目前还有两个疑难问题没有解决。其一，至今在自然界中发现的氨基酸已超过 200 种，在这些种类繁多的氨基酸中，在实验室模拟原始地球条件下生成的氨基酸也有许多种，为什么仅选定了 20 种氨基酸作为蛋白质的组成成分，而且稳定地维持了数十亿年？一种观点认为，在蛋白质的形成过程中发生了对生命所必需的氨基酸的严格的自然选择，所有那些不为生命需要的氨基酸由于自然选择的结果在后代生命中消失了，在生命物质的进化过程中自然选择也使蛋白质氨基酸的组成不断合理化（标准化），并使蛋白质执行一定功能的适应性达到很高的程度。[41] 作者认为除上述原因外，蛋白质合成与遗传因子的耦合关系也可能是一个原因，在下一节我们将看到在遗传中心法则的实现中，蛋白质中氨基酸的种类、数目和具体类型与遗传信息、核糖核酸间需要一套严格的编码规则，这种编码规则一旦稳定形成，再要改变是非常困难的。既然改变的动力并不强，改变的难度又非常大，这可能就是生命诞生之初经过自然选择优化出的 20 种氨基酸一直保持至今的原因。蛋白质包含 20 种固定氨基酸的现象，也从侧面说明了地球上所有生命具有共同的源头。其二，现在生物体中组成蛋白质的氨基酸除甘氨酸外，都是 L 型氨基酸，对这个问题主要有两种见解，一种认为地球上产生 L 型氨基酸组成的生物是偶然的结果；另一种认为地球上出现 L 氨基酸生物并不是偶然的结果，而是由于宇宙中的物质本质上的不对称性所致 [42]。尽管以上两个问题还没有答案，但它们都是对物质本身没有完全认识的问题，和物质第一性原则并不矛盾。

41 王文清:《生命的化学进化》，186 页，北京，原子能出版社，1994。

42 人类对物质世界的认识还远远没有结束，一个重要问题是在宇宙诞生之初是既有正物质也有反物质，二者应具有对称性，但随着宇宙后续的演化，由于一种不知道的原因，这种对称性被破坏了，目前在宇宙中只观测到正物质的存在，基本看不到反物质的存在，显示出正物质和反物质的完全不对称性。对这个问题物理学家也在探索中。

2）DNA 和 RNA 的化学构成

生命现象的最主要特征之一是遗传性，各种生物都能世代繁衍，能够保证其基本特征。19 世纪后半叶，生物学家提出了基因的概念，并成为生物学的核心。20 世纪中叶，人们发现基因的化学本质是脱氧核糖核酸（DNA）和核糖核酸（RNA）。特别是，DNA 是生物遗传的主要物质基础，生物机体的遗传特性以密码的形式编码在 DNA 分子上，表现为特定的核苷酸排列顺序，通过 DNA 的复制，遗传信息可以由亲代传递给子代，在子代的个体发育过程中，遗传信息自 DNA 转录给 RNA，通过 RNA 翻译成特异的蛋白质，以执行各种生命功能，使子代表现出与亲代相似的遗传性状。遗传也奠定了生物进化的基础。下面我们就从分析 DNA、RNA 的化学构成入手，说明它们为什么具备这样的能力。

如图 1-17 所示，DNA 的基本组成单元是核苷酸，一个核苷酸包括一个磷酸基、一个糖基和一个氨基。在 DNA 中，糖基是脱氧核糖（一个氢原子与碳原子相连），核苷酸中的磷酸基将不同核苷酸单元连接成一个稳定的长链，核苷酸中的糖基起到连接核苷酸内部磷酸基和氨基的作用，而每个核苷酸中的氨基才是该核苷酸最具决定性的成分，通过嘧啶和嘌呤的组合，可以使核苷酸具有“标识”作用，形成 4 个不同化学结构对应的“标识”碱基，分别是胞嘧啶（C）、鸟嘌呤（G）、腺嘌呤（A）、胸腺嘧啶（T）。于是，一条由不同核苷酸组成的长链就具有了承载信息的功能，几个核苷酸组合在一起就可以实现编码功能，在和组成蛋白质的不同氨基酸构成对应的编码规则以后，DNA 长链就成为“指示”蛋白质合成的遗传信息。并且，4 个碱基间只存在 C-G、G-C、A-T、T-A 的配对形式。DNA 一般以双螺旋的双链存在，形成双螺旋的双链按 G 与 C 和 A 与 T 的配对法则连接在一起，虽然两条 DNA 链在顺序上不一致，但它们含有相同的信息。连接 C 和 G、A 和 T 的是氢键，相比每条 DNA 链上共价键弱一些，因此在 DNA 复制的时候可以方便分开。G 与 C 和 A 与 T 的配对法则是作为现代结构化学基本定律之一出现的，它提供了核酸的碱基顺序被复制和转入的机制。现在的实验证明，遗传信息的密码就储存在 DNA 螺旋特定的核苷酸排列顺序中。[43]

43　王文清：《生命的化学进化》，274 页，北京，原子能出版社，1994。

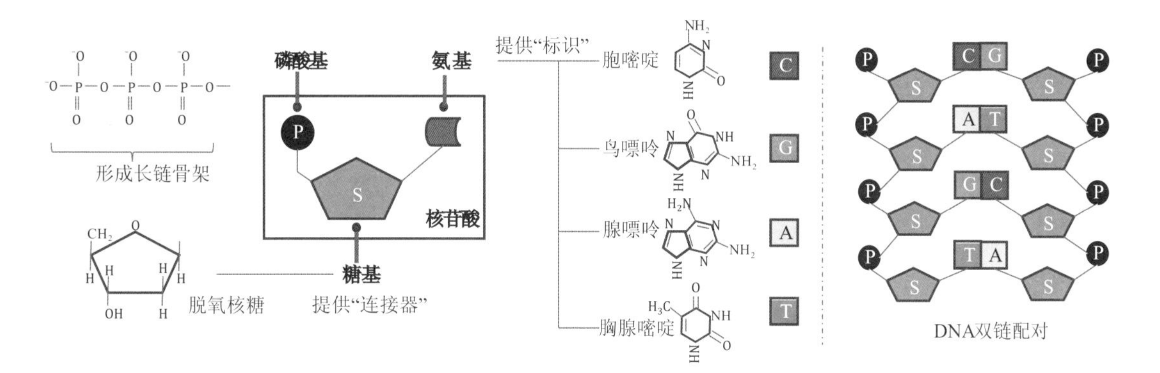

图 1-17　DNA 的基本组成

除 DNA 外，还有一种和遗传相关的物质是 RNA。如图 1-18 所示，RNA 和 DNA 的结构很相似，它的基本组成单元也是核苷酸，一个核苷酸包括一个磷酸基、一个糖基和一个氨基。与 DNA 一样，RNA 核苷酸中的磷酸基将不同核苷酸单元连接成一个稳定的长链，核苷酸中的糖基起到连接核苷酸内部磷酸基和氨基的作用，每个核苷酸中的氨基是该核苷酸最具决定性的成分，通过嘧啶和嘌呤的组合而具有“标识”作用。不过在 RNA 中，组成碱基的嘧啶和嘌呤的组合与 DNA 小有区别，其 4 个氨基中有 3 个和 DNA 相同，分别是胞嘧啶（C）、鸟嘌呤（G）、腺嘌呤（A），另 1 个不同，而是以尿嘧啶（U）代替了 DNA 中的胸腺嘧啶（T）。在 RNA 中，糖基是核糖（一个羟基和碳原子相连），由于核糖中羟基的存在，也造成 RNA 和 DNA 在特性上有一些差别。RNA 通常以单链方式存在，通过 RNA 中碱基的配对形成小段的自折叠结构，以增加稳定性。另一方面，RNA 单链中含有活跃的羟基，可以与蛋白质结合形成 RNA-蛋白质复合体，在 DNA 与蛋白质合成这类过程中扮演着重要角色。RNA 也是一些病毒和一些生命早期微生物的遗传物质。

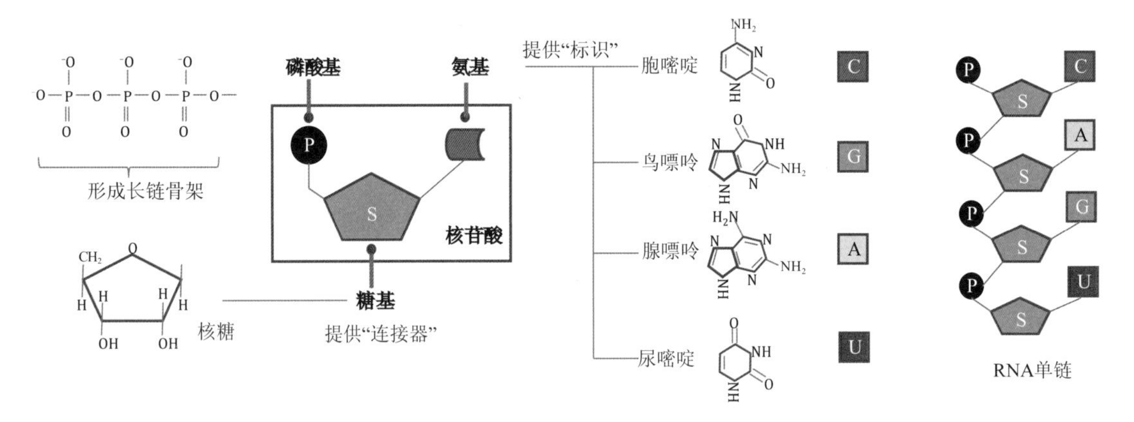

图 1-18 RNA 的基本组成

现在生物学中有一个重要的法则——中心法则，根据该法则，DNA 可以进行复制，即由 DNA 分子通过转录可以产生 RNA 分子，转录的 RNA 指导蛋白质合成的翻译过程。其中关键的一个环节是必须建立起从 RNA 核苷酸类型到蛋白质氨基酸类型对应关系的密码本，只有这样才能完成上述的翻译过程。而这个密码本是这样建立的：3 个核苷酸为一组，称为一个密码子，作为一个译码单元去对应一种氨基酸，由于每个核苷酸可以有 4 种碱基选择，于是 3 个核苷酸可以产生的碱基组合是 $4 \times 4 \times 4=64$ 种，而实际组成蛋白质的氨基酸只有 20 种，加上开始和结束 2 个信号指示，也只有 22 种情况，因此在生命诞生的化学演化过程中产生了以下的对应关系（遗传密码），如图 1-19 所示。[44] 该遗传密码具有以下特征：①密码间无标点符号，要正确阅读密码，就必须从一个正确的起点开始，一个密码接一个密码地往下读，直到终止信号；②密码具有兼并性，因为密码子碱基有 64 种组合，而编码的氨基酸加上开始和结束信号只有 22 种情况，所以一些重要的氨基酸对应几个密码子的碱基组合，在信息学上这种情况称为冗余编码，冗余编码以多余的编码资源换取更高的容错性，一些氨基酸由此在译码生成蛋白质时具有容错性；③密码具有通用性，现代研究表明，无论病毒、原核生物还是真核生物，都共用一套遗传密码。

44 [英]巴赫拉姆·莫巴舍尔:《起源: NASA 天文学家的万物解答》，李永学译，288 页，长沙，湖南科学技术出版社，2021。

第二碱基

第一碱基	U	C	A	G	第三碱基
U	UUU UUC 苯丙氨酸 UUA UUG 亮氨酸	UCU UCC UCA UCG 丝氨酸	UAU UAC 络氨酸 UAA UAG 终止密码子	UGU UGC 半胱氨酸 UGA— 终止密码子 UGG— 色氨酸	U C A G
C	CUU CUC CUA CUG 亮氨酸	CCU CCC CCA CCG 脯氨酸	CAU CAC 组氨酸 CAA CAG 谷氨酰胺	CGU CGC CGA CGG 精氨酸	U C A G
A	AUU AUC AUA 异亮氨酸 AUG— 甲硫氨酸 开始密码子	ACU ACC ACA ACG 苏氨酸	AAU AAC 天冬酰胺 AAA AAG 赖氨酸	AGU AGC 丝氨酸 AGA AGG 精氨酸	U C A G
G	GUU GUC GUA GUG 开始密码子	GUU GUC GUA GUG 丙氨酸	GAU GAC 天冬氨酸 GAA GAG 谷氨酸	GGU GGC GGA GGG 甘氨酸	U C A G

图 1-19　生物共用的遗传密码

人们还对该遗传密码的起源问题进行了研究。目前，主要有两种假说：第一种是偶然凝结理论，该理论认为最初独特的氨基酸与密码子配对以后，蛋白质的信息按某种特定的密码储存下来，任何密码的变化就等于信息丢失，编码的基因产物越多，所允许的变化越少，于是遗传密码就被“凝结下来”；第二种是立体化学理论，该理论认为在没有活性酶的情况下，氨基酸和核苷酸序列之间的选择相互作用是由两个组分的物理化学特性所决定的，例如核苷酸味道和密码子之间存在关系，氨基酸的味道取决于侧链 R 基团有无分支。关于遗传机制的进化问题，一种观点认为（聚）氨基酸和（聚）核苷酸都具有不对称结构，它们之间的对应关系在最初的光学活性的影响下具有了选择性，从而形成了某种遗传机制。遗传机制一旦在原始生物中建立起来，组成原始生物的重要生化物质的光学活性的进化就结束了，即当化学进化达到原始生命的诞生，化学的进化即告完成，开始进入生物进化进程。遗传机制确立以后，生物的存在变得更为坚实、稳定，生物进化变得更有方向性，系统成为更加有组织的系统，在新的环境下将产生更加高级的秩序，即进入更高一级的生物进化过程中。[45]

45　王文清：《生命的化学进化》，317 页，北京，原子能出版社，1994。

4. 生命中元素含量与地球中元素含量的吻合

前面我们从化学的进化角度分析了生命的起源与发展，说明地球上的生命是在地球“得天独厚”的特定环境下，在岩石圈、大气圈、水圈的共同作用下，经过长期演进，历经从无机小分子到有机小分子，从有机小分子到有机大分子，从有机大分子到多分子体系，最后终于诞生了原始生命，原始生命出现以后开始形成了生命圈，生命圈又带来了岩石圈、大气圈、水圈的进一步改变，由此地球上的生命进入发展与繁衍阶段，产生了各种动物、植物，最终诞生了人类。本小节我们从生命中元素含量与地球中元素含量的对比以及所体现出的吻合关系，从化学和统计学的角度进一步说明地球是生命体元素的源泉，地球上的生命来自它的母体——地球。

（1）地球上生命体中的元素均来自地球，还从来没有发现过生命体中含有地球上不存在的元素。这一点前面我们已经做过说明。

（2）除人体组织的主要成分元素碳、氢、氧、氮以及地壳中的主要成分元素硅以外，人体组织中其他各种元素的含量与地球中元素的分布有着惊人的相似。如图 1-20 所示，科学家把人体各种组织（如血液）中的元素含量与人类从古到今的生活环境（海洋、大气、土壤、岩石及各种食物等）中对应的元素分布进行了对比，各种元素在人体与地壳中的分布趋势是一致的，二者的丰度曲线相当吻合，这个关系称为丰度效应。[46] 这种对比也间接验证了作为地球上最高等级的生物——人也来自地球的长期演化。

46 朱万森:《生命中的化学元素》, 47 页, 上海, 复旦大学出版社, 2014。

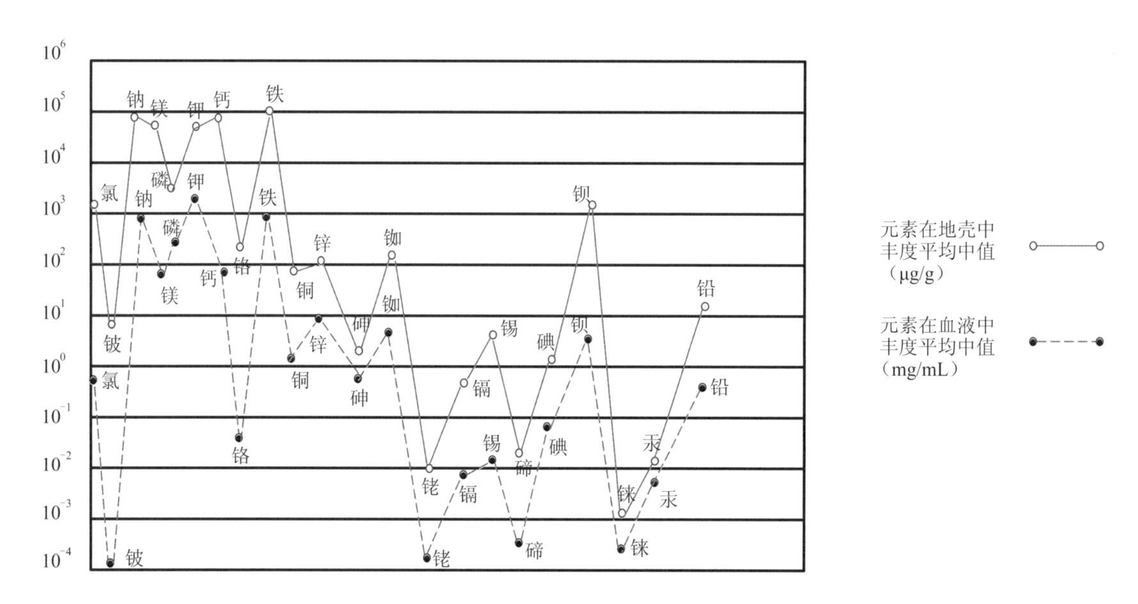

图 1-20 元素在人体与地壳中的分布对比

1.1.6 人类意识是大自然进化的产物，意识离不开物质

前面我们讨论了物质世界的情况，本小节我们从科学的视角简单讨论意识问题，主要包括以下三个方面：①结合地球上生命的诞生和演进过程讨论人类意识的产生；②从现代脑科学的角度讨论人类意识的物质基础；③回到宇宙的视角，说明宇宙大爆炸前不可能有“上帝”或任何意识的存在。

1. 人类意识的产生

从前面地球上自然界生命的诞生和演化过程，我们可以知道在地球上意识不是从来就有的，它是自然界生物进化的结果。在地球诞生之初的极端恶劣环境下，没有任何的生命，自然也不可能存在意识。这个阶段自然界体现的主要是化学物质的反应，表现为机械的、物理的、化学的低级反应形式。在约 35 亿年前，地球上诞生了最原始的生命，由此出现了更复杂的生物的反应形式，经过几十亿年的演化，约在 6 000 万年前才出现了高等动物，又经过漫长曲折的道路，在二三百万年前才出现了人类和人类的意识。如图 1-21 所示，我们可以把意识的产生分为人类意识的史前期和人类意识时期两大阶段。

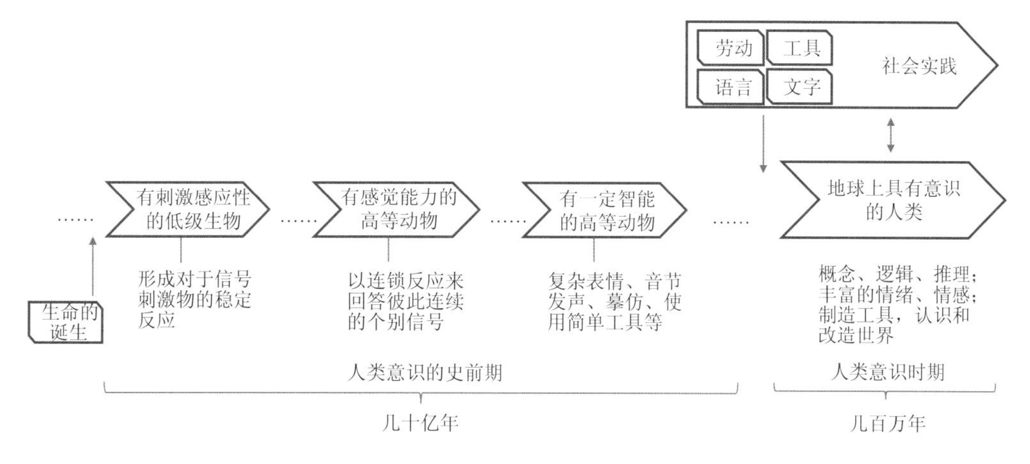

图 1-21　意识产生的阶段及特征

人类意识的史前期是人类意识产生的生物学准备阶段，又可分为三个阶段。

最初阶段称为刺激感应性，也就是生物有机体具有对直接的外界刺激产生一种反应的特性。这是生物体保持新陈代谢正常进行，以维持生存和发展的能力。这种能力使生物体摄取营养物，保证生长发育，避开有害物，保护自己不受伤害。例如，变形虫在受到食物刺激时，就会接近食物，并把它吸入体内；含羞草在受到外界刺激后，就会把叶子合上、枝条垂下，以避免外界刺激破坏自己的枝叶。由此可以看出，刺激感应性已经包含感觉的萌芽。

随着低等生物向较高级动物的逐步发展以及与外部环境的关系日益复杂，生物体产生了专门处理外界刺激的感觉器官和神经系统，由此产生比刺激感应性高一级的反应能力，即感觉，这是中间阶段。感觉可以认为是以连锁反应来处理彼此连续的个别信号的过程。例如，蜘蛛织网、捕捉落网小虫的过程就是一个感觉过程，小虫落网时造成的网的颤动使蜘蛛感受到食物的存在，而向食物所在的位置扑去，但如果把小虫换作土块或砂粒，蜘蛛会同样扑去，说明蜘蛛只有感觉，没有思维。经过演进，高等动物产生了专门的反应机构——神经系统，出现了以大脑为调节中心的中枢神经系统负责处理和外界发生的联系，从而产生了无条件反射和条件反射。无条件反射是动物机体对某种现实的外界刺激的直接反应，它是一切具有神经系统的动物都有的、本能的、低级的神经活动。与无条件反射不同，条件反射不是由某种特定的现实刺激物直接引起的相应的反射，而是由某一现实刺激物的“信号”引起的反射。例如，如果每次给狗投喂食物时就打开电灯，经过多次重复以后，食物的刺激和灯光的刺激就在狗的大脑皮层上形成了暂时的神经联系，这时只要打开电灯，即使不给狗投喂食物，狗也会分泌大量唾液。显然，条件反射是比无条件反射更高一级的反应形式。通过感觉，动物能够把标志一个完整客体的各种属性作为一个整体来进行反应。例如，哺乳动物的生活条件多种多样，所接受的刺激更多，这就使它们的各种感受器官更为发达，行走、游泳、跳跃、攀缘等各种运动能力得到增强，使它们的神经系统特别是大脑皮层得到高度发展，大脑皮层对各种刺激物进行精密分析和综合的能力不断提高。

当哺乳动物演化到灵长目的类人猿时，就达到了人类意识的史前期的最高阶段，成为有一定智能的高等动物，表现为可以具有复杂表情，能发出不少的声音且音调上可以有变化，具有模仿能力，甚至会使用简单工具等。猿类有很发达的大脑和大脑皮层，从外形看，其与人的大脑相差不多，各种感觉器官构造的精细程度与人也更为接近。例如，模仿活动代表的就是一种高级的心理活动，模仿不仅需要有敏锐的观察力、集中的注意力和记忆力、复杂的视觉和运动觉的整合能力，而且模仿经常是在直接的视觉刺激消失后才出现，因此它需要靠视觉映像的痕迹来指导完成，这说明猿类已经具有形成比较清晰的表象的能力，表象是对过去感知过的映像的痕迹的直观和形象的反映，表象是人的意识中感性认识的最高阶段，这说明在人类意识的史前期动物心理发展的最高阶段已经触及人的感性认识意识的高阶段，这也为几百万年前人、猿共同的祖先出现分化，由能人进化出人类，从而产生人的意识奠定了基础。

在由能人进化出人类，从而产生人的意识的过程中，首先是劳动起到了决定性作用。与动物改变自己的身体结构和活动方式以适应自然条件的方式不同，劳动是人按照自觉的目的改造自然的社会活动过程，人在劳动过程中根据自己的意愿改造自然，以符合自己的需要。通过劳动，人类的祖先从以本能为基础来适应自然环境的生活，过渡到以劳动为基础来改造自然环境的生活。人类的劳动活动与制造工具、使用工具以及对工具特性的认识相联系。由于生存条件的变化，人类的祖先被迫从森林迁移到地面，环境的复杂、食物的缺乏，使工具的使用成为经常和必不可少的选择。刚开始他们利用天然的工具，如石块、土块、树枝等来追赶和捕捉动物，经过千百次的劳动实践，他们逐步认识到这些工具的客观属性，如石块比土块要坚硬，木棒比树枝要结实，因此在打猎时用石块而不用土块，用木棒而不用树枝。后来在发现石块可以加工，且削尖以后的石片比较锐利，能更好地割肉，而如果用它削尖木棍还可以叉鱼等。这不仅使人类的祖先从利用天然工具发展到制造工具，而且他们的心理反应能力也得到进一步的发展，在他们的大脑中形成了类似于概念的东西，即概括化的表象。这种表象和类人猿的原始表象不同，概括化的表象能脱离现实的情景，反映事物特定的属性，从而支持在头脑中进行分析和综合的活动，建立事物和事物之间的内在联系，概念的属性的建立为人的认识从感性认识发展到理性认识奠定了基础。而理性认识才是人的意识的高级阶段，只有形成理性认识，人类才真正具备认识自然、改造自然的能力。

其次，语言也是人类意识的产生和发展中不可或缺的因素。在一定意义上，语言是意识和思维的物质外壳，没有语言，也就不会有意识和思维。语言是在生产劳动中产生的，为了协调共同的活动，必须交流思想，于是就产生了对语言的需要。一方面，原始祖先的发音器官逐渐发达起来，为语言的产生提供了物质平台；另一方面，原始祖先在劳动中形成概念的能力越来越强，使大脑能够用词来概括各种感性材料，最终产生了语言。有了语言这个交往手段，人类不仅可以获得直接的劳动技能和经验，而且可以获得间接经验，从而使人类意识的内容不断丰富。因此，语言的产生对人类大脑和意识的形成与发展起到了重大的推动作用。正如恩格斯指出的："首先是劳动，然后是语言和劳动一起，成为两个最主要的推动力，在它们的影响下，猿的脑髓就逐渐地变成了人的脑髓。"

可见，人的大脑是大自然长期发展进化的产物，人的意识是人的大脑的产物，也是大自然长期发展进化的产物，它从一开始就是在社会实践中产生的，并且一直持续下去。

2. 人类意识的物质基础

关于人的大脑产生意识的完整过程，我们目前还没有掌握。当然，这并不妨碍对于人类意识产生于大脑，或者说大脑是人类意识的物质基础这样的主流结论的形成。由于大脑产生人类意识的过程极其复杂而专业，这里我们仅选择宏观和微观上各一点的表现进行描述。

一种观点认为，人类意识是高级意识，正是产生语言所需的神经系统方面的变化，才最终导致出现高级意识。一旦出现高级意识，从社会关系和情感关系中就会产生自我，这种自我（这必然造成一个有自我意识的载体或主体）远远超越出只有初级意识的动物的生物学个体性。自我的产生使现象学经验变得更精妙，把感受和思想、文化以及信念联系在一起。在宏观上，产生高级意识的脑组织结构的示意图如图 1-22 所示。[47]

47 [美]杰拉尔德•M. 埃德尔曼，朱利欧•托诺尼:《意识的宇宙——物质如何转变为精神》(重译版)，顾凡及译，214-215 页，上海，上海科学技术出版社，2019。

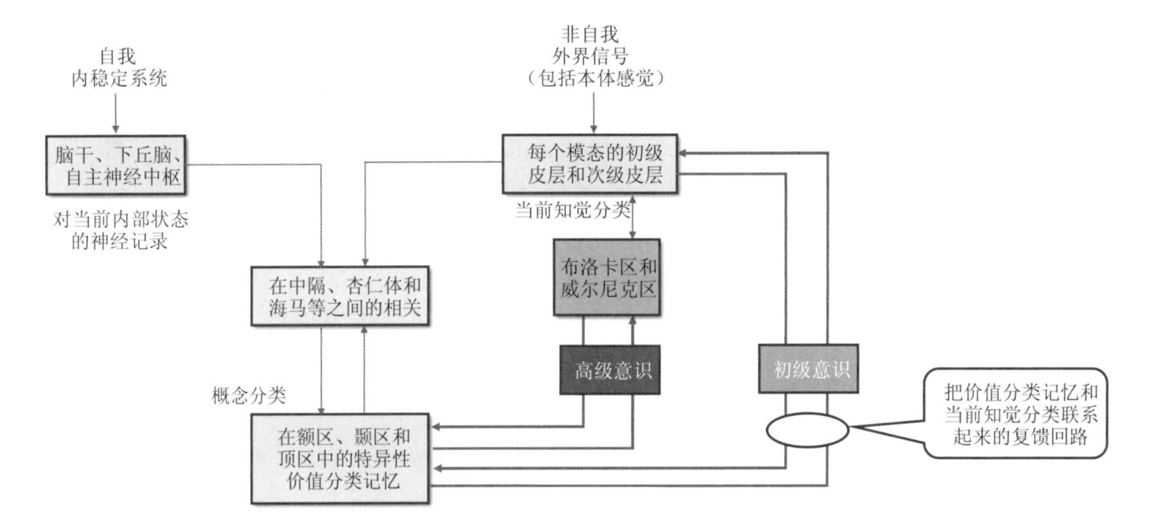

图 1-22 产生高级意识的脑组织结构的示意图

动物可以产生初级意识，它是由动态核心区中复馈活动整合产生的场景，这种场景大部分由环境中一系列真实事件决定，虽然它有某种有记忆的现在，但是它没有过去和未来的概念。这些概念只是在进化过程中出现了语义能力（用符号表达感受以及表示对象和事件的能力）以后才产生出来的。当智人的祖先出现了基于语法的完全的语言能力时，高级意识也就发展起来了，语法和语义体系为高级意识所需的符号构建以及新型记忆提供了新手段，关于意识的认识才有了可能。这时，大脑的语言系统和已有的脑概念区之间建立起联系，从而可以使用符号来表示内部状态和对象或事件。社会交流促使这种符号的词汇量不断增多，当有了叙事能力，并且影响到语言记忆和概念记忆时，高级意识就促使产生了与自我以及与他人有关的过去和未来的概念。随着社会和语言的相互作用，逐渐分化出具有自我意识的自我。[48]

48 [美]杰拉尔德•M. 埃德尔曼，朱利欧•托诺尼:《意识的宇宙——物质如何转变为精神》(重译版)，顾凡及译，216-218 页，上海，上海科学技术出版社，2019。

人的大脑中大约有 1 000 亿个神经细胞，又称神经元。每个神经元大约又和其周围的 1 000 个神经元以突触的方式建立关联，由此构成极其复杂的、天文数字般的神经元网络，这个网络支撑了人类意识的产生。突触是神经元网络的一个基本结构。人的大脑中绝大多数的突触都是化学的。突触的微观结构示意图如图 1-23 所示。大多数情况下，突触前神经元和突触后神经元之间隔开一个间隙，形成单个突触。[49] 神经元的内部与外部相比带负电，当 Na^{+} 、K^{+} Ca^{2+} 这样的正离子通过细胞膜的特定部位以后，其内外负电势的程度有所减小，由此产生的电信号称为动作电位，其会沿着轴突传播，当动作电位到达突触区域时，引起突触前神经元中的一系列小泡释放神经递质，如果这个神经元是兴奋型的，释放出来的神经递质越过突触间隙与突触后神经元上的特殊受体相结合，使突触后神经元的负电势减小，这种事件发生若干次后，突触后神经元的负电势减小到一定程度，就会发出神经脉冲，产生自己的动作电位，这个信号又再传送到与它相连接的其他神经元。神经元之间的联结结构十分复杂，信号的传递、处理也十分复杂，目前人类的知识水平还无法给出令人满意的解释。但我们已经了解到人的大脑中有各种各样称为神经递质和神经调制的化学物质，这些化学物质和各种受体结合，并通过各种生化途径而起作用。因此，在微观上，人的大脑的工作机制也是基于物质的。

49 [美]杰拉尔德 •M. 埃德尔曼，朱利欧 • 托诺尼：《意识的宇宙——物质如何转变为精神》（重译版），顾凡及译，47 页，上海，上海科学技术出版社，2019。

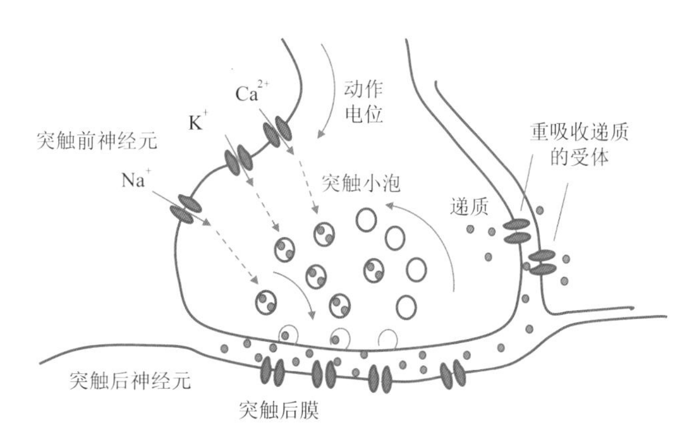

图 1-23　人的大脑突触的微观结构示意图

3. 宇宙大爆炸前既不可能也不必要有“上帝”的存在

在前面的讨论中，我们介绍了当前宇宙起源于 138 亿年前的一次大爆炸事件，自大爆炸以后，随着原始宇宙的快速扩张，在其无限大的能量中产生了基本粒子，随着宇宙进一步的膨胀和温度的降低，由基本粒子生成氢核、氦核。再后来出现了包含氢元素的原始星云，原始星云在引力的作用下产生塌缩，形成宇宙中的第一代恒星，第一代恒星内部发生不同程度的聚变产生了第一批重于氦核的元素（铁元素以下），第一代恒星在生命的最后发生爆炸，并将生成的各种元素撒向太空，这些元素又成为形成新的星云的原料物质。新的恒星在新的星云中诞生，当其内部发生核聚变，又生成新一批重于氦核的元素（铁元素以下），并且在其生命的最后再度将生成的各种元素撒向太空。而且，质量大于 10 倍太阳质量的恒星，在其生命的最后可能发生形成超新星的爆炸，塌缩成中子星或者黑洞，产生的中子星和黑洞又可能发生合并，在这个过程中生成各种重于铁的元素。大约在 46 亿年前，银河系中一颗普通的恒星诞生了，这就是太阳，与太阳几乎同时形成的还有它的 8 颗行星。地球是处于太阳生命温度带的一颗行星，同样的还有火星和金星。由于诞生初期来自一颗质量和金星相当的小行星的碰撞形成了地球不同于火星和金星的条件，例如有一颗温度高的灼热地核和一颗与自身相比“巨大的”卫星，灼热地核使地球具有长久的内部能量并形成板块运动、地磁场，“巨大的”卫星可以保证地球自转轴的稳定，以维持地球上四季温度稳定在适合生命体生存的范围，这些要素都成为在地球上诞生生命的极其重要而又是地球特有的条件。经过数亿年跌宕起伏的巨大动荡，地球表面终于稳定下来，形成了原始海洋、原始大气、原始岩石层。再经过数十亿年的化学进化，在地球上由无机小分子合成了有机小分子，由有机小分子合成了组成生命的有机大分子，由有机大分子组成了多分子体系，由多分子体系演变出了原始生命。随后，原始生命开始了生物进化过程，最后在距今数百万前产生了人类的祖先。有了人类，才有了人类的大脑；有了人类的大脑，才有了人类的意识。

通过以上的过程，不难看出，在宇宙的视角下，依据现代物理、化学、生物、天文学、地学、脑科学等方面的科学成就，从当前宇宙的诞生到地球的诞生，再到人类和人类意识的诞生，期间的演化过程基本是说得清的，这是客观世界按照客观规律长期发展演化的结果，不需要任何主观意识的参与。人类产生了以后，才出现了人类意识，虽说人类意识出现以后对物质世界产生了巨大的能动作用，使人类具备了根据自己意愿在一定程度上改造自然的能力，但其几百万年的历史放在当前宇宙 138 亿年的历史长河中，实在是短暂一瞬。

于是，关于物质和意识就留下了最后一个疑问：宇宙大爆炸前有没有意识，如“上帝”是否存在，是不是“上帝”创造了宇宙？对这个问题的回答，更多的是依靠广义相对论、现代量子理论等物理学理论来讨论，这本来不是本书所关注的化学领域的问题，但为保持对物质第一性观点论述的完整性，下面做一些简单的说明。

其实，时间的起点具有相对性，大爆炸事件只指出了宇宙的一个相对起点，即在这一时刻，我们现在所知道的宇宙在这样一次大爆炸事件中开始了。

关于时间的起点的相对性问题，著名的物理学家霍金有过精彩而形象的论述。他认为时间开端的问题，有点类似于地球上世界边缘（地理边缘）的问题。最初，人类认为地球是平坦的，沿一个方向可以永远走下去，地球可以无限地延伸，这样就一定存在一个最初的点，即绝对的起点。后来，人们发现地球是球体，即表面是一个“有限无界”的曲面。如果你在地球表面上沿着某个确定的方向一直不停地走下去，那么你永远不会遇到不可逾越的屏障，也绝不会从边缘处跌落下去，你最终会回到旅行开始时的出发点。从这个意义看，世界边缘是不存在绝对起点的。爱因斯坦的相对论理论把时间和空间统一在一起成为时空，即时间和空间不是各自独立的存在的，而是一个四维的时空统一体，并且这个四维的时空统一体的结构被物质（引力）所弯曲。爱因斯坦的相对论理论目前已经被大量的天文观测结果所证实。于是，根据相对论理论就可以得到，在弯曲的时空里，时间具备了原来空间的类似特征，即宇宙具有“有界无边”的特征，这也是目前科学家基本的共识。因此，在一个“有限无界”的曲面上，理论上你似乎可以绕着宇宙一直走下去，并最终还会回到出发点。尽管这并不现实，因为可以证明，在你还没来得及兜上一圈时，宇宙的尺度早已重新缩为零了。[50]

50　赵建:《写给未来工程师的物理书》，73 页，天津，天津大学出版社，2021。

意识到时间可以像空间的又一方向那样，意味着以类似我们摆脱世界边缘的方式，人们也可以摆脱时间起点的问题[51]。从这个角度看，所谓宇宙的起源问题，其提出本身就不合逻辑。假如时空几何如同地球一样是球形的（当然维度更多），那么探讨宇宙时间的起源，便如同在网球上寻找起点一样徒劳无益。因为宇宙时空本来就不曾有所谓的起点，时间没有边界或起点，正如球形的地球表面不存在所谓的边缘一样[52]。而在宇宙大爆炸发生的零点时刻，则可能显示了“有限无界”特征的一种极端情况，即时间和空间被无限大的质量无限弯曲，并蜷缩成为一点，在这一点上自然更没有所谓的起点了。

51　[英]史蒂芬·霍金，列纳德·蒙洛迪诺:《大设计》，吴忠超译，116 页，长沙，湖南科学技术出版社，2011。

52　[美]大卫·克里斯蒂安:《起源: 万物大历史》，孙岳译，17 页，北京，中信出版社，2019。

因此，宇宙大爆炸并不标志着宇宙的绝对起点，它标志的是我们对于物理理论认识目前能达到的终点[53]。大爆炸发生的时刻是一个相对起点，从这一个时刻起，我们利用现有掌握的知识可以解释这个阶段宇宙的起源和演化过程。目前，关于大爆炸理论还有很多理论和实际问题是我们无法给出真正的解释的，还需要进一步的探索。

53　[美]肖恩·卡罗尔:《大图景: 论生命的起源、意义和宇宙本身》，方弦译，53 页，长沙，湖南科学技术出版社，2019。

如果说时间的起点具有相对性，宇宙大爆炸事件是时间的一个相对起点，那么宇宙在大爆炸之前来自何处？宇宙又会走向何处？

由于人类知识的局限性，目前我们还无法给出确切的说法。不过，已经有一些分析和观点对此做了探索。根据弗里德曼宇宙模型，宇宙的发展可能有两种形态：无限膨胀宇宙和循环宇宙。如果宇宙密度小于临界密度，宇宙将永远膨胀下去；如果宇宙密度大于临界密度，宇宙先膨胀，然后停止膨胀，取而代之的是宇宙加速收缩，最终接近奇特的无穷密度状态，之后会再度爆炸，进入循环宇宙状态。霍金把费曼路径积分即“历史求和”的量子理论思想应用于宇宙的起源，提出了多宇宙思想，即认为宇宙自发出现时以所有可能的方式开始，量子涨落导致微小宇宙从无中创生出来，如同沸水中蒸汽泡的形成。许多微小气泡生生灭灭，但其中的一些达到临界尺度，然后以爆胀的方式膨胀，形成星系、恒星，以及至少在一种情况下形成像我们这样的生命。因此，存在许多拥有不同族物理定律的宇宙。

这些理论的具体观点有所不同，但具有共同点。其中一个共同点是它们都体现了科学决定论的思想。科学决定论的思想在牛顿创立第一个现代科学理论以后逐渐形成。正如霍金在其著作《大设计》中指出的：“必定存在一套定律完备集合，只要给定宇宙中在某一特殊时刻的状态，它们就指明宇宙从那个时刻往前将如何发展。这些定律应在任何地方、任何时刻都成立，否则的话它们就不是定律，不可能有例外或者奇迹。神祇或魔怪都不能干涉宇宙的运行。”[54] 在前面介绍的宇宙大爆炸理论中，我们看到物理学家沿着这条道路已经可以解释该理论中很多极其复杂的相关过程了。而沿着这条道路，随着人类认识水平的提高，新定律将被渐次发现，我们就可以解释更多原来不能解释的现象。[55]

在这些理论中，我们还可以看出它们都是围绕物质（能量）展开的。只不过，这里的物质（能量）具有更大的广泛性。真空也是物质，最初真空的涨落可以形成无穷大的能量（正能量）和暗能量（负能量），如同在一个相等的正数和负数后面可以加任意多个相同数目的零而它们的和仍为零一样。能量可能形成我们现在看到的物质（可能还包括暗物质）和对应的引力。而暗能量，目前我们并不了解，尽管我们已经确信它们的存在，它们形成一种斥力（反引力），推动当前宇宙的加速膨胀。引力与反引力、能量与暗能量之间的相互作用与力量对比的变化，可能决定了宇宙的形态和未来，决定了宇宙永远运动变化的进程。

宇宙大爆炸理论和对应的时间起点的相对性特征，再次说明了世界的物质第一性观点。宇宙因物质（能量）而诞生，它依据其自身客观规律而运行，不需要外来的干预和启动，而且会生生不息地

54 [英]史蒂芬·霍金，列纳德·蒙洛迪诺:《大设计》，吴忠超译，145页，长沙，湖南科学技术出版社，2011。

55 量子力学出现后，决定论具有了更加广义上的含义。量子力学中的粒子没有精准定义的位置和速度，而是由一个波函数来代表。量子理论给出了波函数时间演化的定律，在这种意义上，它们是决定论的。可参见：[英]史蒂芬·霍金，列纳德·蒙洛迪诺:《时间简史》（普及版），吴忠超译，126页，长沙，湖南科学技术出版社，2006。

运动变化下去。

在宇宙大爆炸理论提出以后，曾经出现有意思的现象。天主教会就曾宣称大爆炸理论模型与《圣经》相一致，把大爆炸理论模型作为上帝创世论的一个支撑。但这实际上是对大爆炸理论的一种误读和误用。

首先，它遮挡了时间开端具有相对性的这个重要特征，把宇宙大爆炸时刻作为绝对的时间起点，从而为神灵干预提供了机会。时间开端具有相对性，即宇宙时空本来就不曾有所谓的绝对的起点来源于时空“有限无界”的特性，它实际上排除了上帝对宇宙起源进行干预的机会。巧合的是，霍金第一次提出时空“有限无界”的看法是在梵蒂冈召开的一次宇宙学讨论会议上[56]。霍金回忆道：“当时人们并没有注意到它对宇宙创生过程中上帝说起作用的含义，对我来说也同样如此。”[57] 事后，他本人也有些后怕，“我可不想重蹈伽利略命运之覆辙，我对伽利略抱有很大的同情……”[58]

其次，在宇宙的创立和演进过程中，依据科学决定论的思想，宇宙大爆炸理论终将可以自洽，不需要外力的推动，上帝没有存在的必要。18 世纪的拉普拉斯是实践科学决定论的第一人。基于牛顿力学和数学理论，拉普拉斯提出了第一个科学的太阳系起源理论——星云说，并留下那句著名的回答：“阁下，我不需要那个假设。”[59]100 多年以后，星云说得到现代科学理论和天文观测的验证。同样，在科学决定论思想指导下建立的宇宙大爆炸理论还有诸多遗留问题，目前还不能完全回答所有的问题，但随着人类科学水平的进步，宇宙大爆炸理论终将可以自洽。因此，也就“不需要一个为我们制造宇宙的仁慈的造物主”[60]。

再次，在宇宙大爆炸发生的时候，所有的时间和空间都无限弯曲在极小的“有限无界”的一点，而且温度无限高、密度无限大，除这样一个极小的点外，什么也没有。因此，此时也绝无上帝可以存在的空间。

最后，上帝创世论还有一个逻辑上无解的问题。如果上帝足够强大且能设计整个宇宙，那么上帝一定要比自己设计的宇宙更复杂，所以说假定有上帝的存在，就意味着还需要进一步解释更为复杂的另外一种存在，以至于无穷。[61]

总之，现代宇宙观表明宇宙在更加广义的物质不灭与转化[62]下自发产生、自发运行，不需要干预、不需要初始推动。“它既不能被创生，也不能被消灭，它只是存在。”[63] 包括人类在内的文明可能是客观世界长期发展历史长河中某些区域、某些瞬间的产物，文明可以认识宇宙，可以依据自然规律改变宇宙中物质的某些形态，

56　因为天主教会意识到曾对伽利略犯下了一个极为恶劣的错误，而邀请一批专家就宇宙学方面为它提供建议。

57　[英]斯蒂芬·霍金：《宇宙简史：起源与归宿》，赵君亮译，78 页，南京，译林出版社，2012。

58　[英]斯蒂芬·霍金：《宇宙简史：起源与归宿》，赵君亮译，63 页，南京，译林出版社，2012。

59　据说拉普拉斯提出星云说，解释了太阳系的起源，拿破仑问拉普拉斯在他的体系中为什么没有上帝这个图像，拉普拉斯回答道：“阁下，我不需要那个假设。”

60　[英]史蒂芬·霍金，列纳德·蒙洛迪诺：《大设计》，吴忠超译，140 页，长沙，湖南科学技术出版社，2011。

61　[美]大卫·克里斯蒂安：《起源：万物大历史》，孙岳译，17 页，北京，中信出版社，2019。

62　这里的物质包括已经了解的物质、能量和现在不完全认识的真空，还有现在不认识的暗物质、暗能量以及其他更加不了解的物质形态。

63　[英]史蒂芬·霍金，列纳德·蒙洛迪诺：《时间简史》（普及版），吴忠超译，92 页，长沙，湖南科学技术出版社，2006。

但无论文明存在与否，宇宙都会按照自身的客观规律生生不息。

因此，物质是第一性的。

1.2 基础化学的发展体现了意识对物质的能动作用

在物质与意识的关系上，辩证唯物主义和以往其他哲学学派一个最大的不同是它在强调物质决定意识、物质第一性的同时，还强调意识对物质具有反作用，即意识具有巨大的能动性，人类可以发挥主观能动性认识世界、改造世界。

意识对物质的能动作用在化学学科上更加可见、可感受。一是在人类历史的发展进程中化学学科对人类社会的生产、生活所体现出的作用更加直接；二是人类生存和直接感知的空间“刚好”在化学所支配的原子、分子空间（参见前面图 1-1），即化学创造的物质正好在人的直接感受范围内。因此，化学学科所体现的意识对物质的能动作用更加突出。

根据人类社会发展的不同阶段，化学学科所体现的意识对物质的能动作用具有不同的特征，可以大致分为以下阶段。

古代化学阶段（约 1 万年前至 16 世纪前），特点是以经验为主，没有理论。古代化学的意义和作用非常大，它推动了社会形态的进步，古代化学实践的发展史几乎就是古代人类生产力的发展史。本书选择火、陶器（及瓷器）、铜器（青铜）、铁（生铁）为例进行了讨论。在这部分，为更好地说明这些创造发明为什么是化学实践活动，在每一部分我们还给出现代视角下这些创造发明的化学机理。

近代化学阶段（16—20 世纪初），特点是传统化学理论建立和发展起来。近代化学理论主要建立在归纳的基础上，同时伴随一些“天才般”的推测。近代化学作用巨大，伴随着人类工业化进程的兴起和发展。

现代化学阶段（20 世纪初至今），前期的特点是基于旧量子论，形成一系列的化学键理论；后期的特点是量子力学理论大规模用于化学机理的分析，化学理论进入一个全新的阶段。在这个阶段，由于借助了物理学的最新成果，演绎在理论形成中发挥了更大作用，由此产生的先进的化学理论指导化学实践，因此所取得的效果也更加巨大。

1.2.1　古代化学实践推动古代人类社会的发展总述

一般认为，牛顿力学是科学史上第一个现代科学理论，它拉开了近现代科学革命和技术革命的大幕，这是因为牛顿力学是科学史上第一个在实践归纳基础上通过演绎方法建立起的系统化的理论体系。从此，科学的发展进入在实践基础上由归纳和演绎双轮驱动的发展阶段。而在这之前，人类在科学认识上的发展主要建立在实践基础上由归纳单轮驱动的发展阶段，人类对自然界客观规律的认识基本都是通过实践和归纳的不断循环获得的。

在古代，在自然领域最能体现和发挥在实践基础上由归纳单轮驱动特点的实践是人类的化学实践，它成为这个阶段最重要的人类活动实践。中国古代在很长一个时期都处于世界的领先地位，而化学实践在推动中国古代社会发展中的作用又特别突出，因此以下主要以中国古代为例，说明古代化学在实践推动古代人类社会的发展方面的表现。

古代化学实践的作用有多大呢？它基本上成为衡量生产力水平的标志，以及影响古代社会发展形态的因素。首先是火的使用，这可能是人类最古老的化学实践。中国远古的先民和世界上其他地方的先民一样掌握了火的使用，通过火的使用人类将储存在树木等可燃自然材料中的化学能转化为热能，这意味着人类掌握了一种使用方便且储量巨大的获取能量的形式，并且通过实践人类使用火的能力不断提高，一个最直接的标志是通过火可以获得的温度不断提升。以现在的观点看，先民发挥意识的巨大能动性，将燃烧产生的热能转化为其他新形式的化学能，开启了另一种古代化学实践，生产出原来自然界中不存在的新材料，先是无机非晶体材料——陶器，后是金属材料——青铜和铁等。人类创造的新材料带来了相应生产工具的变革，生产工具的变革又带来了生产力的显著提高，生产力的显著提高带来了生产关系的巨大变革，生产关系的巨大变革最终引发了人类社会发展形态的改变。具体来说，陶器的出现促进了农耕文明和定居生活，使中国古代的先民从旧石器野蛮时代进入新石器的原始社会，而青铜器的大量出现促使中国古代社会由新石器时代晚期的原始社会过渡到青铜器时代的奴隶社会，铁制工具的大规模使用加速了中国古代奴隶社会井田制的破产，促进了封建社会的建立。图 1-24 给出了中国古代主要化学实践（火的使用和控制、制陶、冶铜、冶铁等）之间以及它们与中国古代社会发展形态之间的对应关系。

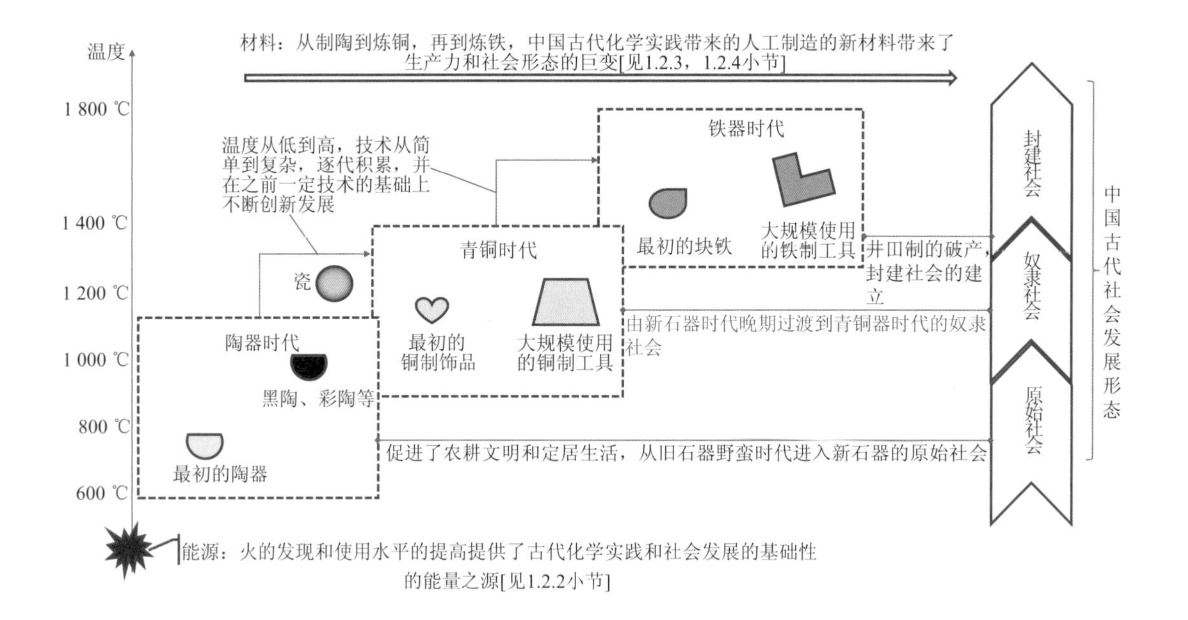

图 1-24 中国古代主要化学实践与中国古代社会发展形态之间的对应关系

另外，在人类社会的发展中，无论是自然知识，还是社会知识，都得到不断的积累，为此人类创造了文字，但文字的记载和传播都需要有效的载体，在古代这个最有效的载体就是纸张，于是在中国造纸术应运而生，它也是中国古代一项影响人类文明发展进程的化学实践活动。相比而言，造纸术出现的较晚，但它极大地促进了中国古代知识的传播。按照现代信息学理论和物理学理论，知识就是信息，就是负熵，就是做功能力，知识能力的传播就是做功能力的传播，中国古代的造纸术大大促进了人类改造自然做功能力的传递。

下面我们首先概要分析古代化学实践是如何推动生产力发展，进而推动社会发展的，而对这些古代化学实践具体过程和原理的说明则放在后面对应的章节。

大概 1 万年前，中国出现了最早的陶器，其是和原始农业相伴出现的。陶器改变了人类茹毛饮血的饮食方式，使原来不适合食用的生硬的谷物变得适合食用，来自动物的生肉经过陶器的烹制，不仅使其更加可口，而且大大节省了人类饮食所用的时间，同时为人类的大脑提供了更加丰富有效的能量，促进了大脑智力的发展。陶器还提供了人类定居所需的大量的生活用具，使人类能够从流离生活过渡到定居生活。因此，陶器的出现促进了人类的农耕文明和定居生活，推动了人类社会从旧石器时代进入新石器的原始社会。原始陶器大致是在 600~800 ℃温度下烧制而成的。后来，在先民将燃烧获得的温度提高到 1 000 ℃左右后，则烧制出了黑陶和彩陶。黑陶和彩陶的制造，使先民掌握了可达 1 000 ℃的温度条件，为冶炼铜器创造了前提条件。

据记载，夏人曾“以铜铸鼎”“以铜为兵”。到商初，青铜冶炼术开始流行于黄河流域，制作的青铜器多为手工生产工具。到商中晚期，长江流域一些地区也掌握了较发达的青铜冶炼术。这一时期，青铜制作被贵族控制，武器、生活用器骤增，始有礼器，器大而厚且造型复杂，始有铭文，文饰增多，呈现一派灿烂的青铜革命景象。青铜革命孕育了灿烂的青铜文化，推动了氏族社会向阶级社会的迈进。历史上，尽管青铜未普遍用于农具，但它却为改变农业生产组织和管理创造了条件。因为在当时若无一支以青铜武器武装的军队在外掠奴，在田边作坊管理、监督，商代的“井田制”就无从谈起。青铜兵器的使用，为奴隶社会的农业生产提供了更多的劳动力，并为生产管理创造了条件。另外，青铜器皿还成为礼器，商周时期的等级制与礼制正是以一整套青铜礼器为显著特征和标志，它具有表现和维护等级制、礼制，宣扬奴隶主阶级意识，在精神上加强对奴隶的统治的作用。在中国古代，青铜冶炼术推动了奴隶社会的建立，也在奴隶社会末期达到了它的顶峰。而中国古代先进的青铜冶炼术又为即将到来的铁器时代创造了条件，包括竖炉、鼓风技术、木炭、制作型范和浇铸工艺等。

铁器具有价廉、坚韧两大优点，可广泛用于生产农具和手工业工具。随着铁犁和牛耕的普及，农业生产力得到巨大发展。铁器普及还为兴修水利工程创造了条件。而铁犁、牛耕、水利的普及，使一家一户的个体劳动成为可能，集体耕作的农业生产方式不可避免地要被个体劳动所取代。因此，作为奴隶社会根基的井田制生产方式被一家一户的个体生产方式所代替，新兴的地主阶级崛起。因此，铁的冶炼和使用加速了奴隶制的崩溃和新兴地主阶级封建制在诸侯国的建立，封建社会逐步代替了奴隶社会。铁犁、牛耕、水利的推广应用，还为精耕细作创造了条件，男耕女织、农工结合、自给自足的个体家庭经济兴起，并成为我国封建社会经济基础之一。所以，在中国古代铁器革命带来了封建社会的建立，并成为维护封建统治、支撑封建社会发展的根基之一。

古代的冶铜、冶铁及冶制其他金属，一般统称为古代冶金技术，它和古代制陶技术一样，都是古代先民发挥意识能动性进行的一系列化学实践。它们具有一个鲜明的共同点，它们都是新材料的创造，即都是先民发挥意识能动性，充分利用当时所具备的物质条件，创造自然界中不存在的新材料的过程，在技术上体现出从简单到复杂、逐代积累、不断创新发展的特点。

当然，古代制陶和冶金技术的意义不仅体现在生产、生活上，还体现在文化上。精美的陶器、瓷器、金属器皿不仅有实用性，还是很好的艺术产品，承载着所在年代的时代特色。不仅如此，它们还承载着文化的记录和传递。著名学者汤因比曾写道："制陶的发明，使文化的差异有了一种看得见的记录。陶器形制和装饰的变化几乎像时装一样快。而且，陶器碎片是无法毁灭的，不像旧衣裳那样容易腐烂，后者只有在干燥的沙土或不透气的泥炭沼泽中才能保存下来。因此，在发明制陶和发明文字之间的整个时期，人类驻地遗址中逐层分部的陶器碎片是一种最可靠的计时器。"[64] 而冶金术创造的青铜器又何尝不是如此？而且中国的青铜器上还有出现了铭文，它们以文字记载的方式向后人诉说着所在时代的事件和故事。

64 [英]阿诺德·汤因比：《人类与大地母亲》，徐波等译，42页，上海，上海人民出版社，2016。

可以说，从制陶到炼铜，再到炼铁，古人依托对火的发现和使用水平的不断提高所带来的能量和条件的提升，依据古代化学实践获得了一系列人工制造的新材料，这些新材料推动了生产力、社会和文化等方面的不断发展。

1.2.2 火：点燃人类文明的第一束光

以现在的观点看，对火的认识和使用是人类在远古时代第一次，也是最重要的一次意识对物质的能动作用，这种能动作用点燃了人类文明的第一束光。如图 1-25 所示，下面我们以现代的视角，从多个层面探究火的管理和使用这项化学实践活动的重要意义。

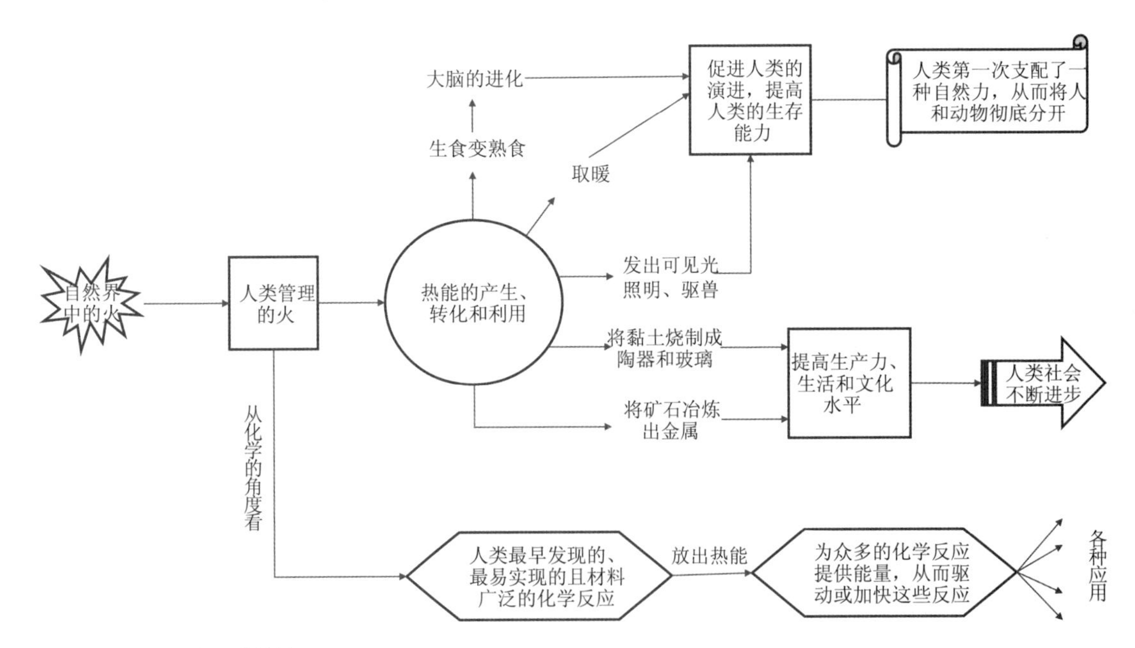

图 1-25 现代视角下火的管理和使用化学实践活动的重要意义

首先，在众多的自然界现象中，物质燃烧所产生的火是最引人注目的现象。自然界偶尔可以产生燃烧现象，如火山爆发、闪电电击、陨石坠落，甚至是烈日下干枯的植物自燃都可能引起物质的燃烧而产生火。同时，火还是大自然中的强大力量，远古时代大自然引发的地火常常使植物化为灰烬，动物仓皇而逃。我们的祖先逐渐认识到，火不仅能带来光明和温暖，以及驱赶野兽，而且能把在大火中丧生的野兽变为美味。经过长期的观察、实践，他们开始搜集、保留来自自然界的火种，将野火引入山洞，开始有意识地保存和使用火。后来，我们的祖先在生活实践中掌握了摩擦生火和钻木取火的技能，从而从被动的火种看管者变成了火的驾驭者。

从现在的角度看，学会用火是人类最早也是最伟大的化学实践，它使人类获得了改造自然的有利条件。火的使用使人类最终区别于其他动物，拉开了人类支配和改造大自然的序幕。恩格斯认为，人类对火的使用是“人类对大自然的第一次伟大胜利，摩擦生火是人类第一次支配了一种自然力，从而将人和动物彻底分开”。

在赫胥黎的《人类在自然界的位置》一书中曾记载这样一个事实：17 世纪，在现安哥拉的森林中，有两种特别可怕的怪物经常在森林里出没。在这两种怪物中，大的怪物土语称为庞戈，较小的怪物称为恩济科。庞戈的身体比例和人类较为相似，它身材很高大，接近于人类中的巨人。这种怪物的脸长得很像人，眼窝深陷，头上长有长毛，除了脸、耳朵和手上没有毛外，遍体都是暗褐色的毛，但不是很密。庞戈用两只脚行走，走路时两手抱着颈背。它们睡在树上，并在树上建造一些遮蔽物，以遮挡雨水。因为它们不吃肉类，所以经常在森林中觅食水果和坚果。它们不会说话，和其他动物一样，没有多少智力。当地人在森林中旅行时，经常在夜间就寝的地方点燃篝火。等到第二天早上人们离开后，许多庞戈就来到篝火旁团团围坐，直到篝火熄灭，但它们却不懂得向火中添加木料。庞戈后来被认为是一种类人猿。[65]

65　托马斯 • 亨利 • 赫胥黎：《人类在自然界的位置》，李思文译，3-5 页，北京，北京理工大学出版社，2017。

这里我们看到了我们的祖先和庞戈这种类人猿在处理火的能力上的根本差异。庞戈已经意识了火会带来温暖，但它们不会生火，甚至连向已经生起的火堆中投放一些木材或树枝以保持其继续燃烧的能力都没有。而人类的祖先通过对自然界中火现象的不断观察和实践，不仅学会了保留来自自然界的火种，而且还发现了摩擦生火和钻木取火等主动生成火种的方式，这充分体现了人类所特别具有的意识对物质的能动作用，即人的意识不仅可以反映客观世界的表面现象，还可以认识表面现象背后的规律，并通过遵循和利用这些规律，根据自己的想法来改变自然界。以上的事例也生动展示了人类对火的使用“将人和动物彻底分开”的观点。

其次，火的使用使人类告别了茹毛饮血的生活，从食用生冷的食物变成食用煮熟的食物，从而获得了更容易吸收的营养，有利于大脑的进化。如果说劳动是促使人类大脑快速发育的直接动力，火所带来的饮食方式的改变则为大脑的快速发育提供了必要的物质营养。有研究显示，如果我们的祖先与类人猿和猩猩一样食用生食，为供给大脑的消耗，每天需要进食 9.5 小时，可以想象这会极大压缩可用于劳动的时间。如果是那样，人类进化的历程估计将大大延长。

再次，伴随着熊熊烈火，人们陆续发现黏土可以烧制成陶瓷和玻璃，矿石可以冶炼成闪闪发光的金属，人类劳动和生活的工具从单一、简单的石头和骨器，开始出现可以烧制成各种形状、满足不同用途的陶器和玻璃，以及可塑性和坚硬度兼具的铜器、铁器，即人类第一次开始创造新物质，人类劳动和生活的工具所使用的材料从天然的石头、骨头变成了利用朴素的化学知识烧制的陶器、玻璃以及炼制的铜器、铁器，由此开启了物质创造的新天地。

这里，我们从现代化学的角度，简要分析燃烧这项古代化学实践背后的化学机制。我们的祖先生火燃烧最初所使用的材料（干燥的树枝、树块、树叶等）以及后来陆续发现并为燃烧所使用的煤、天然气、石油等都来自有机化合物。一般来说，在结构上有机化合物是比无机化合物复杂的物质，从耗散结构理论看，有机化合物应该是在有外部能量输入的情况下由无机化合物生成而来的，即以能量消耗为代价，形成更加复杂一级的结构的过程。而有机化合物的燃烧过程，一般来说是从有机化合物生成无机化合物的过程，即从复杂一级的结构到简单一级的结构的转变过程，或者认为是从无机化合物到有机化合物的逆过程，因此一般来说是一个以热能形式释放能量的过程。

自远古时期起，一直到 18 世纪中叶，树枝、杂草一直是人类使用的主要能源，在人类能源发展历史上被称为柴薪时期。依据现代化学，我们已经搞清楚了柴薪的成分和燃烧的机理。柴薪的主要成分是纤维素，纤维素是自然界中分布最广的有机物，它在植物中所起的作用就像骨骼在人体中所起的作用一样，即起到支撑作用。纤维素主要由碳、氢、氧等元素组成，在空气中燃烧并发光发热，这是人类最早实践的化学变化之一，时至今日许多生活在边远地区的人们仍在使用柴草作为能源。纤维素的分子式是$(C_6H_{10}O_5)_n$，其相对分子质量远大于淀粉，为 $160\times10^4\sim240\times10^4$ 。[66] 纤维素燃烧的反应式可表示为

$$(C_6H_{10}O_5)_n + 6nO_2 \rightarrow 6nCO_2 + 5nH_2O$$

66 李小瑞:《有机化学》（双色版），496 页，北京，化学工业出版社，2016。

在远古时代，我们的祖先没有化学方面的理论知识，但这丝毫不妨碍他们能观察到自然界中存在的燃烧现象，并在实践中建立对火和燃烧概念的认识以及这种自然现象背后的朴素规律的认识，从而逐步认识了火，又逐步掌握了火的使用，使之为人类的生存和生产服务，这就是物质基础上意识能动性的生动体现。

燃烧过程中发出大量的可见光则主要是一个物理过程。其基本原理是无论反应物还是生成物中都包含大量的氢原子，在燃烧产生大量能量的条件下，这些能量中的一部分可以激发氢原子中的核外电子在不同能级上跃迁后再回到基态，电子在回到基态的跃迁中会发出电磁波，而对应氢原子核外电子跃迁的电磁波的频率范围主要集中在可见光区域，因此燃烧过程中可以发出大量可见光。[67]

如果站在更高的角度，即支撑人类文明发展的能源、材料和信息三大要素的角度，就更能理解火的发现与使用对于人类发展的意义。

首先，人类的生存和演化需要能源，人类社会发展的历史就是能源变迁的历史。截至目前，人类经历了三个能源时期：柴薪时期、煤炭时期和石油时期。[68] 尽管这三个时期所使用的自然资源有差异，但本质上有以下共同点：①都是有机物的燃烧；②燃烧都能提供热能（热量）。按照现代物理学的概念，热能来源于组成物质的分子的热运动。分子的热运动是物质世界最广泛的运动形式，所有组成物质的分子都具有热运动，一种物质吸收热能意味着组成该物质的分子的热运动将加剧。由于组成物质的分子都具有热运动还和可能发生的化学反应有直接关系，即只有能量超过活化能量的活化分子才能发生化学反应，于是燃烧提供的热能可以增加可能发生化学反应的分子的能量，提高发生化学反应的概率，从而促进化学反应的进行。因此，从化学的角度看，火或燃烧是人类最早发现的、最易实现的、材料广泛的化学反应，它可以为众多的化学反应提供能量，从而驱动或加快这些化学反应，这些化学反应就包括人类开始制造新材料的陶器的烧制和金属的冶炼等。学会用火是人类最早也是最伟大的化学实践，它是人类第一次从实践出发，利用自身意识的巨大能动性，基于自然界的条件开发出的除自身的生物能力以外的第一种强大的自然能源，从而使人类获得了改造自然的有利条件。

其次，人类的生存和演化离不开新材料的不断出现。如前所述，人类学会用火带来了陶器、青铜以及铁器等新材料的陆续出现，而这些新材料极大地提高了人类生存、生产、生活的效率，带来了人类社会的发展和进步，这部分的内容我们在随后的章节中专

67　在这个过程中，还会发出红外线，但由于人眼无法接收和识别红外线，所以只有在现代出现红外线探测仪以后，才可以看到燃烧的红外线图像。

68　华彤文，王颖霞，卞江，陈景祖：《普通化学原理》（第 4 版），421 页，北京，北京大学出版社，2013。

门介绍。

最后，人类的生存和演化也离不开信息这个因素。没有火或燃烧产生的可见光，人类接近一半的时间将在黑暗中度过，人类在黑夜中将面临各种生命威胁，而人类学会用火帮助人类在需要的时候告别了黑暗，在黑夜中拥有了火就拥有了信息。在漆黑的夜晚，人类可以通过自己的需要，点燃篝火或火把，不仅可以驱赶野兽，而且可以通过光亮获得视觉信息，从而为自身的生存、生产、生活服务。

总之，人类学会用火是一次人类最重要的化学实践，为支撑人类文明生存和发展的三大要素完成了一次奠基，而人类学会用火的实践又充分体现了人所特有的意识对物质的能动作用。

1.2.3 陶器：推动人类走向农耕文明的不可或缺者

陶器是火的艺术。人类掌握火的使用以后，在烧烤食物、穴居取暖的过程中，可能很早就已经发现火可以把黏土烧成硬块。但从火的使用到陶器的出现可能经历了几十万年的时间。学术界通常将磨制石器、农业、制陶以及家畜饲养作为新石器时代开始的标志。相对于旧石器时代，这些发明从根本上改变了人类的生存环境，社会形态也随之发生了变革，新石器时代是一个文化发展与社会进步的时代，也是为文明的产生奠定基础的时代。

陶器的发明是人类最早通过化学变化将一种物质改变成另一种物质的创造性活动。在利用火的基础上，把黏土变成陶器是一种质的变化，是人力改革天然物的开端，是人类发展史上的重要成果之一。当我们在博物馆面对着琳琅满目的来自新石器时代的各种文物时，我们仿佛能通过它们在脑海里还原出我们的先人生产、生活等的各种场景。陶器是推动人类走向农耕文明的不可或缺者。

一般认为，陶器的发明与人类的定居生活和农业生产有着密切的因果关系，陶器是为适应以农业为经济基础的社会生活的需要而出现的。[69] 食物是人类赖以生存和发展的第一要素。人类懂得用火以后，一般是把食物直接放在火上烤熟，或者将食物置于加热的石板上烤熟后食用。这种加工食物的方法，虽然结束了人类茹毛饮血的历史，但却无法适应以农业为经济基础的社会生活。首先，农作谷物并不适合于直接进食，烘焙出来的谷物往往干硬难咽，直到人们开始制作陶器以作为炊具，食物的烹饪技术才大为改进，虽然这个时期人们的烹饪手段比较原始，但后世常用的蒸、煮、烤、烙等烹饪手段已基本产生，与这些手段相适应，也创造出了种类相当丰富的炊具。当时的炊具多为砂陶，类似于现在的砂锅，具有耐高

69 中国国家博物馆:《文物里的古代中国（上册 远古至战国时期）》，33页，北京，中国社会科学出版社，2010。

温、传热快和不易破裂等特点，再配合地面灶、石灶等辅助设施，就可以加工出可口的食物。此外，还有盆、钵、碗等餐器。例如，河姆渡文化（大约公元前 5200—前 4200 年）的遗迹显示先人已经将稻米作为主食，另外遗迹中还发现了菱角等植物果实以及 50 余种动物遗骸，河姆渡人通过煮、炖、焖、蒸等不同方式，将它们做成多种多样的美味佳肴。[70] 在这个时期，为了满足农业经济和定居生活的需要，人们发明了形态各异、功能不同的陶器，除上面提到的炊器、餐器外，还有取水和存水的水器、储存谷物的盛储器等。

70　中国国家博物馆：《文物里的古代中国（上册　远古至战国时期）》，42-43 页，北京，中国社会科学出版社，2010。

关于陶器的起源，恩格斯在《家庭、私有制和国家的起源》一书中写道："可以证明，在许多地方，或甚至一切地方，陶器都是由于用黏土涂在编织物或木质容器上发生的，目的在于使其能耐火。因此，不久以后，人们便发现成型的黏土，不要内部容器，也可以达到这个目的。"

这里，我们也不妨结合恩格斯的这个观点以及陶器和农业的关系来推想我们的祖先发明陶器的过程。他们可能首先发现一些野生谷物可以食用，但这些干燥的谷物即使经过烘烤也十分难以咀嚼、吞食。偶然的机会他们可能发现，经过水长时间浸泡的谷物在烘烤后十分容易咀嚼，也很好下咽。这可能使他们对火、水、谷物建立起了联系。通常情况下，这三者是分离开的，而如果把他们汇集在一起，则可能产生可口的食物。于是，如何把火、水、谷物结合在一起就成了关键。起初，他们可能在编织物或木质容器中放入水，然后放入谷物进行浸泡。浸泡后，由于编织物或木质容器不耐火，于是他们便将沾湿的黏土涂在编织物或木质容器外面，再把外面涂了黏土的编织物或木质容器放到火上加热。依据我们现在的知识，编织物或木质容器的热传导效果是非常差的，因此上面这种方式对谷物的加工效果一定很差。但这不重要，重要的是"不久以后，人们便发现成型的黏土，不要内部容器，也可以达到这个目的"。这时，他们可能又想到他们观察到的另一个现象，在火堆边的沾了水的泥土在火的烘烤下会变成一个固定的周围高、中间低的形状。于是，某一天他们突然产生了一个大胆的想法：先把沾水的泥土塑成一个周围高、中间低的容器的形状，晾干后再拿到火上烘烤，最后冷却并变成一个固定形状的容器。随后，他们将水、谷物放在这个固定形状的容器中浸泡，之后再把这个容器连同里面的谷物一起拿到火上加热，这不就实现了火、水、谷物在一起的结果吗？于是，人类发展史上的一个奇迹出现了，人类发明了最原始的陶器：把湿的黏土塑成希望产生的简单的形状，晾干后在火上烘烤，就产生了最原始和最简单的容器。而最早的陶器的出现，解决了先人食用谷物时的一个现实困难，使先人的饮食结构开始出现重大改变，谷物逐步成为一种主要的食物，于是对谷物的需求不断增大，最终促成原始农业的出现。当然，现在我们无法确定是先有的原始农业，还是先有的原始陶器。或许这是一个鸡和蛋的关系，正像很难说是先有鸡还是先有蛋一样，很难说是先有的原始农业还是先有的原始陶器，这并不重要，重要的是原始农业和原始陶器的产生可能是相互促进的关系，它们共同开启了新石器时代的到来。

从以上的推想过程，我们可以体会到人类建立在物质和实践基础上的意识的主观能动性的巨大创造力。人类可以对周围发生的物质现象进行观察、思考，形成朴素但具有一定的规律性的认识，然后把它们综合起来，根据自己的想法利用它们去创造新的事物。在上古时代漫长的生存斗争中，经过长期与水、火、土打交道，我们的祖先通过自己的实践和思考，把自然界最基本的几种物质（火、水、土）有机地结合起来，在反复实践、反复认识的过程中逐步学会了制陶术，制造出一种新物质，满足自己的生活和生产的需要。而且更令人惊诧的是陶器在世界各个古代文明中心都是各自独立创造和发展的，存在的差异只是由于地区和环境的不同而有早晚之分。这让我们感到，即使在最早期，人类在实践基础之上的意识能动性的巨大威力。

在陶器出现以后，先人发现不仅谷物可以放在陶制的容器中加热，而且各种猎物的肉类也可以，并且在陶器中加热煮熟以后的肉类不仅更加可口，而且更容易消化。事实上，陶器加工食物对人类进步所带来的作用是巨大的。首先，加热煮熟以后的食物为先人提供了更多的能量，为人类的智力活动提供了所必需的营养，促使大脑机能更加发达；其次，食物在加热煮熟以后再食用，使先人用于饮食的时间大大缩减了。这两方面的效果都使先人认识自然、改造自然的能力得到进一步提高。

再后来，在生产过程中先人对于黏土的黏性和可塑性有了进一步的认识，加上用火的经验和对火力的掌控，都为陶器的不断发展提供了条件，后续出现了红陶、彩陶、黑陶或灰陶、白陶、硬陶、釉陶等各种类型的陶器。不仅如此，陶器的应用范围也不断扩大。例如，制作的陶器容器可以储水，进行人工灌溉，有利于农业生产；用陶坯和砖瓦造房牢固、抗风雨，有利于人们安定生活，为古代出现城市化创造了条件；陶器工艺的成熟又为后续的金属冶炼和锻造准备了技术条件，为先人利用简单的自然条件创造更加先进、更加有利于生产力发展的新物质创造了条件。因此，陶器被认为是远古文明的重要载体。[71]

71 陈义旺，吕小兰，胡昱：《化学创造美好生活》，3页，北京，化学工业出版社，2013。

从现代的角度看，陶器的制作是最原始的无机材料化学实践。下面我们从现代化学的角度，介绍制造陶器的基本化学原理。

陶器是由黏土在高温下烧制而来的。由于黏土成分的不同，会发生不同的化学反应，烧制的陶器也会有很大差异。这里我们仅以高岭土为例，说明高岭土通过高温烧制陶器的原理。

高岭土，又称瓷土，是由多种矿物组成的含水铝硅酸盐的集合体，主要有用成分是高岭石。高岭石是一种含水铝硅酸盐，其晶体化学式为$2Al_2Si_2O_5(OH)_4$或$2SiO_2·Al_2O_3·2H_2O$。高岭石中的水以—OH 形式存在，其晶体结构是由—Si—O 四面体层和—Al—（O，OH）八面体层连接而成。无序的、结晶差的高岭石，一般呈从不完整的六边形到近似椭圆形的鳞片状。在自然界中，高岭土多以鳞片状存在，通常鳞片长、宽为 0.2~5 μm。由于高岭土表面存在羟基，亲水性较强，加水搅拌后的高岭土具有黏性和可塑性，这为先人制作陶器提供了前提条件。

当然，高岭土能制作陶器最重要的原因还在于它在经过高温煅烧后会发生结构上的变化。高岭石的加热相变是硅酸盐工艺及实验矿物学中久经研究又最重要的课题之一。现在我们已经基本确定高岭土在高温煅烧时其结构发生变化的规律，大致可以解释陶器诞生的早期我们的先人在实践中创造的工艺做法。

在新石器时代早期（公元前 13000—前 7000 年）出现了原始的陶器，采用的是露天烧制方式，烧制的温度低。对这个时期考古发现的陶片采用现代方法进行测定，显示烧成的温度只有 680 ℃±20 ℃。[72] 根据现代化学可知，400~800 ℃时，高岭石会脱离结构水，生成偏高岭石，即发生以下反应：

$$Al_2Si_2O_5(OH)_4 \rightarrow Al_2Si_2O_7+2H_2O$$

高岭石　　　　偏高岭石

煅烧后，高岭石中大部分的羟基被脱去，虽然原来高岭石中的层状结构即硅氧四面体与铝氧八面体的结构单元被破坏，但新生成的偏高岭石中存在硅氧四面体$[Si_4O_{10}]^{4-}$结构，并成为坯体强度的主要框架。不过由于烧制温度低，这时的陶器陶质松软，容易破碎。

在陶器制作过程中，我们的先人还创造性地采用了在陶土中加入羼和料的工艺，体现了通过主动添加方式改进工艺、改变结果的主动作为的思想。一方面，羼和料可以减少塑性原料的黏性，使其不易粘手，便于坯胎成型；另一方面，羼和料可以减少坯胎的干燥收缩，缩短干燥时间，提高制坯效率。更重要的是，早期的羼和料

72　李文杰：《中国古代制陶工程技术史》，3 页，太原，山西教育出版社，2017。

多使用自然河沙或砸碎的石英砾石颗粒作为添加物，而自然河沙或砸碎的石英砾石颗粒的主要成分是SiO_2，这些SiO_2可以提高陶器的耐热急变性。凡是作为实用器的炊器，其烧火使用的部分都是有羼和料的，现在使用的砂锅也不例外。[73]

73 李文杰:《中国古代制陶工程技术史》，17-18页，太原，山西教育出版社，2017。

在烧制陶器方面，后来从最初平地堆烧发展到封泥烧，再后来发展为半地下式的横穴窑和竖穴窑，这样可将温度提高到1 000 ℃左右，从而提高了陶器的质量。根据现在的研究，自925 ℃开始，高岭石煅烧后可生成硅铝尖晶石结构，反应如下：

$$2(Al_2O_3 \cdot 2SiO_2) \rightarrow 2Al_2O_3 \cdot 3SiO_2 + SiO_2$$

偏高岭石　　　　　　硅铝尖晶石

在1 050~1 100 ℃开始转化为似莫来石，反应如下：

$$2Al_2O_3 \cdot 3SiO_2 \rightarrow 2(Al_2O_3 \cdot SiO_2) + SiO_2$$

硅铝尖晶石　　　　　　似莫来石

直观地看，在1 000 ℃左右烧造的陶器中生成的SiO_2明显增加，SiO_2具有耐高温、热膨胀系数小、耐腐蚀等特点。因此，这时烧制的陶器较最早期的陶器在质量上有了明显提高，用途也更加多样。例如，在距今5 000~7 000年的仰韶文化时期，众多的陶器开始出现，包括各种各样专业化的炊具，如鼎、鬲、甗、甑、罐、釜等，以及专业化的盆、钵、碗等餐具，甚至还有可以移动的锅灶——陶釜、陶灶。[74] 在这个时期，还出现了另外一个和化学实践有关的变化，就是彩陶。

74 中国国家博物馆:《文物里的古代中国（上册　远古至战国时期）》，56-57页，北京，中国社会科学出版社，2010。

仰韶文化时期是彩陶最繁荣的时期，以大量色彩鲜明、构图独特的彩陶器皿为代表，构成了我国远古文化中最精彩的一页。彩陶按艺术形式划分属于绘画的一种，它是以各种不同矿物的颜料在未烧制的陶坯上作画，待陶坯烧制后会出现不同色彩的图案。[75] 彩陶颜料是选用不同色泽的天然矿石加工而成，矿石被研磨成极细的粉末，再加水调配成合适的色彩，最后在陶器上绘出精准和美观的图案。

75 中国国家博物馆:《文物里的古代中国（上册　远古至战国时期）》，52页，北京，中国社会科学出版社，2010。

人类最早用于着色的颜料是红色的赤铁矿（Fe_2O_3）和黑色的磁铁矿（Fe_3O_4）等矿物质，软锰矿（MnO_2）呈土状，它的颜色呈黑色，极易染手，在古人看来，它也是一种奇妙的陶器着色颜料。按照现代化学理论，铁和锰是过渡元素，Fe_2O_3、Fe_3O_4、MnO_2都是过渡元素化合物，在陶器烧制后，它们都会生成不同的过渡金属配合物，根据晶体场理论，由于来源于中心粒子的d-d电子跃迁，这些配合物会吸收可见光的某些波长的光，从而显示出不同的颜色，例如Fe_2O_3显示红色，Fe_3O_4显示黑色，氧化锰显示棕色等，不同比例的铁和锰组分还可以显示灰色、褐色等。这些颜色就构成了仰韶文化时期彩陶的主要色彩。

尽管我们的先人在当时不可能了解过渡元素的概念和现代化学的晶体场理论，但由于赤铁矿、磁铁矿、软锰矿等可作为颜料的矿石在自然界中普遍存在，而他们在不断的实践中，观察到这些矿石的碎末带有不同的颜色，于是就自然会产生这样的想法：既然在陶坯中加入羼和料可以改变烧制后陶器的品质，那么在陶坯上提前绘制上不同的颜料自然就可以改变陶器单一的色彩。经过一次次的实践，仰韶文化时期的先人就烧制出令人赞叹的、充满艺术色彩的彩陶。

下面我们再简单介绍下瓷器，它也是在陶器基础上改进的化学实践。世界上所有的古文明都发明了陶器，但唯有中国人在陶器的基础上发明了瓷器，成为古代世界上唯一能够制作瓷器的国家。

一般认为，烧制瓷器需要掌握三个要素：釉、瓷土（高岭土）和温度（1 100 ℃以上）。

在瓷土（高岭土）方面，在制陶的实践中，我们的先人发现陶器的质量和瓷土的质量有关，他们提高了选择泥土和精制泥土的标准，即不仅要减少泥土中的砂粒和草根等，而且要降低泥土的含铁量。

在温度方面，利用窑炉的改造，先民获得了 1 200 ℃以上的烧制温度。根据现代化学理论，在 1 200~1 400 ℃，高岭石完全转化为莫来石，同时生成硅石，反应如下：

$$3Al_2Si_2O_5(OH)_4(s) \xrightarrow{\triangle} Al_6Si_2O_{13}(s) + 4SiO_2(s) + 6H_2O(g)\uparrow$$

上面反应式中的第一个产物称为莫来石，第二个产物是硅石，黏土烧制后，莫来石与玻璃质的硅石结合，就形成了坚硬且防水的陶器。[76] 这时的陶器已经可以说是瓷器的内胎了，只需要在外面加上一种称为瓷釉的外涂层即可成为瓷器。

下面我们从化学实践的角度介绍从陶转变到瓷的最重要因素——釉。

根据最新的研究，上海马桥遗址出土了夏至商早期的原始青瓷和原始黑瓷。该遗址存在于公元前 2000 年，它的发现使原始瓷的发明年代向前推进了约 500 年。[77] 其出土的原始瓷样品的烧成温度在 1 150~1 180 ℃，胎中莫来石针晶发育良好。[78] 在上述文献中，文献作者指出上海马桥遗址出土的原始瓷釉层透明、光亮，玻化程

76　[美]拉里・高尼克，克雷格・克里德尔：《化学妙想》，那日松译，91 页，北京，科学普及出版社，2014。

77　陈尧成，张筱薇：《夏商原始瓷和瓷釉起源研究》，439 页，北京，科学出版社，2009，《中国文明探源工程文集》（经济与技术篇 Ⅰ）。

78　考虑到实际瓷土中助熔剂的作用，生成莫来石的实际温度可能略低于理论值。

度好，属钙质釉，其釉用原料很可能是原始瓷胎泥加草木灰配制而成。而一些样品的玻化层很薄，不是人工施加的，这些玻化层形成的原因可能是样品在 1 100 ℃左右的高温烧制过程中，草木灰被热气流夹带并落在红热陶坯表面，含高熔剂氧化物的草木灰与陶坯表面发生高温化学反应生成玻璃态物质，且量少而薄，这为当时窑工发明陶瓷釉带来了启发。[79]

79 陈尧成，张筱薇:《夏商原始瓷和瓷釉起源研究》，442 页，北京，科学出版社，2009,《中国文明探源工程文集》(经济与技术篇 Ⅰ)。

在前面已经提到，先民已经在制作彩陶的过程中掌握了一些颜料的使用，因此如果把这种思想和偶然观察到的飘落在陶坯表面的草木灰生成光滑、明亮的玻璃态物质的现象结合起来不难推测，我们的先民一定想到如果将草木灰和瓷泥混合并把混合后的物质涂在陶坯表面，经过烧制后就可以在陶器表面产生一层透明、光亮的物质。这层物质就是我们所说的釉，而在 1 100 ℃左右的高温下烧成的、带有釉层的陶器就成为我们现在看到的、最早的原始瓷。而由此发现的配釉工艺在后期的大多数商周时期原始瓷釉中获得延续并扩大使用，从而进入瓷的时代。[80]

80 陈尧成，张筱薇:《夏商原始瓷和瓷釉起源研究》，448 页，北京，科学出版社，2009,《中国文明探源工程文集》(经济与技术篇 Ⅰ)。

再后来，尽管我们的先民不了解现代化学的晶体场理论带来的过渡元素化合物呈现不同颜色的原理，但这并不妨碍他们在实践中发明了不同色剂（氧化铜、氧化钴等）的釉料，并且和烧制技术配合，由单色釉发展到多色釉，由釉下彩发展到釉上彩，并逐步发展形成釉下和釉上合绘的五彩、斗彩。[81]

81 徐建中，马海云:《化学简史》，8-9 页，北京，科学出版社，2019。

总之，我们的先民在发明制作陶器的基础上，又通过在不断的实践中充分发挥意识的能动性，掌握了制作瓷器的三个要素，即釉、瓷土（高岭土）和温度（1 100 ℃以上），进而在这个基础上为世界贡献了多姿多彩、用途广泛的中国古代瓷器。

陶器的出现和发明伴随着农业文明的形成和发展，并且作为一个重要因素推动人类社会的生产和生活方式从狩猎、游牧时代进入定居化的农耕时代。陶器除满足人们的生活需要外，还成为生产工具的一部分。但由于陶器自身易碎的缺陷，使它无法承担主要劳动工具的角色。而人类社会是在不断进步的，时代开始呼唤可以承担时代发展的新的材料的出现。于是，在制陶工艺的基础上，冶金术和金属应运而生。

1.2.4 冶金术：农耕文明生产力发展的有力推动者

在新石器时代的晚期，人类已经开始加工和使用金属。不过这些最早被使用的金属是自然界天然存在的单质金属，如单质金、银以及纯铜（红铜）。单质金稀缺且极其稳定，使其成为财富的象征，但它质地太软，很难作为工具使用。在最初的时候，自然界中银的数量比金还少，因此银一度比金还贵重，主要用于制作装饰品以及货币。在石器作为主要工具的时代，人们在捡取石器材料时，偶尔遇到天然铜（红铜），发现它的性质和石料完全不同，它不像石料那么易碎，具有一定的硬度，且易锤延，还能发出灿烂的光泽，人们开始将其加工成装饰品和小器皿。后来人们利用长期用火和制陶的经验，发现红铜可以重铸，即把红铜熔化，再倒入特制的容器，冷却后就得到所需要的各种形状的器物。由于其具有很好的可塑性，虽然也很软，但与金相比要硬很多，因此铜制品开始逐渐变成工具使用。不过，由于红铜硬度不够高、产地有限、产量很少，因此没有取代石器的使用，从而出现了金石并用的时期。[82] 在这个时期，人们在冶金方面主要是物理方面的实践，还没有化学实践。我们的先民显然不会满足于这种完全依靠自然赏赐的局面。

82　徐建中，马海云:《化学简史》，12-13 页，北京，科学出版社，2019。

后来，先民在制陶过程中会碰到一些现象：用作颜料的小块的孔雀石（蓝铜矿，$CuCO_3 \cdot Cu(OH)_2$）由于偶然或有意的情况落入火中会流出少量金属液体，冷却后会形成类似红铜的物质[83]；抑或人们在制陶的过程中，选用的黏土中含有少量的铜矿石，或者是有意将一些矿石（碰巧是铜矿石）放在火中煅烧，也发现会产生金属液体，冷却后也会形成类似红铜的物质。于是，先民想到利用经过实践特别选择的某些矿石可以人工地提炼出金属铜，改变原来只能寻找天然铜的非常受限的局面。先民在制陶实践的基础上，把陶器作为冶炼铜的容器，在容器中放入破碎的矿石，将木炭填进炭炉放在容器的下面，点火燃烧，矿石被还原得到铜，这就是基本的火法炼铜的原理。正是凭借着建立在实践基础上的意识的巨大能动性，人们推开了一扇新的大门，进入了一个广阔的新天地，开启了冶金的新时代。而古代冶金主要是基于化学原理和化学反应的实践，冶金和金属的出现是古代先民在制陶之后又一次伟大的化学实践活动，它为人类提供了更强大的生产工具，为人类的生活提供了新的便利，是农耕文明生产力发展的有力推动者。

83　现在我们知道这是因为孔雀石受热分解，生成的氧化铜和空气中的氢气或者燃烧炉中的 CO 或 C 反应，被还原为铜。

从偶然的原因炼制出最原始的铜发展到大规模冶炼铜、使用铜的鼎盛时期，先民花费几千年的时间，从实践中摸索出了各种不同的方法。[84] 下面我们聚焦火法炼铜，介绍当初我们的先民在没有化学理论做指导的情况下，是如何在实践中不断摸索，通过发挥意识的主观能动性建立起古代火法炼铜工艺，并一步一步完善、发展它的。

84　主要分为两类：火法炼铜和水法炼铜。水法炼铜是后来出现的方法，它出现在人类炼制出铁以后，利用铁置换铜的原理来实现，这里我们不再讨论。

我国古代火法炼铜工艺大致经历了三个不同的阶段。最初的火法炼铜工艺是将铜的氧化矿石直接还原熔炼成铜。如前所述，或许由于偶然的因素，先民发现把用作彩陶颜料的孔雀石放在制陶的炉中焙烧能烧出一种金属，这种金属不仅具有可塑性，而且冷却后很坚硬，还可以重复熔化、塑形、冷却，如果制作成生产工具，要比陶器优越得多。于是，先民设计出专门的炉窑来制造这种金属。由于铜的熔点是 1 083 ℃，而烧制黑陶的温度可以达到 1 050 ℃左右，已非常接近铜的熔点温度，因此基本具备了火法炼铜的温度条件。同时，在烧制黑陶时需要还原条件，先民已经知道利用木炭可以获得这种条件，因此先民也掌握了火法还原炼铜所需的还原条件。于是，先民采用最简单的火法还原熔炼方法，开始了铜的规模化炼制，其基本原理如图 1-26 所示，将铜的氧化矿石（如孔雀石）经过手工选矿后，和燃料一起放入炉窑内，炉窑四周有吹孔可以吹风，利用制陶已经掌握的高温和木炭还原条件进行还原冶炼，最后在容器底部收集冶炼出铜。

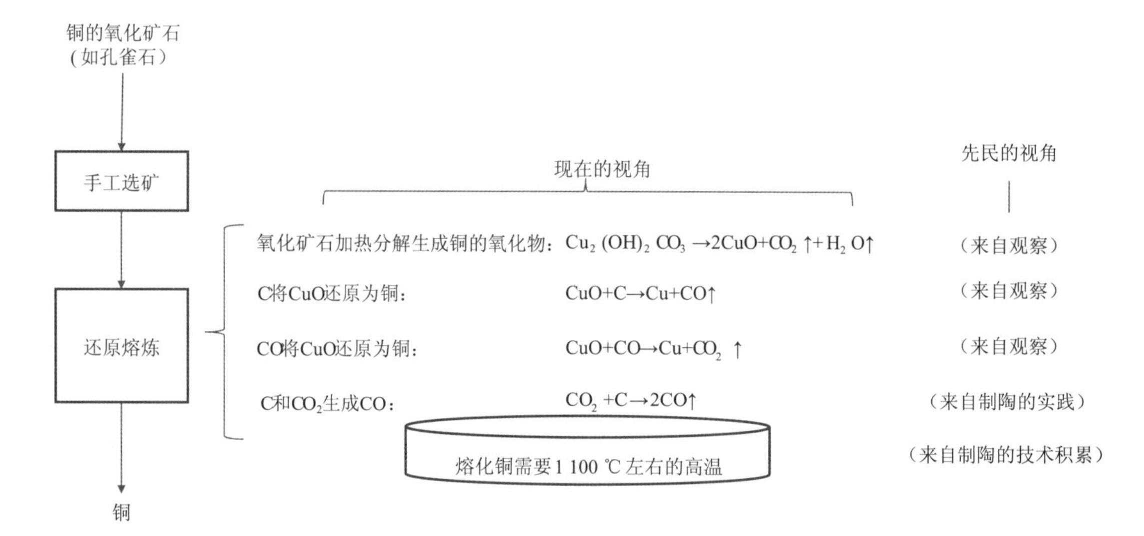

图 1-26　火法还原炼铜方法

氧化矿石直接还原熔炼方法冶炼出人类历史上最早的铜，并在很长一段时间内（1 000 年以上）为先民所采用。不过，这种方法存在先天的不足：不仅黏度大、杂质多，一些高熔点的矿物未熔化，铜液难沉入容器底部，而且沉入容器底部的铜必须在冶炼后通过砸碎容器底部来获得；更受限的是其需要使用铜的氧化矿石，而铜的氧化矿石一般是铜的硫化矿石的次生矿石，其数量远少于铜的硫化矿石，因此随着炼铜规模的扩大，就遇到铜的氧化矿石资源不足的难题。

作为铜的硫化矿石的次生矿石，铜的氧化矿石一般位于铜的硫化矿石的上部，在铜的氧化矿石用完之后，先民自然会注意到下面的硫化矿石（颜色一般不同于氧化矿石）。我们可以想象，先民一定遇到过这样的挫败：把铜的硫化矿石像原来的氧化矿石一样放到容器中进行还原冶炼，结果却得不到希望看到的铜。我们现在知道，自然界中存在最多的铜的硫化矿石是黄铜矿（$CuFeS_2$），它在氧化环境下可以生成孔雀石。根据现在的化学知识，我们知道对黄铜矿采用还原的方法是得不到铜的，必须先做一个氧化的处理。我们的先民不可能具备现在的化学知识，但他们一定锲而不舍地做了很多尝试，终于有一天发现只要先将这样的矿石用火在空气中焙烧[85]（实际上是一个氧化过程），然后把焙烧以后的产物再放到容器中，采用原来还原熔炼的方法就可以炼到铜了。于是，第二种古代火法炼铜方法就产生了，即硫化矿石经过焙烧后再还原熔炼成铜。铜的硫化矿石，以黄铜矿为例，经过焙烧后生成部分氧化物的原理如下：

85　开采出的硫化矿石像小山一样堆积在平地上，周围垒积干柴木炭进行焙烧。

$$2CuFeS_2+O_2 \rightarrow Cu_2S+2FeS+SO_2\uparrow$$

$$2Cu_2S+3O_2 \rightarrow 2Cu_2O+2SO_2\uparrow$$

相比氧化矿石直接还原炼铜，硫化矿石经过焙烧后再还原熔炼铜是一个巨大的进步，先民获得了更多的铜，因为有多得多的矿石资源可利用这种方法熔炼。古代中国社会也逐步进入青铜时代。

从现在的化学知识看，硫化矿石经过焙烧后再还原熔炼铜的方法还存在很大的不足：一是铁化合物没有被分离去除，影响铜的提取；二是只有部分的硫被去除；三是 FeS 中低价的 S^{2+} 潜在的还原性没有被利用。从现在的化学知识看，在古代当时条件下，一个相对理想的化学反应的处理流程应如图 1-27 所示，包括以下步骤：①硫化矿石 $CuFeS_2$ 经高温加热在空气中 O_2 作用下分解为 Cu_2S 和 FeS；②继续高温加热，Cu_2S 和 FeS 分别和空气中的 O_2 作用，分别生成 Cu_2O 和 FeO，在前一个反应中释放出 SO_2 气体，起到部分脱硫的作用；③生成的 Cu_2O 再和原有的 FeS 反应，生成 Cu_2S 和 FeO；④生成的 Cu_2S 和前面生成的 Cu_2O 反应，生成部分的 Cu，释放出 SO_2 气体。为去除上述多个反应中产生的 FeO，在前面反应进行中，可以不断向反应环境中添加 SiO_2（石英），在高温下 FeO 和 SiO_2 反应生成 $FeSiO_3$，在 1 100 ℃左右时，$FeSiO_3$ 处于固体状态，而其他上述的反应物和生成物（包括 Cu）都处于熔融状态，固体的 $FeSiO_3$ 较轻，会悬浮在其他熔融的液体之上，这样可以把 $FeSiO_3$ 分离去除，实现去除 Fe 的杂质的目的；⑤考虑到上述②～④过程中，相关反应不可能一次性完成，需要把图中虚线框内的过程重复多次；⑥把去除铁、硫成分以后的熔融产物冷却后，在还原环境下充分还原，从而生成纯度高的 Cu。

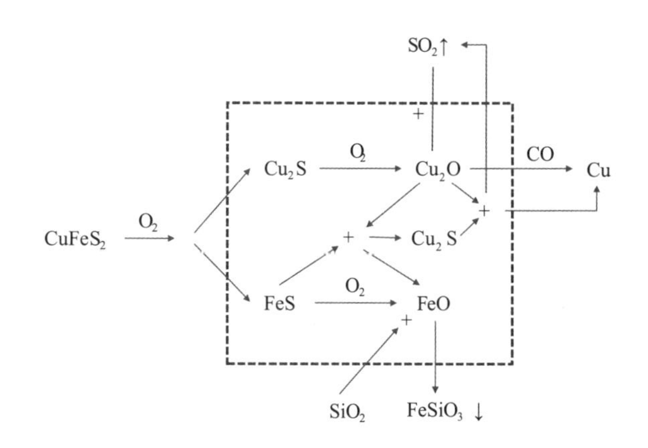

图 1-27 硫化矿石炼铜的相对理想的化学反应的处理流程

即使从现在的角度看，上面过程所涉及的反应也还是有一定的复杂度的。令我们震惊的是，虽然没有化学理论做指导，但经过不断的实践和摸索，我们的先民竟然创造出了和上面设想过程惊人符合的硫化矿石炼铜方法：①硫化矿石经焙烧，脱出部分硫，加入石英，通过分离熔融液体上面的固体渣体去除铁的成分，以上输出的熔融物质称为冰铜；②把冷却后的冰铜重复以上的过程，冰铜中铜的氧化物的含量越来越高；③当重复多次以后，冰铜中铜的氧化物含量足够高时，把冰铜最后一次焙烧并保持还原环境，冰铜中铜的氧化物被充分还原为铜，得到纯度很高的铜。我们现在无法还原先民的具体探索过程，只能感叹先民所表现出的在物质和实践基础上的意识的巨大能动性。

其实，先民在发明铜的冶炼过程中，还进行了另一项化学实践，那就是合金技术的实践。由于铜的矿石多是和其他金属的矿石共生的，除前面提到的铁外，常见的还有锡、铅等。我们现在知道，锡、铅尽管是金属元素，但在元素周期表中属于 p 区元素中的碳族元素，它们的单质和化合物的熔点一般都低于铜和铜的化合物[86]，如果不做特别的处理，锡、铅会有一部分存在于最后生成的金属铜中。而当金属铜中含有不同比例的锡、铅时，就会形成不同性能的合金。在开始的时候，形成的铜、锡、铅等金属的合金是被动的产物。先民可能发现不同地方的硫化矿石炼出的金属铜在质地上会有差异，可以根据这些差异生产不同的生产工具或武器。同时，先民通过观察，注意到在炼制铜的高温环境中，有一些挥发的气体在炉窑冷却后会形成一些金属状固体附着在炉壁上，这些金属具有和金属铜不一样的性质，于是他们猜测不同矿石炼出的金属铜在质地上的差异可能就是由金属铜含有这种挥发出的金属多少的不同引起的。于是，先民开始化被动为主动，想办法把焙烧过程中挥发出的锡和铅金属收集起来，在炼制出高精度的金属铜以后，再按不同比

86 铅和锡的熔点一般在 1 000 ℃以下，而铜和铜的化合物的熔点一般在 1 000 ℃以上。

例加入锡和铅中的一种或两种，观察生成的金属混合物的质地。为了铸造各式各样的青铜器，通过长期的、反复的实验，我们的先民总结出了许多经验配方，《周礼・考工记》中的“六齐”记载了中国古代配制各类青铜合金的铜锡比例，也是世界上最早的合金配制记录。

合金的本质需要用现代化学中的金属晶体场理论才能解释。锡和铅作为 p 区元素中的碳族元素，当和过渡区金属元素铜按不同比例混合时，会形成不同的金属晶体结构，造成它们在物理和化学性能上的差异，这是合金的本质。我们的先民不可能了解金属晶体场理论，但他们通过反复的实践和总结，充分发挥意识的主观能动性，创造了在金属认识和应用上的又一个神奇。

从技术角度看，炼铜是人类进入青铜时代的关键。铜器是人类第一次采用化学的方法，将天然的矿石熔化，并铸造出的器具。铜器坚韧、可随意成型、损坏后仍可回炉重铸，具有石器所不可比拟的优越性。冶铜术的发明及青铜器的制作和使用是人类一项伟大的发明创造，也是科学技术发展史上一个重要的里程碑。当我们通过现代化学的视角，结合古代的条件，去透视古代炼铜过程时，我们会发现这一技术的宏伟和壮观、惊奇和绝妙。在没有化学理论做指导的情况下，先民通过几千年的不断摸索和选择、实验和观察、总结和完善，发展出了一系列的炼铜方法，这些无不浸透着古代文明的历史文化信息，折射出人类的智慧和伟大。

古代化学实践在冶金方面的另一个高峰是铁的冶炼。关于铁及铁器对于人类社会的贡献，恩格斯指出：“铁已经为人类服务，这是在历史上起了革命作用的各种原料当中的最后者和最重要者。铁器使广大面积的田野耕作，开垦广大的森林地域，成为可能；它给了手工业者以坚牢而锐利的器具，不论任何石头或当时所知道的任何金属，没有一种能与之相抗。”[87]

87　恩格斯：《家庭、私有制和国家的起源》，156 页，北京，人民出版社，1972。

人类最早对铁的认识来自陨石中的铁（陨铁）。但陨石来源稀少，从陨石中得到的铁对人类的生产活动并没有太大的作用。世界上人工冶炼铁的技术最早发现于中亚。虽然中国古代的冶铁技术不是最早的，却是最强的。从世界范围看，除中国外，其他地域只有一条技术路线，即长期采用固体还原的块炼铁和固体渗碳钢。只有中国采用了两条技术路线，除上述的块炼铁和固体渗碳钢外，还有更加先进的铸铁和生铁炼钢法。因此，在明代以前，中国的冶金技术一直居世界先进水平。[88] 下面简要介绍中国古代对铁的认识以及冶铁技术。

88　徐建中，马海云：《化学简史》，21 页，北京，科学出版社，2019。

如图 1-28 所示，我国的古人在 3 300 多年前就认识了铁，主要依据是一件出土的商代铁刃铜钺。[89] 经鉴定，其所用的铁来自陨石，说明当时的古人已经识别了铁与青铜在性质上的差别，掌握了一些铁的锻造技术，从而把铁铸在铜兵器的刃部，以增强尖利性和硬度。至迟在春秋晚期，即公元前 6 世纪末，我国古代劳动人民创造了在较低温度（800~1 000 ℃）下用木炭还原铁矿石的办法，得到质地疏松的海绵状的铁块，经过锻造，夹进一些夹杂物（主要为氧化亚铁（FeO）和氧化亚铁-硅酸盐（$FeO \cdot SiO_2$）)，生成的铁块称为“块炼铁”。

89 考虑到时代不再那么久远，以下开始把我们的先人（或先民）称为古人。

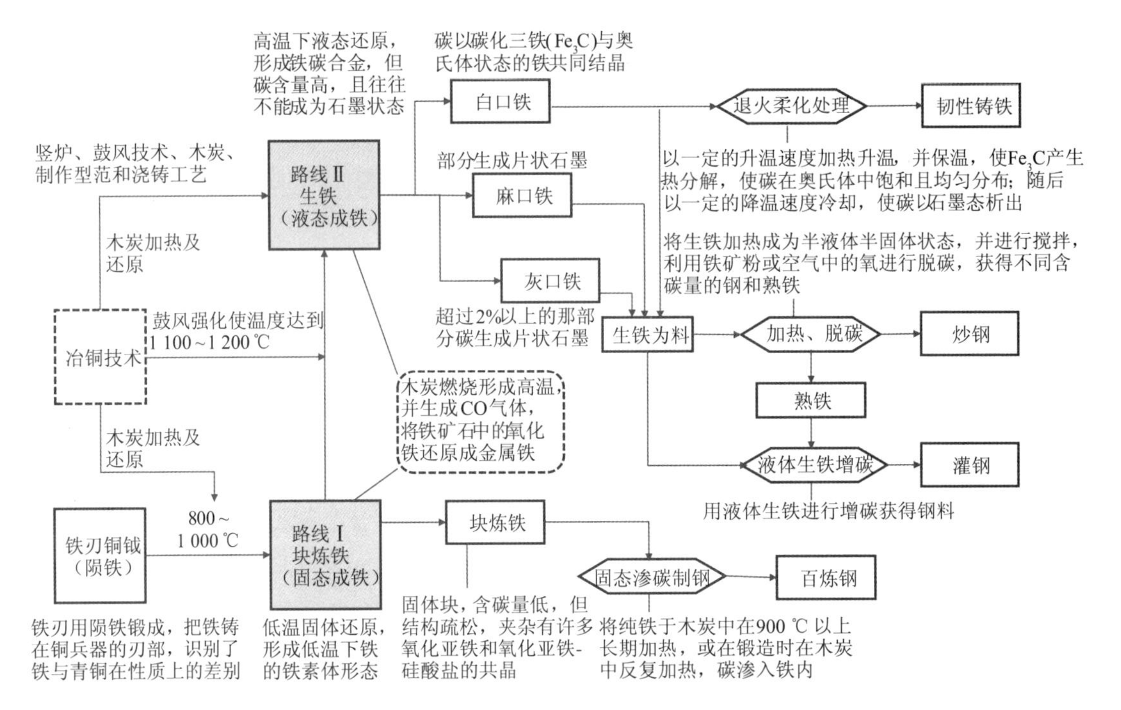

图 1-28 中国古代的冶铁技术

掌握块炼铁技术不久，在战国初期或稍早一些，我国的古人就创造了液态成铁的生铁冶炼技术，它在 1 150~1 300 ℃的条件下炼制。生铁出炉的时候呈液态，可以连续生产、浇铸成型，非金属杂质少，质地比较硬，使冶炼和生产效率以及产品的产量和质量都大为提高，从块炼铁到生铁是炼铁技术上的一次飞跃。这项技术我国较世界其他地区早了上千年。欧洲直到公元 14 世纪才炼出了生铁。而我国古代，冶铁技术一经发明，很快就出现了生铁，使我国的冶铁技术后来居上。[90]

90 自然科学史研究所：《中国古代科技成就》，491 页，北京，中国青年出版社，1978。

从现代化学的角度看，利用还原法从铁的氧化物中还原出铁的基本反应是相似的，具体如下：

$$2C+O_2 \rightarrow 2CO$$

$$3Fe_2O_3+CO \rightarrow 2Fe_3O_4+CO_2$$

$$Fe_3O_4+CO \rightarrow 3FeO+CO_2$$

$$FeO+CO \rightarrow Fe+CO_2$$

$$2FeO+C \rightarrow 2Fe+CO_2$$

生成块炼铁还是生成生铁主要取决于炼制时温度的不同导致形成的铁的晶体结构和形态的不同，由此带来两种铁属性的不同。

在温度较低的时候，如 800~1 000 ℃时，铁的氧化物在低温下经固体还原，生成的是铁素体形态，含碳量低，但由于夹杂有许多氧化亚铁和氧化亚铁-硅酸盐的共晶，因此结构疏松，这就是块炼铁。对应地，由于块炼铁是没有熔化的铁块，矿石中其他未还原的氧化物和杂质不能除去，只能趁热锻打挤出一部分或大部分，仍然有较多的大块夹杂物留在铁里。这种块炼铁由于冶炼温度不高，化学反应速率较慢，加之取出固体产品需要扒炉，所以费时费力、产量低，而且很不灵活。

而当温度较高时，如 1 000~1 300 ℃时，则生成铁的另外的晶体结构和形态。一般古代更高的温度是通过加碳和鼓风获得的，在升温的同时，更多的碳进入铁的生成物中，本来块炼铁含碳量极低，接近于纯铁，质地柔软易于锻造，渗碳超过 2%以后，就引起了质变，从而得到了另一种产品——生铁，即铁碳合金，其碳含量高，而且往往不能成为石墨状态。不仅如此，由于铁的熔点还会随着它的含碳量变化而变化，因此含碳量高就使生铁的熔点比含碳很低的块炼铁低得多，最低达 1 146 ℃，加之原料中其他一些元素被还原进入铁中，使生铁的熔点进一步降低。因此，这时得到的生铁成液体状态，制器时可以使用模具浇铸成型。相比块炼铁冶铁，生铁冶铁不仅产量更高、质地更加坚硬，而且方便各种工具和用具的铸型生产。

我国古人在同时代能独树一帜地制造出生铁，主要得益于我国古代在领先的冶铜技术上获得的技术优势和积累，包括竖炉、鼓风技术、木炭、制作型范和浇铸工艺等。我国战国时期显然已经采用了鼓风的竖炉，这很可能是炼铜鼓风炉的演变和发展，进而不仅能炼出液态生铁，而且可以达到顺利浇铸的温度。而且我国很早就有了比较强的鼓风系统，使用了多橐鼓风，后来又发明了用水力推动的排橐。

根据现代化学金属晶体场理论，生铁凝固时石墨的析出与生铁的成分及冷却速度有关。当冷却速度快时，铁中的碳生成渗碳体，以碳化三铁（Fe_3C）与奥氏体状态的铁共同结晶，性脆而硬，这就是白口铁，白口铁耐磨，适于制造犁铧之类的农具。当生铁中含碳、硅量较高或冷却速度较慢时，在共晶温度凝固过程中，超过

2%以上的那部分碳生成片状石墨，不生成渗碳体，这时的铁称为灰口铁，灰口铁硬度比白口铁低，脆性较小，具有良好的耐磨性和润滑性以及消减机件本身振动的消振能力，其耐腐蚀性也高于一般钢铁，因此可以制造需要具有承载能力、润滑性和耐磨性的轴承。而同时具有灰口和白口组织的生铁称为麻口铁，麻口铁中的碳既以渗碳体形式存在，又以石墨状态存在，它是介于白口铁和灰口铁之间的一种铸铁。

针对白口铁易脆断的缺陷，古人还发明了柔性铸铁技术，以提高铁的韧性，即以一定的升温速度加热升温，并保温，使 Fe_3C 产生热分解，使碳在奥氏体中饱和且均匀分布，随后以一定的降温速度冷却，使碳以石墨态析出。这种展性铸铁，在我国战国中晚期已被广泛用于农具、兵器，对于战国和秦汉时期生产力的发展起到了重要作用。

在铁的基础上，古人还对钢进行了冶炼实践。按照现在的标准，钢的含碳量介于 0.02%~2.0%。在块炼铁的基础上，古人发明了固态渗碳制钢的工艺，即将纯铁于木炭中在 900 ℃以上长期加热，或在锻造时在木炭中反复加热，碳渗入铁内成为钢，这种钢称为百炼钢。而如果以生铁为原料，进行加热、脱碳，即将生铁加热成为半液体半固体状态，并进行搅拌，利用铁矿粉或空气中的氧进行脱碳，获得不同含碳量的钢和熟铁，得到的钢称为炒钢。后来，为了克服炒钢中含碳量不易控制的困难，古人开始把生铁先炒成熟铁，然后用液体生铁进行增碳，以获得钢料，这种钢称为灌钢。

总之，尽管没有现代的化学理论做指导，我国劳动人民通过反复的实践、不断的探索和总结，形成了种类比较齐全的中国古代各种炼铁、炼钢方法，体现了高度的意识的主观能动性，所创造出来的超乎同时代其他文明的高超的冶金技术使中国在封建社会阶段长期处于世界生产力发展的领先地位。

1.2.5 造纸术：人类文明成果传播的承载者

造纸术是我国“四大发明”之一，是我国劳动人民对人类文明的巨大贡献。在没有纸以前，我国古代的记事材料曾是龟甲、兽骨、金石、竹简、丝帛等。而造纸术是书写材料的一次重大革命。它具有上述其他书写材料所无法比拟的优势：书写简便，易存放，材料易得，可以大量生产和普及使用，成本不高。造纸术的出现，使人类知识的传播方式和传播速度都出现了质的改变。从此，造纸术所生产的纸张成为人类文明成果传播的最大承载者，为人类文明的进步发挥了不可替代的作用。同样，中国古代造纸术也是一次改变人类文明进程的化学实践活动。

下面我们从化学的视角，对中国古代造纸术的产生、生产和发展进行介绍，说明在很大程度上中国古代造纸术同样是我国劳动人民在实践的基础上，充分发挥意识的能动性所完成的又一项意义重大的古代化学实践活动。

在现代视角下对纸的定义，即纸是将植物纤维经人工采用物理和化学方法提纯、分散、细纤维化，经滤水粘结成湿纤维层，再经过干燥后形成的具有一定强度的靠氢键结合成的薄片。

根据纸的现代视角下的定义可以看出，纸中关键的角色是植物纤维，这是由植物纤维的化学和物理特性决定的。根据现代化学知识，植物纤维主要包括纤维素、半纤维素和木素三种主要组成成分，它们都是地球上最古老的天然高分子化合物，是自然界中最丰富的可再生资源。纤维素和半纤维素皆由碳水化合物组成，木素则为芳香族化合物，它们又被称为细胞壁结构性物质。[91] 纤维素是不溶于水的均一聚糖，它是由 D-葡萄糖基构成的线性高分子化合物。天然状态下，木材的纤维素分子链长度约为 5 000 nm，相应的约包含 1 万个葡萄糖基，即平均聚合度约为 10 000。纸张之所以能被书写液体书写或印刷，主要是利用了纤维素的吸水特性。纤维素中含有部分的游离羟基，由于羟基是极性基团，易于吸附极性水分子，并与吸附的水分子形成氢键，于是首先进入纤维素的水就与纤维素中的游离羟基形成氢键，成为结合水，结合水吸着力强，使纤维素发生润胀；当纤维素吸水形成的结合水达到饱和点后，水分子继续进入纤维素的细胞腔和空隙中，形成的吸附水称为游离水。结合水具有化学吸附性能，而游离水具有物理吸附性能。[92] 这样，调整纸张的吸水性能，就可以形成不同的书写或印刷效果，也就是形成各类的纸。半纤维素是由两种或两种以上单糖构成的不均一聚糖，聚合度低（100~200），吸水性低于纤维素。而木素含有多种官能团，不仅对于纸张的书写不利，而且它的存在还会引起纤维素硬化，破坏纤维素的书写性能。因此，从成分看，纤维素是植物纤维在造纸过程中最需要保留下来的成分，半纤维素是尽量要保留下来的成分，而木素则是需要去除的成分。

同时，从结构看，在植物纤维中，木素通过多种化学键将纤维素和半纤维素连接构成木素碳水化合物复合体，从而形成一个牢固的结构，因此木素是植物中植物纤维的连接构件。这样，从成分和结构分析，我们就不难得到利用植物纤维造纸的三个主要目标：①打破原有由木素连接固定的木素碳水化合物复合体，使植物纤维

91　裴继诚：《植物化学纤维》（第 5 版），3 页，北京，中国轻工业出版社，2020。

92　裴继诚：《植物化学纤维》（第 5 版），168 页，北京，中国轻工业出版社，2020。

中的纤维素、半纤维素、木素分离；②最大限度地保留纤维素，尽可能保留半纤维素，去除木素；③增加纤维素的纤维化和分丝帚化，使新生成的纤维素大小和聚合度适中，且分布均匀，具有和要求匹配的吸水性以及颜色等性能。

尽管中国古代造纸术不是也不可能是在现代化学理论指导下设计的，但我们站在现代化学的角度，却可以更好地理解中国古代造纸术的产生、生产和发展过程，我们也由此不得不感叹我国劳动人民在造纸术上来自实践的高度智慧和意识的巨大能动性。

下面我们从现代化学的角度，介绍东汉蔡伦发明的造纸术。在蔡伦发明造纸术之前，主要以蚕丝纺织品、竹筒、木牍等作为书写材料。显然，蚕丝纺织品过于昂贵，竹筒、木牍的制造和使用很不方便。蔡伦造纸术中使用的树皮、麻头、敝布、渔网等材料可以方便获取，且价格低廉，它们的一个共同点是都是与麻相关的材料。[93]我们现在无从考究是什么具体原因使蔡伦想到使用这些材料来造纸，但一个事实是在东汉之前可能已经存在由麻造纸的实践[94]，但因为麻过贵，或许这促使蔡伦想到利用废旧的麻制品来造纸，变废为宝。从前面的介绍，我们已经知道，树皮、麻头、敝布、渔网等材料尽管都含有植物纤维造纸所需要的纤维素，但这些纤维素（以及半纤维素）都被木素固定为牢固的细胞壁结构，不是独立存在的。如果不进行充分的加工，在造纸中是无法被利用的。蔡伦造纸的伟大之处是尽管没有现在的化学理论做指导，但经过实践形成了一套初步有效的处理过程，完成了现在看来围绕植物纤维中纤维素的分离、细纤维化、均匀交织、吸湿及解吸等初步而原始的处理，从而造出了纸。

93 那个时期的衣服、渔网都是由麻编织而成。

94 加工而来的一种书写材料，因为处理太粗糙，还不能称作纸。

如图 1-29 所示，蔡伦所发明的造纸术大致分为以下 11 个步骤[95]。①～③是原料的机械预处理，包括浸湿、切碎、洗涤，即把收集到的树皮、麻头、敝布、渔网等材料在清水中浸泡，使麻纤维润胀松散；随后用斧切成小块；再将切碎后的物料在清水中洗涤。④和⑤是关键的化学处理过程，即将麻料放入碱性的草木灰水中浸泡，再加热蒸煮，在上述过程中生成成团的絮状物悬浮在热碱水中，捞出蒸煮过的麻料和悬浮的絮状物进入下面的舂捣环节。按照现代化学理论的解释，在碱性和加热条件下，一部分构成麻料细胞细胞壁的木素碳水化合物复合体解体，即一部分的纤维素、半纤维素与木素分离，分离的木素溶解于热碱水中，而分离的纤维素、半纤维素不溶解，悬浮在热碱水中，所以生成的悬浮的絮状物实际上是纤维素和半纤维素。⑥和⑦是将蒸煮过的麻料连同悬浮的絮状物在石臼中舂捣，至捣碎为止；然后再次洗涤。按照现代的观点，舂捣可以改

95 潘吉星：《从出土古纸的模拟实验看汉代造麻纸技术——中国古代造纸技术史专题研究之四》，《文物》，1977 年 1 期。

善纤维素结构，使被碱水腐蚀过的麻料纤维被轧短、分散、分丝，有利于纸的形成，而洗涤可以起到净化纤维素的作用。⑧和⑨是打浆和抄纸过程。打浆是将上面经舂捣和清洗得到的棉絮状纤维物质放入槽中，加入清水，用棍棒搅拌，使纤维分散并漂浮起来，得到稠度适当的悬浮液，即纸浆。抄纸是将纸模放在纸浆上，向纸模中浇注纸浆，使纤维均匀分布，然后提模滤水，就形成一张湿纸。按照现代的观点，打浆和抄纸的过程就是让纤维素均匀分布、充分吸水（吸湿）的过程。⑩是晒纸，即把纸模上的湿纸拿到阳光下晾晒。⑪是揭纸，即纸张干透后，从纸模上揭下。按照现代的观点，晒纸实际上是将纤维素去水（解吸）的过程，从而在纤维素中留下大量的游离的羟基，这些羟基遇到水会立刻通过氢键形成结合水，结合水吸着力强，使纤维素发生润胀，这就是书写液体（如墨汁）在纸上书写瞬间留下字迹的主要原因。

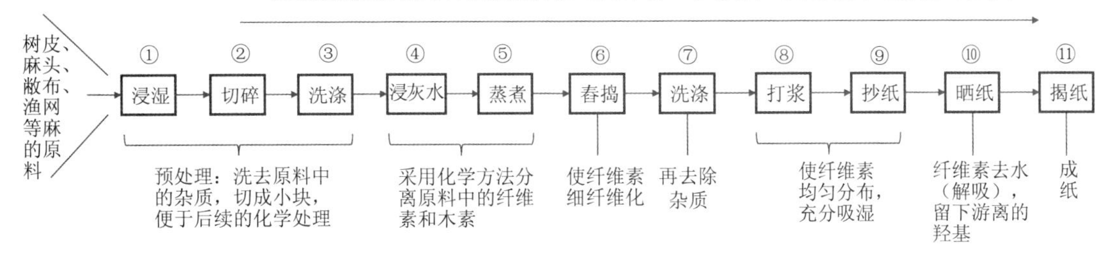

图 1-29　蔡伦所发明的造纸术流程分析

蔡伦在造纸术中的创新主要有两点：一是选择了树皮、麻头、敝布、渔网等废旧材料作为造纸的原料，除树皮外，这些原料都是麻制品，而且中国人早有从“漂絮”中获取纤维形成毡状薄片的经验，因此想到利用含麻的原料获得造纸所需的纤维的“漂絮”也就不意外了；二是发明了用碱性灰水浸泡、蒸煮原料，分离造纸所需的纤维和其他无用成分的方法，这可能来自所观察到的实践活动，很可能是用的敝布、渔网等原料都曾经过多次在碱水中的洗涤，其中仍混有洗涤用的草木灰而具有碱性，结果发现从这些具有碱性的敝布、渔网更容易获得造纸用的纤维，而且在加温、蒸煮时得到的纤维更多，于是产生了将原料全部用草木灰水浸泡、蒸煮的想法，尽管蔡伦当时并不可能知道其中的化学原理，即将组成原料的植物细胞壁成分分解，也就是将纤维素、半纤维素与固定它们的木素分开，并且分离出的木素溶于碱水，而纤维素、半纤维素不溶于碱水而成絮状物悬浮其中，但来自实践的观察、总结和大胆尝试使蔡伦找到了一种相对有效的处理方法。

从蔡伦发明的造纸术中，我们同样看到实践基础上的意识的能动性的巨大力量。而且在蔡伦之后，我国劳动人民在实践中不断发挥意识的能动作用，持续改进造纸技术和工艺，使我国古代的造纸术在世界上长时间处于领先的地位。

1.2.6 玻璃：推动近代科技进步的隐形人

在古代，尽管没有现代的化学理论做指导，但由于人的意识的能动作用，在化学实践方面取得了不少令人赞叹的成绩，在古代中国是这样，在世界上其他地区也是这样。前面我们主要介绍了古代中国在化学实践上的一些伟大成就，下面我们介绍一项古代中国之外其他地区在化学实践上的突出成就，这就是玻璃和玻璃制造方法。

就直接对生产力所产生的推动作用而言，玻璃和陶器、青铜、铁器等新材料无法相提并论。但在近代，玻璃在推动近现代科学学科，如天文学、物理、化学、生物学方面的作用却是直接和巨大的，玻璃通过对近现代天文学、物理、化学、生物学学科的贡献，对近现代生产力的进步发挥了关键性作用。如图 1-30 所示，按照现代的观点，玻璃是这样一种特殊材料：由玻璃原料经过加热、熔融、快速冷却形成的无定形的非液态固体。光学性质是玻璃最重要的物理性质，光线照射到玻璃表面，可以产生透射、反射、折射和吸收等效应。将玻璃制作成不同形状，可以得到凸透镜、凹透镜、棱镜等不同性质的光学器件。利用凸透镜人们制造出了光学望远镜、光学显微镜等光学仪器。光学望远镜促进了近代天文学和日心说的产生，近代天文学和日心说又成为推动牛顿力学和万有引力定律产生的重要因素。光学显微镜的产生使人们能直观观察生物组织、细菌和微生物等，促进了近代生物学的发展。在近代物理学方面，光学器件促进了传统光学的发展，解释了较为复杂的成像原理和过程，还利用棱镜的折射效应发现了可见光的七色组成。在近代化学方面，早期的化学反应都是靠肉眼观测，由于玻璃器皿的透明度高，有利于观察，加工也比较容易，同时还有耐腐蚀的优点，因此早期化学实验的器皿基本都是玻璃器皿，没有玻璃也就没有近代化学。近代物理学、近代化学、近代生物学和近代天文学大大推动了近代自然科学和生产力的发展。从这个意义讲，玻璃是推动近现代科技进步的隐形人。近代的玻璃制作是在古代玻璃认识和制作的基础上发展而来的。寻根溯源，下面我们对古代玻璃的发现、制造和到近代的发展做一些介绍。

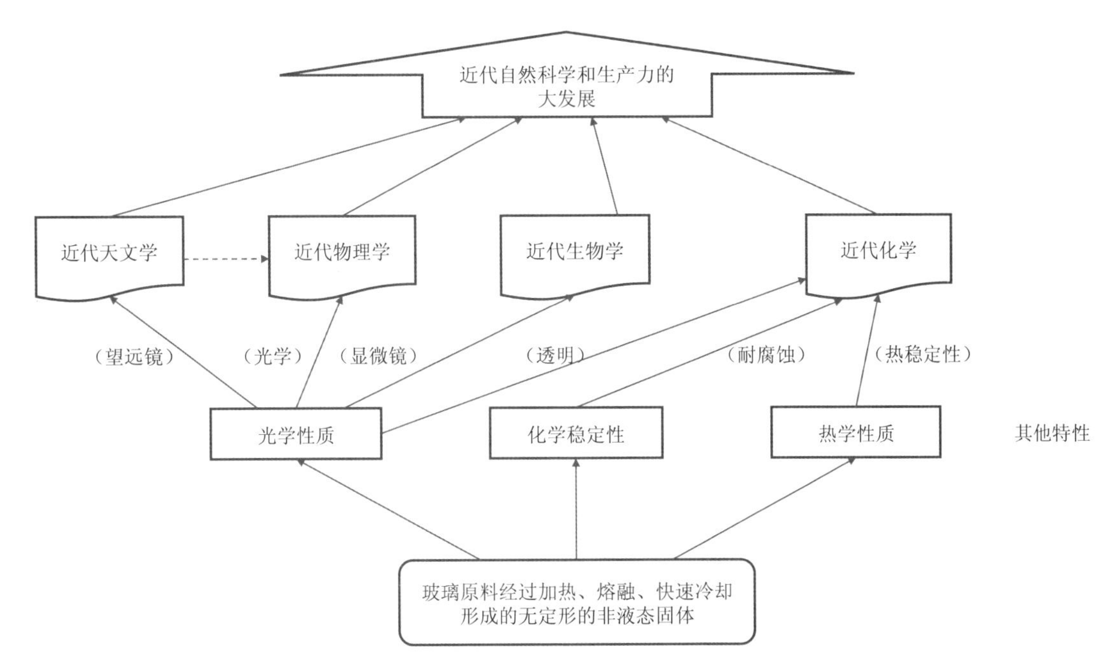

图 1-30　玻璃在推动近现代科学学科进步上的贡献

现在发现的世界上最早的玻璃器来自两河流域或西亚一带，大约在公元前 3500 年，稍晚一些时候又在埃及出现了玻璃。约公元前 3 世纪至公元 2 世纪，在埃及和其他罗马的属地都有万花、千花玻璃的制作。约公元前 50—前 25 年，在叙利亚最早发明了吹玻璃，吹玻璃的发明是世界玻璃史上重大的转折点。原来玻璃器是相当珍贵的奢侈品，甚至可与金子相比拟，为皇家与贵族所享用，吹玻璃技术的发明使玻璃的大规模生产成为可能。由于玻璃器特别薄、质量轻，便于长途运输，故开始走向实用，并迅速向世界各地传播。罗马时期是世界玻璃史上最兴旺发达的时期，这一时期大部分的玻璃器已经成为日常生活用品。随着罗马帝国的衰落，玻璃制造的中心东移至伊斯兰国家。中世纪欧洲的玻璃技法大多来自阿拉伯。10—11 世纪，北欧地区的玻璃技术出现了重大变革，取自木炭的氢氧化钾取代了来自鹅卵石和草木灰的碳酸钠，成为玻璃的主要原料。在欧洲，这些含有不同金属及氧化物的有色玻璃开始在建筑中大量使用，利用彩色透明玻璃点缀合成的彩色玻璃窗成为教堂建筑物的重要组成部分。玻璃制作技术和工艺在欧洲和美洲又迅速地传播开来。

玻璃是人类创造的又一种特殊材料。从大量的中世纪以前的西方古代玻璃的成分分析结果看，西起英国，东到波斯，全部属于纯碱-石灰-硅（Na_2CO_3•$CaCO_3$•SiO_2）类型的玻璃，尽管西方后来的玻璃制作中以氢氧化钾取代碳酸钠，两种方法制作玻璃的原理基本相同。如图 1-31 所示，下面我们仍以纯碱-石灰-硅类型的玻璃为代表，介绍玻璃制作过程中的化学原理。

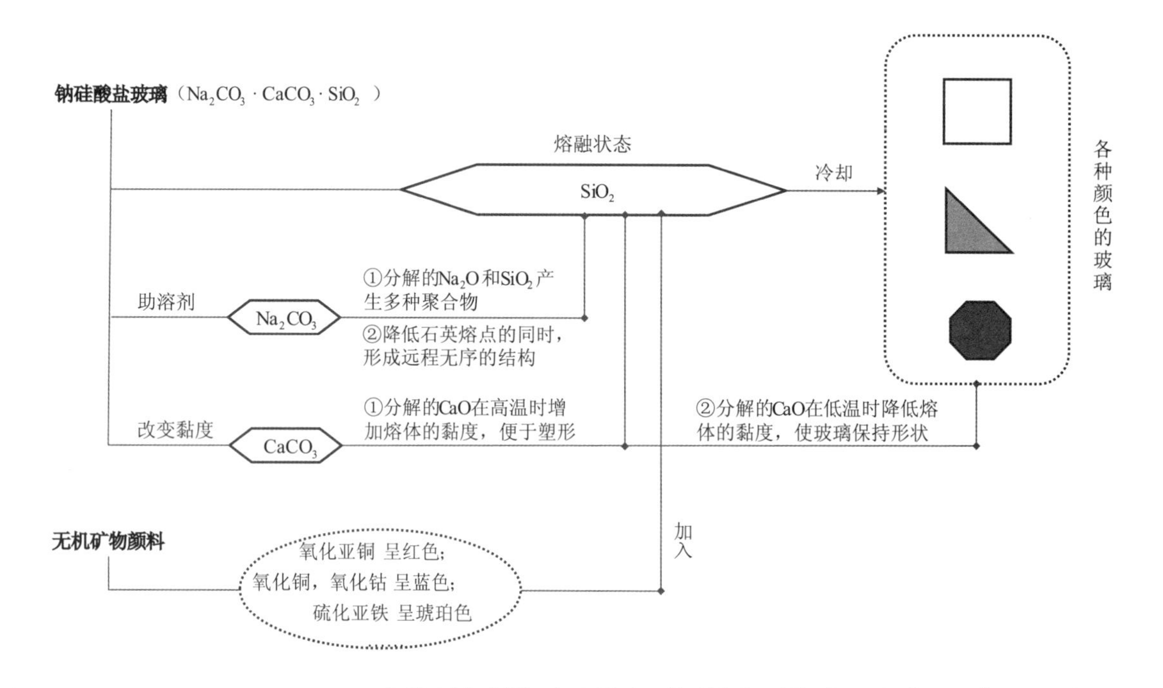

图 1-31　玻璃制作过程中的基本化学原理

古代西方制作玻璃的主要原料为石英砂、纯碱和石灰石。从现代化学的角度看，单纯的石英玻璃的生成温度在 1 150 ℃左右，但如果在石英中混入纯碱（Na_2CO_3），纯碱可以起到助溶剂的作用，使混合熔体成为玻璃体的转变温度大大降低，这是因为纯碱受热分解出的 Na_2O 和 SiO_2 可以产生多种聚合物，这些聚合物同时并存而不是某一种独存，这也就是现在所说的玻璃熔体近程有序、远程无序的实质。[96] 现在我们很难推测，是什么原因促使古人想到了这种利用现代化学知识可以解释的反应原理。不过想到在古代作为纯碱来源的鹅卵石和草木灰是非常常见和容易获取的原料，或许在实践中偶然的机会使古人观察到如果在石英砂中加入鹅卵石或者草木灰，在烧制石英砂时会比较容易获取一种熔体，并且在熔体冷却后获得玻璃质物质，由此把这种方式固定了下来。古代制作玻璃器皿时还会碰到另一个实际问题，那就是需要把熔炼后获得的玻璃熔体在高温时塑成所需要的形状，并排出在加热过程中在熔体中生成的气泡，如果玻璃熔体黏度太大，就不易进行塑形加工，而气泡会大大影响生成的玻璃的质量。于是，古人在实践中又发现如果在熔融石英砂、纯碱时，在其中加入一些石灰石，就可以减小高温下玻璃熔体的黏度，不仅便于塑形，还有利于熔体内气泡的排出。现在我

96　刘剑虹，杨涵崧，张晓红，王超会:《无机非金属材料科学基础》，90 页，北京，中国建材工业出版社，2008。

们知道，这是由于石灰石在加热时分解出 CaO,CaO 在高温，且含量低于 10%~12%时，可使玻璃熔体的黏度降低；并且 CaO 在低温时又能增加熔体的黏度，而这恰恰有利于冷却后形成的玻璃保持形状。另外，由于古代原料的纯度不高，原料中本身还可能含有一些过渡元素（如铁、铜等）的氧化物，这些过渡元素的氧化物可以和玻璃熔体形成某些配合体，呈现出不同的颜色。因此，古代熔融得到的玻璃一般都是有色玻璃。后来，人们又在实践中发现了其他一些无机矿物颜料，开始有意识地根据自己的需要加入玻璃产品中，从而造出了各种五颜六色、色彩斑斓的玻璃产品。

从以上的过程可以看出，玻璃也是西方的古人在实践的基础上，不断发挥意识的能动性而创造出的一种新材料。玻璃很早被制造出来，玻璃的制作方法和工艺也在长期的实践过程中不断得到改进。到了近代，除作为艺术品、生活用品外，利用玻璃制作的玻璃器件、玻璃器皿在近代自然科学的发展中发挥了重要的作用。

不过，这里有一个有意思的现象。制作玻璃和制作陶瓷在技术上有很大的相似处。单纯从技术难度看，中国古代不仅制作出了各种精美的陶瓷，而且在冶铜、冶铁方面都发明了更为复杂的技术工艺，在所需温度方面更是没有难度，因此完全具有生产出大量玻璃器皿的技术条件。现实却是另外一个结果，我国古代的玻璃制造很不发达。直到公元前 300 年周朝末期，我国才开始出现玻璃制品，到汉代才开始出现制作玻璃的作坊。“玻璃”一词还是舶来语，大概出现于南宋。一直到清朝，西方玻璃制作工艺和大量玻璃器皿才随着西方传教士一并进入了中国，玻璃真正在我国民间普及则到了清朝末期。

是什么原因造成中国古代在陶瓷、冶铜、冶铁方面很发达，而在玻璃发展上相对落后、乏善可陈呢？一种观点认为，这体现了世界各个文明在发展上的差异，而这种差异可能又来自各个文明在自然条件、审美、实用性等方面的差异。首先，在自然条件方面，制造玻璃所需要的石英砂、纯碱和石灰石在西方相对容易获得，因为在古代西方有更多的沙地，相对来说，在古代西方却缺少制造陶瓷的瓷土（高岭土）资源；而中国古代则相反，制造玻璃所需要的石英砂、纯碱和石灰石并不充裕，特别是考虑到它们往往还是制造陶瓷、冶铜、冶铁乃至造纸的原料，这就造成中国古代在钠钙玻璃体系制造原料方面比较缺乏，相反陶瓷原料——高岭土资源丰富，自然条件带来的资源的可获得性是古代西方和中国分别长于玻璃和陶瓷的直接原因。其次，玻璃原料上富足与缺乏的不同又带来了古代西方和古代中国在玻璃制造路线上的不同，古代西方采用的是钠钙玻璃体系，而古代中国烧制玻璃采用的是铅钡玻璃体系，相比前一种玻璃，后一种玻璃质地易脆、不耐高温、通透性也差。这种玻璃和古代中国长于制作的陶瓷相比，精美、温润的陶瓷更符合中国古人的审美习惯；在实用性上，陶瓷也是更胜一筹。由此，就大大压缩了中国古代玻璃的发展空间。

在前面的几个小节中，我们分别介绍了古代中国和古代西方在化学实践方面的一些突出成就。从这些重大成就中，我们感受到无论是古代中国还是古代西方的先人，他们为改造自然、发展自我，在实践基础上都发挥出了意识的巨大能动作用，这些作用成为推动人类文明不断向前发展的巨大动力。而进入 15 世纪以后，随着欧洲文艺复兴运动的兴起，近现代的自然科学理论开始建立。相比古代的化学实践，近代化学理论开始建立并完善。理论的出现，使意识的能动性从感性认识阶段上升到理性认识阶段，尽管这些理论多来自实践经验的总结归纳和对与化学相关的物质结构及反应实质的推想，还不能像现代化学理论那样以演绎的方法从原子结构出发从根本上解释化学键和化学反应的实质问题，但近代化学理论毕竟实现了化学理论从 0 到 1 的突破，由此显示出意识的更大的能动性。

1.2.7 近代化学理论的创立成就了 19 世纪工业大发展的支柱产业

由于近代化学的兴起和发展主要在西方，所以我们这里主要围绕西方的情况展开讨论。中世纪的欧洲由于受到基督教会经院哲学的压制，自然科学发展非常缓慢。在化学实践方面，主要是围绕炼金术开展。

在制陶、染色、酿酒、冶金等长期的生产活动中，人类认识到自然界的物质是可以发生改变的。这种改变既可以自然发生，也可以人为促成。人类也掌握了一些使物质的颜色、光泽发生改变的方法。世人对黄金、白银等贵金属的渴望，使他们产生利用贱金属合成黄金、白银的想法。炼金术的指导思想来自亚里士多德的哲学思想。这种哲学思想认为，冷、热、干、湿是物体的主要性质，这些性质的两两结合，就形成了土、水、气、火四元素，即物质的性质是第一性的，物质本身反而是第二性的，改变物质的性质就可以改变物质本身。如果能采取手段把黄金的形式（性质）转入贱金属，形式（性质）的变化就可以带来物质本身的变化，原来的贱金属就变成了黄金、白银等贵金属，这就是炼金术的基本思想。

我们现在已经知道，炼金术是非常荒谬可笑的。首先，在指导思想上，它颠倒了物质和性质的关系，应该是物质决定性质，而不是性质决定物质。其次，它没有弄清物质的改变是物质结构的改变带来的，由于历史条件的限制，当时的人们还不能了解黄金、白银等所谓的贵金属和铜、锡、铝、锌等所谓的贱金属的差别在于原子结构的不同，即它们包含不同数目的核子数（质子和中子数）和电子数，而金银的形成涉及核子数的改变，只能在宇宙发生超新星爆发、中子星合并等极端条件下（极高温度、极大压强）才可能由其他元素通过核子数的改变生成，地球的自然环境完全不具备这样的条件。因此，可以肯定，炼金术的结果一定是失败的。事实也是如此，在公元前几世纪到公元十几世纪的 1 000 多年里，一代又一代的炼金术士都失败了。欧洲文艺复兴时期以后，炼金术开始转向医药化学和矿物冶炼，欧洲的炼金术从 15 世纪开始衰落。

尽管炼金术破产了，但炼金术为近代化学的发展留下了一些遗产。炼金术士从事了大量的化学实践活动，掌握了一些化学实验的方法，如蒸馏、升华、溶解、煅烧等；还从这些实践活动中认识了一些化学变化规律，如化合与分解、氧化与还原、酸与碱中和、金属的置换等；同时还认识了一些元素和化合物，发明了一些化学实验器具。所以，恩格斯把炼金术称作化学的“原始形式”。

16 世纪，化学开始从炼金术进入医药化学[97]和冶金化学阶段，逐步面向生活和生产实际，但仍没有成为一门独立的科学。使化学成为一门独立科学的是英国化学家、物理学家波义耳。波义耳通过实验认识到，对于被称为黄金的物质，无论对它怎样处理，既得不到“冷、热、干、湿”的“原性”，也看不到能分解出盐、硫、汞“三要素”，所以无论是亚里士多德的四原性说，还是三要素说[98]中的要素，都不配称为构成万物的元素。1661 年，波义耳批判了四原性说和三要素说，提出了科学的元素概念。他指出：“我所指的元素应是某些不由任何其他物质所构成的原始的和简单的物质，或者全纯净的物质”，而且“它们是一些基本成分，一切真正的混合物都是由这些成分直接混合而成的，并且最后仍可分解为这些成分。”

从现代化学的观点看，波义耳的元素概念更接近于现在的单质概念，并不是准确的元素概念。但波义耳的元素概念具有十分重大的意义，它将单质与化合物和混合物区分开来，并指出了它们之间的关系，从而明确了化学的研究方向，即寻找这些基本物质元素以及这些元素结合成化合物与化合物分解为元素的规律，这样就把化学从医学和冶金术分离出来，形成了一门独立的科学。因此，恩格斯说：“波义耳把化学确立为科学。”

97　15、16 世纪，欧洲时有疫病流行，一些炼金术士面向社会实际，运用炼金术的化学手段制造化学药物，开始了化学史上的医药化学时期。

98　医药化学的创始人和主要代表是瑞士的帕拉切尔苏斯，他提出了三要素说作为他的化学炼金术的理论基础，即认为万物均由硫、汞、盐三要素构成。

17—19 世纪是近代化学大发展的阶段。近代化学和古代化学的区别主要体现在以下四个方面：①利用更加广泛的手段，包括吸收最新的物理学成果，开展更加广泛的化学实验；②在化学实验中引入测量手段，开展严谨的定量分析；③从结构上思考化学的基本问题，从而建立体系化的化学理论；④得益于化学理论的创立，近代化学创造了比古代化学辉煌得多的成就，它所支撑的化学工业成为 19 世纪工业大发展的支柱产业。近代化学的以上四方面是依次递进的关系，实验是出发点，定量是基础，理论构建是必然，化学工业是结果。这个过程也是反映人的意识的能动性的过程，通过实践和逻辑思维，人从实践中获得的感性认识上升为理性认识，并进一步构建成为理论，形成的理论再用于改造物质世界，通过化学反应制造和创造满足人类生活、生产需要的化学物质。

下面我们就按照这四个方面，大致梳理近代化学主要的进展、标志性成果和理论，以及这些理论和成果如何使近代化学工业成为 19 世纪工业大发展的支柱产业，从而证实意识的能动性在近代化学实践方面的巨大作用，意识的能动性不仅使人类对化学的认识从没有理论的感性认识上升到有体系化理论的理性认识，而且还使人类把获得的体系化理论应用于改造自然的实践，从而产生古代化学所无法比拟的巨大成就。如图 1-32 所示，结合近代化学的特点，近代化学的主要标志性成就具体包括：元素的发现与物质制备；近代无机化学理论的构建；近代有机化学的发现与理论；近代无机化学工业和近代有机化学工业。

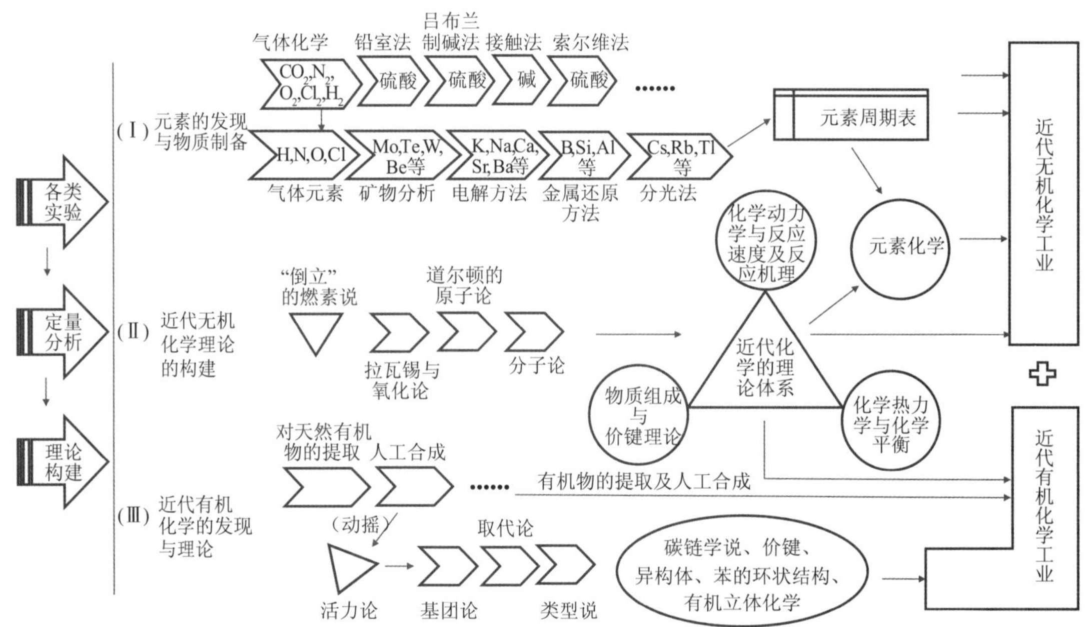

图 1-32 近代化学主要标志性成就

1. 近代化学中元素的发现历程

下面我们简要介绍近代化学中一些主要元素的发现与元素周期表的提出过程。

18 世纪，通过对燃烧和呼吸现象的观察和研究，人们开始认识到空气是由多种气体构成的，但具体是什么气体却是未知的。1724 年，排水集气法集气装置被发明，为研究各种气体提供了新的实验方法和工具，开辟了气体化学一个短暂而富有成果的时期。通过一系列的实验，几种重要的气体被发现。1755 年，约瑟夫 • 布莱克通过石灰石（$CaCO_3$）的加热及与酸的反应发现了二氧化碳（当时称为碳酸气）；1755 年，约瑟夫 • 布莱克的学生丹尼尔 • 卢瑟福发现木炭在玻璃罩内燃烧可以生成碳酸气，并且在使用苛性钾溶液将生成的碳酸气吸收后，空气中还剩余其他气体，这部分气体不能维持生命，具有灭火性质，且不溶于苛性钾溶液，当时把这部分气体称为“浊气”或“毒气”，这就是我们现在所说的氮气；1774 年，普里斯特利和舍勒两位科学家发现了氧气的存在，但由于受燃素论认识的影响，没有认识到燃烧的本质，对氧气也没有形成正确的认识，拉瓦锡设计了著名的拉瓦锡气体实验，制取了氧气，并证明了空气是由氧气和氮气组成的结论；1774 年，舍勒在把软锰矿（二氧化锰）与浓盐酸混合并加热时，产生了一种黄绿色的气体，具有强烈的刺激性，这就是氯气；1781 年，亨利 • 卡文迪什采用铁与稀硫酸反应得到了一种易燃的气体，并测定了它的密度，这就是氢气。气体化学的最大意义是为推翻“倒立”的燃素说提供了依据，我们在介绍理论的部分再具体讨论。

18 世纪后期和 19 世纪初，由于采矿、冶金业的需要，无机化学的工作大部分集中在对矿物进行分析、分离和提炼方面。在这个过程中，发现了一系列的新元素。这部分新元素主要存在于自然界中的某种矿石中。其中大部分是过渡元素，如ⅥB 族的铬、钼、钨，Ⅴ族的铌、钽，Ⅳ组的钛，镧系的铀等，对含某种过渡元素的化合物进行处理就可以发现其中所含的过渡元素。例如，1778 年，瑞典的化学家舍勒将辉钼矿（MoS_2）用木炭混合后加强热得到了一种白色粉末，把该白色粉末与硫在一起加热后又得到了原来的辉钼矿，于是他认为辉钼矿应该是一种未知元素的矿物，这种未知的元素就是现在的钼；1781 年，舍勒又从一种称为“重石”的白色矿石（现在的白钨矿，成分为 $CaWO_4$）采用还原法发现了钨；1782 年，德国的矿物学家赖头施泰因从德国金矿石中提取了一种准金属元素——碲；1783 年，西班牙的两位化学家德鲁亚尔兄弟利用木炭还原法从黑钨矿中提取到了钨。加上前面提到的在研究气体和燃烧过程中发现的氢、氮、氧、氯四种气体元素，在这 100 多年间共发现了 18 种元素。

进入 19 世纪以后，新元素的发现速率大大加快。第一个因素是欧洲工商业的发展带来了制币需求的增大，这样带来了对和制币相关的贵金属研究的加快，而王水[99]的广泛应用，又促进了分析方法的改进，带来了除铂外其他 5 种铂族元素的发现。铂是地壳中一种稀有的贵重金属元素，自然界中存在极少见的游离状态的自然铂，这种稀有、迷人的宝藏在整个历史长河中曾零星出现。1735 年，西班牙人德•乌罗阿在智利一个废弃的金矿中发现了混在天然金块里的白色的铂块；1748 年，英国人沃森确认这是一种新元素。铂族元素包括铂、铱、锇、钯、铑、钌等 6 种金属元素，它们在自然界几乎全部以单质状态存在，高度分散于各种矿石中，并共生在一起。从现代化学的角度看，与其他族的元素一样，铂族的 6 种元素在化学性质上既有共性的一面，又有个性的一面，19 世纪的化学家正是利用铂族元素个性的一面将它们分别识别出来。例如，6 种铂族元素对酸的化学稳定性都很高，但铱、锇、铑、钌稳定性特别高，它们不溶于王水，而铂、钯溶于王水，通过这种区别，利用王水就把铂、钯与其他 4 种铂族元素分离开；在 6 种铂族元素中，只有钯离子在氰化汞溶液中生成淡黄色的氰化钯（$Pd(CN)_2$）沉淀，其他 5 种铂族元素不会形成这种氰化物沉淀，于是利用这一点就可以把铂、钯区分开，这就是 1803 年英国人武拉斯顿处理铂矿时发现钯的内在机理，尽管当时他不可能并不完全了解上述的机理，但通过实验和主观能动性的发挥，他在实践中取得了上述分离出钯的效果。随后，在利用王水溶解铂、钯后分离获得的残渣中，通过对其他 4 种铂族元素化学性质差异的探索，1803 年武拉斯顿发现了铑，1804 年英国人坦南特发现了锇和铱，1840 年俄国人克劳斯发现了钌。

99 又称王酸、硝基盐酸，是一种腐蚀性非常强的液体，是浓盐酸和浓硝酸按体积比 3：1 组成的混合物，王水同时具有硝酸的氧化性和氯离子的强配位能力，因此可以溶解金、铂等不活泼金属。

进入 19 世纪以后新元素的发现速率加快的第二个因素是一项新技术的引入——电解。1800 年，伏打发明伏打电堆，从而能够提供稳定的电流，为电化学和无机化学中新元素的发现提供了新的手段。电解是将电流通过电解质溶液或熔融态电解质，在阴极和阳极上引起氧化还原反应的过程。通电时，电解质中的阳离子移向阴极，吸收电子，发生还原反应，生成新物质；电解质中的阴离子移向阳极，放出电子，发生氧化反应，生成新物质。1807 年，英国化学家戴维对苛性钾和苛性钠进行电解得到了金属钾和纳。随后，戴维又电解了石灰、氧化锶和氧化钡，得到了钡、镁、钙、锶等碱土盐金属。1855 年，本生采用电解熔融氯化锂的方法得到了可用于研究的较大量的锂，通过电解制备了钾、钠等还原性极强的金属，又利用它们作为强还原剂，获得了一些新元素的单质。1808 年，盖-吕萨克和泰纳从硼酸中获得了硼。1823 年，贝采利乌斯从四氟化硅中获得了硅。1825 年，厄斯泰德利用钾还原氧化铝获得了铝。1866 年，莫瓦桑在低温下电解无水氢氟酸和氟氢化钾的混合物分离得到了单质氟。[100]

据统计，1790—1859 年共发现了 31 种新元素，这样至此总共已经发现的元素总数在 60 种以上，但这其中 1830 年以后发现的新元素只有 5 个，意味着采用以往的化学方法已经达到了发现新元素的极限。在这种情况下，一个新的方法登场了，这就是分光法[101]（原子发射光谱分析法）。分光法是基于不同原子受激会发射一组特定的数量和波长都可能不同的光谱现象实现。原子发射光谱的机理在量子理论诞生后得到了解释：不同的原子核外电子运行的轨道具有相同的结构，但由于不同原子具有不同的总能量（主要体现在原子量数值上[102]），由薛定谔方程求得不同原子的相同轨道的能量值是不同的，当原子受激（如加热燃烧）时，核外电子受到激发会先从一个低能级跃迁到一个高能级，随后再从高能级跃迁回一个低能级，同时把两个能级间的能级差以一个光子的形式释放，由于不同原子的核外电子轨道的能量值由其特征的总能量（主要是原子量数）决定，于是不同原子的核外电子受激后所发出的光谱就是一组由原子种类所决定的特征值，于是如果能观察识别出某种元素具有的一组特征光谱，就可以识别该元素。尽管 19 世纪后期量子力学理论还没有产生，当时的人们还不可能认识光谱的本质，但是人们在实践中已经注意到了钠、钾、铜、钡、锂的特征光谱线，并意识到了可以把特征光谱线与某一特定物质联系起来。1854 年，美国人奥尔特认为把一个元素的发射光谱和其他元素的发射光谱对比观测，可以简单地检测某种元素。1859 年，德国化学家本生和物理学家基尔霍夫设计并制造了第一台分析光谱的分光镜，一种发现元素的新方法——光谱分析法诞生了，它也成为分析化学的一个主要分支。该方法一诞生，就显示出其在灵敏性、方便性、准确性方面的优越性。1860 年，本生和基尔霍夫采用光谱分析法从矿泉水中发现了元素铯，次年又从锂云母矿石中发现了元素铷。1861 年，克鲁克斯发现了铊，赖希和李希特发现了铟。光谱分析法还在镓、稀土、稀有气体元素的发现过程中扮演了重要角色。[103]

100　徐建中，马海云：《化学简史》，114-115 页，北京，科学出版社，2019。

101　[日]广田襄：《现代化学史》，丁明玉译，50 页，北京，化学工业出版社，2018。

102　这里暂时没有考虑元素的同位素现象，区分元素的同位素是利用现代化学的分子光谱实现的。

103　[日]广田襄：《现代化学史》，丁明玉译，50 页，北京，化学工业出版社，2018。

104 可以利用量子力学理论的薛定谔方程结合泡利不相容原理得到。

到 1869 年，科学家已经发现了 63 种元素，对这么多元素进行分类，形成一个统一的体系就成为一个自然而来的问题。从现代化学的角度看，如果了解原子核外电子的分布规律[104]，从结构上以演绎的方式认识元素周期表是很容易的。但在当时，无论是量子力学还是原子结构的知识都不存在，人们只能通过元素所表现出的一些"表面的"性质，采用比较归纳的方法去猜测元素间"内在的"关系，从而完成对元素的分类。可以想象，这是非常困难的事情。最早的尝试在 19 世纪前半叶开始，首先是德贝赖纳注意到存在一些性质相近的三元素组，如碱金属的锂、钠、钾和钙、锶、钡，卤素的氯、溴、碘，硫族的硫、硒、碲等。之后，许多科学家继续探索化学元素之间的规律性。这些探索包括：1843 年，盖墨林把当时已知的化学元素按性质相似进行了分类，制成了一张表；1862 年，法国人尚古多做出了一张螺旋线图，试图把元素性质用螺旋线表示出来加以对比等。1865 年，英国化学家纽兰兹把当时发现的 62 种元素的原子量按递增顺序排列（个别例外），生成了一张表。他发现，从任意一个元素算起，每到第八个元素就和第一个元素相近，因此他把这张表称作八音律表。八音律表揭示出了元素化学性质呈现周期性变化的重要特征，但其只是机械地按当时的原子量大小将元素排列起来，没有顾及还未发现的元素并预留位置。[105] 但从三元素组到八音律表，实现了元素分组、性质螺旋上升、性质周期性变化等元素规律认识上量变的积累，为门捷列夫发现元素周期律，实现对元素变化规律认识上的质变的飞跃开辟了道路。

105 张文彦，支继军，张继光:《自然科学大事典》，260 页，北京，科学技术文献出版社，1992。

门捷列夫是俄国著名化学家，在对大量化学事实做了对比分析以后，他使用"牌阵"的方法，制定了第一个元素周期表。在这个表中，他先把常见的元素族按原子量递增的顺序排列起来，然后排其他不常见的元素，剩下的稀土元素没有合适的位置，他就把它们放在表的边上。1869 年，他在论文《元素属性和原子量的关系》中阐述了元素周期律的基本观点：①按照原子量的大小排列起来的元素，在性质上呈现明显的周期性；②原子量大小决定元素的特征，正像质点的大小决定复杂物质的性质一样；③可以预见许多尚未发现的元素；④当知道某种元素的同类元素之后，有时可以修正该元素的原子量。1871 年，门捷列夫修订了他的第一个元素周期表，使原来的竖行变为横行，使同族元素处于同一竖行中，并划分为主族和副族，这就更加突出了化学元素的周期性。同时，他将原来预言存在的元素的空格数由 4 个改为 6 个，还预言了它们的性质。另外，他还根据一些元素（钍、碲、金、铋）在元素周期表中的合理位置，大胆地修订了它们的原子量值。[106] 门捷列夫预言的

106 张文彦，支继军，张继光:《自然科学大事典》，262 页，北京，科学技术文献出版社，1992。

“类铝”元素在 1875 年被发现，这就是镓元素；预言的“类硼”元素在 1879 年被发现，这就是钪元素；预言的“类硅”元素在 1886 年被发现，这就是锗元素。其中，镓元素是化学史上第一个先有预言再有发现的新元素，这个事件引起了人们对元素周期表和周期律的普遍重视，科学界开始有指导性的寻找新元素。元素周期表和周期律的发现，使原来认为彼此孤立、互不相干的各种化学元素成为一个有着内在联系的统一体，元素特性的发展变化呈现由量变到质变的过程，对化学的发展起到了重要的推动作用。元素周期表和周期律来自对元素实践和知识的归纳总结，在不了解原子更没有原子结构知识的年代，这是了不起的成就。

以上通过近代化学发展中主要元素的发现及元素周期表的提出过程，我们看到了人的意识能动性的充分发挥。

2. 近代化学理论的构建过程

如前所述，近代化学区别于古代化学的一个根本标志是开始建立化学的理论体系，人们开始从机理上寻找对化学现象的解释，这样就产生了理论。近代化学理论的发展是一个循序渐进、不断发展的过程，也是人的意识的能动性不断得到充分发挥的过程。

燃烧现象是自古以来人类普遍体验的最为显著的化学变化。17 世纪中叶以后，金属冶炼、煅烧及其他高温反应等都迫切需要对燃烧现象做出理论上的解释。于是，对燃烧现象的研究自然成为 17—18 世纪近代化学首先研究的课题。17 世纪下半叶，牛顿力学获得空前成功，机械论由此兴起，人们开始利用机械论的观点，套用重力、浮力、张力以及光素、热素、电素等观点解释各种物理和化学现象，燃素说就是在这样的背景下产生的。根据燃素说，可燃物是由燃素和灰渣构成的化合物，燃烧时分解，放出燃素，留下灰渣；燃素和灰渣结合又复合为可燃物。燃素说把当时大量零散、片段的化学知识集中起来，并用统一的观点加以说明，使化学第一次有了一个统一的反应理论，这是一个巨大的进步。不过，以现在的观点看，燃素说是以颠倒的方式反映了燃烧现象，是一种“倒立”的理论，在本质上是错误的。它把金属看作灰渣和燃素的化合物，把不存在的燃素当作真实存在的物质元素，因此它无法解释金属煅烧失去燃素，重量反而增加的矛盾。18 世纪后期，气体化学得到发展，空气中几种重要的气体 CO_2、N_2、O_2 陆续被发现，化学实验的能力也得以进步，这些都为新理论的出现创造了条件。

纠正燃素说的错误、提出新理论的是法国著名的化学家拉瓦锡。他将铅和锡放在真空密封容器中进行加热，一段时间后两种金属表面均产生了一层金属灰，停止加热，称重发现真空密封容器内物质的总质量没有变化。此前，拉瓦锡已经从实验中获知金属加热后形成的金属灰的质量会增加。而加热后打开容器，发现容器内物质的总质量（空气、剩余金属及生成的金属灰）增加了，而增加的质量恰好等于加热后形成的剩余金属和金属灰增加的质量。于是，拉瓦锡推测，这意味着存在一种可能性，金属和空气中的某种气体发生了燃烧反应，金属灰是金属和这种气体化合的产物，所以形成金属灰后质量增加了，而空气中参加反应的气体质量减少了，一增一减，总质量不变。但当打开密封容器时，外面的空气补充了原来密封容器中被消耗掉的那部分气体，所以总质量就增加了。这样不仅解释了金属燃烧的问题，还解释了金属燃烧后质量增加的问题。为了验证上面的推测，拉瓦锡想到如果金属灰是金属和某种气体化合的产物，加热金属灰或许可以反向分解出这种气体，他尝试进行加热铁锻灰的实验，但没有成功。正当拉瓦锡的实验遇到困难的时候，在一次偶然的机会中，普里斯特利向拉瓦锡介绍了自己的实验：氧化汞加热时可得到脱燃素气，这种气体使蜡烛燃烧得更明亮，还能帮助呼吸。拉瓦锡还获得了舍勒发现氧气的信息。

受到普里斯特利和舍勒的启发，拉瓦锡设计完成了以下著名的气体实验：一个瓶颈弯曲的瓶子（称作“曲颈甑”）里装有水银，另一端通过瓶颈与一个密闭的钟形玻璃罩连接；连续加热曲颈甑内的水银，水银的表面出现红色的粉末[107]，继续加热直到红色的粉末不再增多[108]，拉瓦锡发现这时钟形玻璃罩内的空气的体积大约减少了1/5；随后拉瓦锡高温加热红色的粉末，红色粉末重新分解，释放出气体，并发现释放的气体正好与原先钟形玻璃罩内前面失去的气体体积相等。重复上面的过程，进一步分别测试，拉瓦锡发现：第一次加热过程后剩下的气体既不能帮助燃烧，也不能帮助呼吸；而在第二次加热过程生成的气体回到原来剩余的气体中后，得到的气体与空气的物理性质、化学性质完全一样。通过上述实验，拉瓦锡得到这样的结论：空气由氧气和氮气组成，氧气占空气总体积的1/5。更为重要的是，通过上述实验，拉瓦锡形成了阐明燃烧作用的氧化学说。1777年，拉瓦锡提交的《燃烧概论》报告阐明了其氧化学说的要点，这些要点包括：空气由两种成分组成，物质在空气中燃烧时，吸收了空气中的氧气，因此质量增加，物质所增加的质量就是它所吸收的氧气的质量；金属煅烧后变为锻灰，它们是金属的氧化物。[109]

拉瓦锡的气体实验具有划时代的意义。在拉瓦锡的气体实验之前，定量化的实验本就不多，而对于和创建理论相结合的定量实

107　我们现在知道红色的粉末是瓶内的汞（Hg）与钟形玻璃罩内的氧气（O_2）反应形成的氧化汞（HgO）。

108　也就是将密闭瓶内的氧气全部反应掉。

109　拉瓦锡氧化学说的其他观点还包括：燃烧时放出光和热；物体只有氧存在时才能燃烧；一般的可燃物（非金属）燃烧后通常变为酸等。

验，拉瓦锡的气体实验可能是化学历史上的第一个。定量化意味着在化学中引入了数学，这必将给化学带来深刻的变革。首先，将数学引入化学，加上拉瓦锡在《化学纲要》中阐述的化学反应中物质守恒的思想，意味着可以把化学反应过程写成一个代数式，这样"就可以用计算来检验我们的实验，再用实验来验证我们的计算"[110]。其次，数学是自然科学中最重要的逻辑推理的形式和工具，是逻辑推理的助推器，借助数学强大的推理能力，可以产生更多、更大的理论成果。正如同样是关于氧化汞加热的实验，普里斯特利通过加热氧化汞发现了氧气（称为脱燃素气），但由于其没有采用定量研究的方式，故没有发现该反应与燃素说间的不能调和的矛盾，而拉瓦锡借鉴普里斯特利的实验成果，并将其改造为一个用于检验思想的定量实验，通过定量的分析，揭示了其与燃素说的矛盾，并给出了和实验结果相符合的氧化学说的解释。爱因斯坦曾说："西方科学的发展是以两个伟大的成就为基础的，即希腊哲学家发明的形式逻辑体系（在欧几里得几何中），以及在文艺复兴时期发现系统的实验可能找出因果关系。"这句话不仅适用于物理学科，也适用于化学学科。在实验中引入定量分析，就意味着将引入比定性分析更加强大的逻辑推理能力，意味着有更多的机会将感性认识上升到理性认识，意味着有更多的机会形成理论，也就意味着人的意识的能动性有更大的作用。从这个角度看，拉瓦锡的气体实验具有划时代的意义，它为近现代化学的发展开辟了道路。

110　吴国盛：《科学的历程》，303 页，北京，北京大学出版社，2002。

1789 年，拉瓦锡发表了《化学纲要》一书。在该书中，拉瓦锡定义了元素的概念，并对当时常见的化学物质进行了分类，使之前零碎的化学知识逐渐清晰化。在实验部分，拉瓦锡强调了定量分析的重要性；拉瓦锡还利用氧化学说和质量守恒定理的理论体系，对许多实验结果给出了简洁、自然的解释。有人把拉瓦锡《化学纲要》对化学的贡献比作牛顿《自然哲学的数学原理》对物理学的贡献。拉瓦锡开创了近代化学的新纪元。

虽然拉瓦锡的氧化学说在理论上纠正了燃素说的错误，对燃烧反应给出了合理的解释，但从现在的角度看，它只初步解释了一类化学反应——燃烧现象，氧化学说不能从更广泛的意义上解释各类化学反应的实质。化学需要更广泛的化学理论，道尔顿原子论应运而生。

在拉瓦锡以后，定量分析成为化学研究的基本手段。18 世纪末，一些科学家根据酸碱反应列出了酸碱当量表，即一些酸、碱、氧化物相互反应的质量比例关系。后来又发现每种化合物都有完全确定的组成定律，称为定比定律。参考定比定律，通过实验，道尔顿提出了倍比定律：当甲、乙两种元素相互化合，能生成几种不同的化合物时，在这些化合物中，与一定量甲元素相化合的乙元素的质量必互成简单的整数比。再进一步，道尔顿开始思考为什么元素间的化合总是成整数和倍数的关系，他感觉这一事实暗示物质是由某种可数的最小单位构成的，这样道尔顿就想到了原子的概念。

原子最初的概念起源于古希腊哲学家模糊的猜想。17 世纪中期，随着强调实验的近代科学的兴起，波义耳重新提出了原子的假设，他认为宇宙中普遍存在的物质可分为大小不同、形状千变万化的微小粒子。牛顿也是一个原子论者，他认为气体由粒子组成。道尔顿则第一次把化学元素和原子结合起来，提出了可以解释定比定律的近代原子论，称为道尔顿原子论。其要点包括：①元素（单质）的最终粒子称为简单原子，它们极其微小，是看不见的，既不能创造也不能毁灭和再分割，原子在一切化学反应中保持基本性不变；②同一种元素的原子，其形状、质量和各种性质都是相同的，不同元素的原子，在形状、质量和性质上各不相同；③不同元素的原子以简单整数比相结合，形成化学中的化合物，化合物原子称为复杂原子，复杂原子的质量为所含各种元素原子质量的总和。[111] 由此可见，道尔顿原子说是通过量化的实验和合理的逻辑推理建立起来的，它解释了各种化学实验的事实，解释了质量守恒定律、定比定律和倍比定律的内在原因和联系，将化学反应统一建立在物质结构基础上的一个理论体系之下。道尔顿将原子量作为区别原子种类的基本标志，使原子不再是抽象模糊的概念，而是具有了可以用实验直接测量的数量特征，这样就使化学研究走向了精确化、定量化和系统化。道尔顿原子论对近代化学的发展具有重大意义。

111 徐建中，马海云:《化学简史》，91 页，北京，科学出版社，2019。

从现代化学的角度看，道尔顿原子论是从物质结构探寻化学原理的第一次尝试，符合化学研究前进的大方向，因此具有很大的进步性。但同时还应清楚地看到，由于道尔顿原子论在物质结构上只承认原子一个层次，特别是向上没有分子的概念，而是把化合物分子当作复杂原子，这就带来了一系列的问题，很快这个问题就暴露了出来。[112]

112 向下，在物质结构上道尔顿不承认原子可分，这样就无法从根本上解释化学键的形成等基本机制，这个问题直到 19 世纪末发现电子才被提出，后面我们再讨论。

道尔顿原子论首先在解释气体的化学反应上出现了问题。1809 年，法国科学家盖-吕萨克发现，在气体的化学反应中，在同温同压下参与反应的气体的体积成简单的整数比；如果生成物也是气体，它的体积也和参加反应的气体的体积成简单的整数比。该定律被称为气体反应简化定律。盖-吕萨克认为自己的结果是支持原子论的，并提出了一个新的假说：在同温同压下，相同体积的不同气体含有相同数目的原子。对于盖-吕萨克的这一假说，道尔顿立即表示了反对，道尔顿认为不同元素的原子大小不同，质量也不一样，因而相同体积的不同气体不可能含有相同数目的原子。为此，二人还陷入了激烈的争论。从现在的角度看，正确解释气体的化学反应的关键在于必须区分原子和分子的概念，否则就无法确定参与气体的化学反应的原子的数目[113]，在解释气体反应时就会带来和原子论自相矛盾的结果。例如，对一个最为简单的氧气和氮气合成一氧化氮的反应，19 世纪初，人们根据实验已经测得一体积的氧气和一体积的氮气化合生成两体积的一氧化氮，由于只有原子的概念而没有分子的概念，人们还不知道氧气和氮气都是含有 2 个原子的分子，这个信息在气体反应实验中也体现不出来，而是简单地认为氧气和氮气都是一个原子，于是就会得到n个氧原子和n个氮原子生成$2n$个一氧化氮复合原子的结论，这样又会得到以下结论：一个一氧化氮复合原子只能由半个氧原子和半个氮原子化合而成，根据原子论，原子是不可分的，于是就出现了前后自相矛盾的结果。[114] 无论是道尔顿还是盖-吕萨克，由于他们都没有提出分子的概念，可想而知他们的争论自然难以有什么结果。

113　其原因是在气体中，分子间的间距至少是分子大小的 10 倍，因此决定气体体积的是气体分子的数目，而非气体分子的大小，这样气体分子中是含有一个原子还是多个原子对气体体积没有影响。

114　如果引入分子的概念，就会理解氧气和氮气都是含有 2 个原子的分子，上述的反应是 $2n$ 个氧原子和 $2n$ 个氮原子生成 $2n$ 个一氧化氮分子的过程，就会得到一氧化氮分子是由一个氧原子和一个氮原子组成的正确结论。

这场争论引起了意大利物理学家阿伏伽德罗的兴趣，通过分析他发现了矛盾的焦点。1811 年，阿伏伽德罗发表论文，明确引入了分子的概念，他把单质或化合物在游离状态下能独立存在的最小质点称为分子，认为单质分子可以由多个原子组成。他还修正了盖-吕萨克的假说，提出“在同温同压下，相同体积的不同气体具有相同数目的分子”。他认为，分子假说可以使道尔顿原子论和气体化合体积实验定律统一起来。[115] 现在看来，阿伏伽德罗提出的分子假说是正确而有远见的观点。遗憾的是，原子论在当时影响巨大，原子的概念及其理论被多数化学家所接受，分子的假说受到了冷遇，没有被大多数化学家承认。

115　徐建中，马海云：《化学简史》，96 页，北京，科学出版社，2019。

由于分子假说暂时没有被接受，原子论的第二个缺陷也日益突显出来，即关于原子组成和原子量的测定问题。由于没有分子的概念，化合物的原子组成就难以确定，围绕化合物组成的原子量、分子量、化学式、分子式当量等众多基本概念的理解和表达就会出现重大的分歧，原子量的测定和数据更呈现一片混乱。在这种背景下，1860 年，在德国的卡尔斯鲁厄召开了第一次国际化学会议。该次会议的目的是就混乱的原子量、分子式当量、分子量、化学式等交换意见，并制定统一的标准。而这次会议一个最大的成果则是阿伏伽德罗分子假说的复活。经过讨论，原子论和分子假说逐步被整理成一个协调的系统，化学家开始逐步接受分子是化学反应中最小的单位，而原子则是组成分子的最小单位的观点。关于原子量、分子量的混乱消失了，原子论和分子假说也因此被广大化学家接受，从此近代化学的发展走上了正确的轨道，人们开始从分子、原子层面探索化学的基本机理。由于当时科技水平的限制，人们无法观察到分子、原子的存在，但化学家、物理学家却依据实验、观察和分析，提出了分子、原子的假说，为近现代化学理论的发展奠定了基础，这不能不说是人的意识的能动性的又一个显著表现。

现代化学理论主要包括三大部分：原子结构与化学键、化学热力学与化学平衡、化学动力学与反应速度及反应机理。这种划分构成了化学学科从物质结构到动力学，再到平衡状态的有机体系。在近代化学阶段，尽管还没有原子结构与化学键的概念，但已经具备了物质的化学组成及化学键的原始思想，所以为保持理论结构上的统一，对于近代化学理论，我们还采用以上的划分，不过第一部分采用化学物质组成和价键理论的说法。

下面简单介绍近代化学在化学物质组成和价键理论方面的进展。严格来说，相比在原子结构知识以及实验手段方面都有现代物理给予支撑的现代化学，近代化学不具备进行物质结构和化学键研究的条件。尽管如此，近代化学家还是通过意识能动性的发挥，在物质组成和价键概念方面取得了进展，获得了在物质结构和化学键方面原始、感性的认识，这些认识为后续现代物质结构和化学键理论的形成起到了铺垫作用。在近代化学中，无机和有机部分基本上是分开发展的，这里先介绍无机部分化学组成和价键方面的进展，而有机部分化学组成和价键方面的进展主要放在后面近代有机化学部分介绍。

直到18世纪，当时的化学家认为两种元素的原子之所以能化合成分子，是因为它们之间存在一种类似于万有引力的化学亲合力。1807年，英国化学家戴维对熔融苛性钾和苛性钠进行了电解，在此基础上提出了二元论的接触说，认为当不同的原子接触时，会分别相互感应并带上相反的电，化合物结合力是由异性电吸引引起的。1814年，瑞典化学家贝采利乌斯进一步发展了戴维的观点，提出了电化二元论，他根据实验中盐能被电流分解为酸和碱两部分的事实，把酸碱概念与电的极性联系起来，并进而和元素联系起来，认为氧是负电性最强的元素，钾是正电性最强的元素，其他元素的电性介于二者之间，不同元素由于不同的电性相互吸引生成化合物，而且由于元素所带的电荷是不等量的，因此它们可以形成更复杂的化学物质。电化二元论在解释当时研究金属和非金属的特性、无机化合物的特性和制备，特别是电解现象时获得了成功，很快被绝大多数化学家接受。从现在的角度看，电化二元论的提出具有重大的意义，它开创了从机理上分析分子中各原子间相互关系的探索，而且提出的机理不再是基于单纯的猜测，而是基于对实验现象的分析，并且指出原子间的结合力来自原子间电性的作用，在一定程度上符合现代的基本观点。[116] 但是，电化二元论具有很大的局限性，原因是它还没有认识到（在当时也不可能）所谓元素的“电性”作用的形成主要是来自元素对应的原子内部核外电子的相互作用，电解只是在一种外部因素存在时的特殊情况下的一种化学反应，电化二元论把特殊情况当成了一般情况，把表象当成了本质，虽然它能解释一些无机化学的事实，但却不适用于有机化合物（具体后面介绍）。

116　根据现代物理学理论，自然界中共有四种基本的相互作用，即万有引力相互作用、强相互作用、弱相互作用和电磁相互作用，各类化学键（包括分子间相互作用）都属于电磁相互作用的范畴。强相互作用、弱相互作用只发生在原子大小的范围，远小于化学键的尺度范围，万有引力相互作用太弱，在化学键尺度下可以忽略。

1834 年，英国物理学家法拉第根据实验提出：“电解产物的数量与通过电解液的电量成正比”，“电解时，由相同的电量产生的电解质产物有固定的定量关系”，以上内容后来被称为法拉第电解定律，该定律提供了电量与化学反应量之间的定量关系，奠定了电解、电镀等电化学工业的理论基础，成为联系物理学与化学的桥梁。1887 年，瑞典化学家阿伦尼乌斯提出了电解质的电离学说。他指出盐溶入水中就自发地大量离解为正负离子，离子带电，而原子不带电，因此离子与原子是不同的。其打破了电解质分子只有在电场的作用下才能离解的传统观念，为电化学理论和溶液理论的发展做了重要贡献。

在这一时期，得益于有机化学理论的进展，人们认识并开始接受原子价的概念。原子价的原理在简单无机化合物中很有效，但在很多复杂的无机化合物的盐的分析中遇到了困难。1892 年，瑞士化学家维尔纳开创性地提出了金属具有主原子价和副原子价，在一些复杂的盐中，中心金属和其他基团的结合属于副原子价，并称为配位数。我们现在已经知道，金属（过渡金属）形成配位的原理是次外层电子 d 区电子也参与了化学键的形成，而在当时人们根本不了解原子可分及原子结构，所以仅依据实验事实，通过意识能动性的发挥，提出配位的概念在当时确实是一个了不起的成就。

总之，在物质组成和价键理论方面，近代无机化学已经开始依据实验，试图从内在机制分析元素结合在一起形成化合物的原因，并取得了一些进展，但受限于原子不可分的认识，还不可能从原子结构认识元素结合形成化合物的本质。

热力学应用于解决化学问题始于 19 世纪 60 年代后期，建立的近代化学热力学主要解决了化学反应的方向和化学平衡问题。热力学第一定律和第二定律分别指出了控制变化的两个重要因素——能量和熵，如果要解决化学反应的方向问题，需要对热力学进行进一步的拓展和变化，以满足化学变化的要求。1876年和1878年，美国化学家吉布斯分两部分发表论文，将内能、熵和体积作为描述体系状态的变量[117]，以严格的数学形式和严谨的逻辑推理，指出化学变化的驱动力就是反应物和生成物之间的吉布斯自由能（G）的差值ΔG[118]，由此给出了恒温恒压下化学平衡的判据：$\Delta G<0$时，正向反应自发；$\Delta G>0$时，正向反应非自发；$\Delta G=0$时，反应处于平衡状态。公式$\Delta G=\Delta H-T\Delta S$后来被称为吉布斯公式，其中$\Delta H$表示反应前后形成和断开化学键所产生的能量变化，$T\Delta S$表示体系无序性变化与温度的乘积，它们共同决定了化学反应的方向，这就从本质上辨明了化学反应的推动力，从而奠定了化学平衡的理论基础，因此吉布斯公式被称为化学中最有用的公式之一。[119]另外，吉布斯还提出了吉布斯相律，它是关于多相平衡的基本规律。在近代化学中，吉布斯自由能和吉布斯相律是少有的以演绎的方式提出的化学理论。

117　内能和体积合并为焓，即$H=U+pV$，其中：H、U、V分别为焓、内能和体积，p为压强。

118　$G=H-TS$，$\Delta G=\Delta H-T\Delta S$，其中$T$是温度。

119　徐建中，马海云：《化学简史》，163页，北京，科学出版社，2019。

关于化学平衡，还有另外两个问题，一个是达到平衡时反应的程度或者说生成物的产率如何衡量，另一个是在条件发生变化时原有的平衡如何改变。对第一个问题，1864—1879年，挪威的卡托•古德贝格和彼得•瓦格对化学平衡反应进行了详细研究，提出了用化学平衡常数表示平衡时反应程度的思想，指出反应完全不进行的时候达到平衡，用浓度表示平衡条件，将其命名为活性质量，即引起正反应和逆反应的化学亲和力势均力敌时达到平衡。[120]后来，该思想发展为用数学式表示的化学平衡常数，即达到平衡时各生成物浓度的化学计量数次幂的乘积与各反应物浓度的化学计量数次幂的乘积的比值是一个常数，这个常数称为化学平衡常数，用K表示。同一时期，法国的勒夏特列提出了一个定性预测化学平衡点的原理，即在一个已经达到平衡的反应中，如果改变影响平衡的条件之一（如温度、压强以及参加反应的化学物质的浓度等），平衡将向着能够减弱这种改变的方向移动。该原理称为勒夏特列原理，又称为化学平衡移动原理。

120　[日]广田襄：《现代化学史》，丁明玉译，73页，北京，化学工业出版社，2018。

对于化学反应，除反应达到平衡的问题外，还有一个反应快慢的问题，这涉及化学反应速率与化学反应机理，属于化学动力学研究的范畴。在近代化学中，关于化学反应平衡和化学反应速率的发展是交织在一起的。1884年，荷兰化学家范托夫出版了《化学动力学研究》一书，其内容包括化学反应速率、化学平衡及亲和力等，其中范托夫把化学动力学和化学热力学区别开来，从化学反应的不同方面分别加以研究。[121] 他为了表示动态平衡，引入了现在还在使用的双箭头符号，向前和向后的反应速率相等时表示平衡。同时，尽管近代无机化学和近代有机化学相对独立开展，但也有相互的联系和借鉴，贝特洛和圣吉勒斯从两个方向对乙酸乙酯的酯化反应进行了研究，发现可以实现相同的最终浓度，给出了用浓度表示的速率的数学表达式以及用浓度表示的平衡常数的计算式。而在化学反应机理方面，一个重要的成就是活化能和活化热概念的提出。1889 年，阿伦尼乌斯首先对反应速率随温度变化规律性的物理意义给出了解释，引入了活化分子和活化热的概念，他认为活化分子的平均能量高于普通分子，化学反应是依靠反应体系中那些数量极少但能量很高的活化分子进行的。活化分子和活化热概念不仅合理解释了化学反应速率与温度的关系，更重要的是揭示了化学反应的一个共同机理——活化，从而为化学动力学的发展奠定了一块重要的基石。化学反应机理方面另一个重要的成就是催化剂概念的提出。1895 年，德国化学家奥斯特瓦尔德提出了催化剂的概念，他认为“催化现象的本质在于某些物质具有特别强烈的加速那些没有它们参加时进行得很慢的反应过程的性能”，“任何物质，它不参加到化学反应的最终产物中去，只是改变这个反应的速率的，即称为催化剂”。他还提出了催化剂的一个特点，即在可逆过程中，催化剂仅能加速反应平衡的到达，而不能改变反应平衡常数。

121　张文彦，支继军，张继光：《自然科学大事典》，266 页，北京，科学技术文献出版社，1992。

上述的近代化学热力学和化学动力学成果促进了近代电离学说、溶液理论、电化学等领域的发展，这里不再详述。

在没有现代物质结构和化学键概念的背景下，依据大量的实验现象和实践经验，近代化学家完成了近代化学理论的构建，实现了从古代化学到近代化学质的飞跃，为现代化学理论的建立奠定了基础，能取得这样的成就是非常不易的，每个成就的背后都充分体现了人的意识能动性的发挥。

3. 近代有机化学的发现与理论

在近代化学中，由于人们尚不了解原子结构和化学键的概念，因此无法从物质结构的本质上统一无机物和有机物，近代有机化学理论和无机化学理论呈现出有时分离、有时交错、有时相互矛盾，既相互影响又相互促进的关系。

18 世纪，当无机化学着眼于从矿物中发现新元素、从燃烧中探索燃烧理论时，有机化学着眼于对动植物体内天然有机化合物广泛而具体的提取，得到了大量天然的有机化合物，如酒石酸、柠檬酸、苹果酸、乳酸、草酸、尿素、胆固醇等。伴随着对这些来自动植物体内天然有机化合物知识的积累，人们认识到这些化合物与矿物中得到的另一类化合物有着明显的不同。19世纪初，瑞典化学家贝采利乌斯首先提出了“有机化学”和“有机化合物”两个概念，他极富创意地用“有机”表示来自动植物体的化合物，以把它们作为和无机化合物的对立物。与燃素说相似，对于有机化合物，人们提出了活力论，认为在生物体内存在所谓的“活力”，由此才能产生有机化合物，有机化合物在实验室里不能由无机化合物合成。活力论将有机物质神秘化，在有机化合物和无机化合物之间人为地制造了一条不可逾越的界限。1825年，弗里德里希•维勒在进行氢化物研究的过程中，意外得到了一种白色晶体，经过反复研究，证明其是尿素，这说明有机化合物同样可以人工合成，从而突破了无机化合物和有机化合物之间的绝对界限，动摇了活力论的基础。1844年，维勒的学生德国化学家柯尔柏以木炭、硫黄、氨水、水为原料合成了乙酸。随后又合成了葡萄糖、柠檬酸、琥珀酸、葡萄酸、苹果酸等。这样，无机化合物和有机化合物之间的鸿沟大部分被填平了，活力论逐渐被抛弃。[122]

122 徐建中，马海云:《化学简史》，132-134页，北京，科学出版社，2019。

在无机化合物和有机化合物之间的第一次隔阂被消除后，自然又有了二者的交织和借鉴。1814年，贝采利乌斯在无机化学中提出了电化二元论，之后他将电化二元论推广到有机化学中，他认为含氧有机化合物都是复合基团的氧化物，将有机酸视为带负电的氧化物，将醇类视为带正电的氧化物，将脂类描述为盐的形式。这种思路经过其他化学家的发展，形成了基的概念：基是一系列化合物中不变化的组成部分；基可被其他简单物取代；基与某种简单物结合后，此简单物又可被其他简单物取代。这就是基团论的基本观点。通过基的概念，有机化合物与无机化合物得到了类比。“无机化合物中的原子团简单，有机化合物中的原子团复杂，二者的差别仅限于此。”

不过，基团论很快在解释取代反应时遇到了问题。早期研究比较深入的取代反应是卤代反应，这是由于当时的化学工业已经开始利用氯气来漂白石蜡。通过实验，法国化学家杜马认为氯具有一种从某种物质中排除氢并将氢原子逐个取代的能力，在此基础上杜马提出了取代学说，即含氢的有机化合物受卤素或氧作用后，每失去一个氢原子，必得到一个原子卤素或氧。这时出现了一个问题：在取代反应中，负电性的氯原子取代了有机基团中的正电性的氢原子，且前后物质的化学性质没有发生根本性变化，这显然和基团论所依据的电化二元论产生了矛盾。人们逐渐认识到电化二元论虽然能解释大量的无机化学的实验，但却不适用于有机化合物。[123] 这就促使有机化学继续寻找自己的理论。由此，近代有机化学产生了一些闪耀的理论成果。

1852 年，英国化学家富兰克林研究金属有机化合物时，发现某些元素在有机化合物中表现出了一定的饱和力，他还把这种想法推广到无机化学领域。1857 年，德国化学家凯库勒通过对一系列化学反应的归纳研究，指出了化合物的分子由不同原子结合而成，某一原子与其他元素的原子或基团相结合的数目取决于它们的亲和力的单位数。这里“亲和力的单位数”相当于现在所说的原子价，这是近现代化学中一个重要的概念。他提出了碳四价说，认为碳原子与四原子的氢或两原子的氧是等价的，并且化合物的分子中多个碳原子可以相互连成链状，这就是碳链学说，即“对于含有几个碳原子的物质，我们必须假定碳原子的亲和力不仅有一部分与其他种类的原子结合，而且各碳原子之间也可以结合并排成一线。因此，这时一个碳原子的一部分亲和力便自然地被另一个碳原子的一部分亲和力抵消。在两个碳原子的2×4个亲和力单位中，最有可能的是一个碳原子的一个单位亲和力和另一个碳原子的一个单位亲和力相结合，即两个单位的亲和力用在了两个碳原子的结合上……”通过上述的描述，我们不仅看到了化学价，还看到了现代化学中共价键的原始概念的影子。在当时完全不了解原子结构的条件下，提出这样的观点是极其难能可贵的。1858 年，英国化学家库伯进一步发展了凯库勒的上述学说，他指出“碳原子可以和一定数目的氢、氯、氧、硫等元素结合，碳原子与一价元素的最高结合能力是四”，“碳原子之间可以结合”。他认为根据以上两点就可以解释所有的有机化合物。碳是四价和碳可以连成链状的学说，为有机化学结构理论的建立奠定了基础。[124]

18 世纪后，冶金工业的发展促进了焦炭生产，而焦炭生产的同时得到了大量的煤焦油。19 世纪上半叶，人们从煤焦油中分离出了苯、萘、蒽、甲苯、二甲苯等芳香族化合物，这些芳香族化合物开始被用于合成香料、染料等，因此化学家迫切希望弄清这类芳香族化合物的结构。化学家发现这类芳香族化合物都含有一个由六个碳原子构成的结构牢固的核，苯是这些芳香族化合物中最简单的，其化学式是 C_6H_6，但其具有什么样的结构却使化学家很困惑，如果按照碳链的观点，则苯的结构难以确定。1864 年，凯库勒通过长时间的思考，提出了以下设想：①碳链两端可以连接起来形成环；②碳原子之间可以存在重键，即碳原子之间既可以单亲和力单

123　现在我们已经知道，有机化学主要是建立在共价键基础上，无机化学既有共价键，也有离子键，而电化二元论是离子键的原始体现，离子键是基于得失电子，共价键是基于共享电子，单纯从电性的角度看，二者是难以统一的，试图利用离子键的思想统一共价键更是不可能的。离子键和共价键的统一需要在现代化学中了解原子结构及化学键形成的机制后才能实现。

124　徐建中，马海云：《化学简史》，144 页，北京，科学出版社，2019。

位相连，又可以双亲和力单位相连。1872 年，凯库勒又对上述静止的苯环模型做了补充，提出苯分子中碳原子以平衡位置为中心，不停地进行振荡运动，造成单、双键不断快速交换位置，这样就解决了苯邻位二元取代物有两种异构体的问题。苯的环状结构学说是经典结构理论的最高成就之一，有评价认为：“苯作为一个封闭链式结构的巧妙概念，对于化学理论发展的影响，对于研究这一类极其相似化合物的衍生物中的异构现象的内在问题所给予的动力，以及对于像煤焦油、染料这样的大规模工业的前导，都已被举世公认。”[125]

125 张文彦，支继军，张继光:《自然科学大事典》，261 页，北京，科学技术文献出版社，1992。

近代有机化学理论中还有一个成就，即立体化学的创立。它的兴起是从人们对有机化合物旋光异构现象的认识开始的。1848 年，法国化学家巴斯德分离得到了两种酒石酸结晶，它们具有相同的化学成分，但一种半面晶向左，另一种半面晶向右。前者能使平面偏振光向左旋转，后者则使之向右旋转，且旋转的角度相同。1863 年，德国化学家威斯利证明了肌肉乳酸和发酵乳酸具有相同的化学组成和结构式，但前者为右旋物质，后者无旋光性，由此他认为“这种差别可能是由于原子在空间有不同的排布”。1874 年，荷兰化学家范托夫和法国化学家勒贝尔分别提出了关于碳原子的四面体学说，他们认为分子是一个三维实体，碳的四个价键在空间是对称的，分别指向一个正四面体的四个顶点，碳原子位于正四面体的中心。当碳原子与四个不同的原子或基团连接时，就产生一对异构体，它们互为实物和镜像，这个碳原子称为不对称碳原子，这一对化合物互为旋光异构体。碳原子的四面体学说的建立，标志着立体化学的诞生。

在近代化学中，在没有现代原子结构知识的条件下，众多化学家通过有机化学的实践，克服了“盲人摸象”的困难，提出了化合价的概念，形成了共价键的原始思想，在分子结构上从链状结构扩展到了环和苯环，从平面结构再扩展到了立体结构，从而为建立近现代有机化学理论奠定了基础，这些成就都是在实践基础上人的意识能动性得以充分发挥的生动体现。

4. 近代化学产业的兴起

人的意识能动性主要有两方面的体现：其一是通过实践把获得的感性认识上升为理性认识，进而形成理论；其二是把发展出的理论再用于实践，改造自然界，为人类的生存、生产、生活服务。前面关于近代化学的介绍侧重于前者，下面我们侧重于介绍后者的体现，即近代化学工业的兴起和所发挥的作用。

如图 1-33 所示，近代化学工业主要分为近代无机化学工业和近代有机化学工业两部分，其中列出了有代表性的产品以及这些产品所催生的新的工业门类（如制药业、化肥工业、炸药工业等）和对已有工业门类（如钢铁工业、冶金业、纺织工业、造纸业等）的支撑。

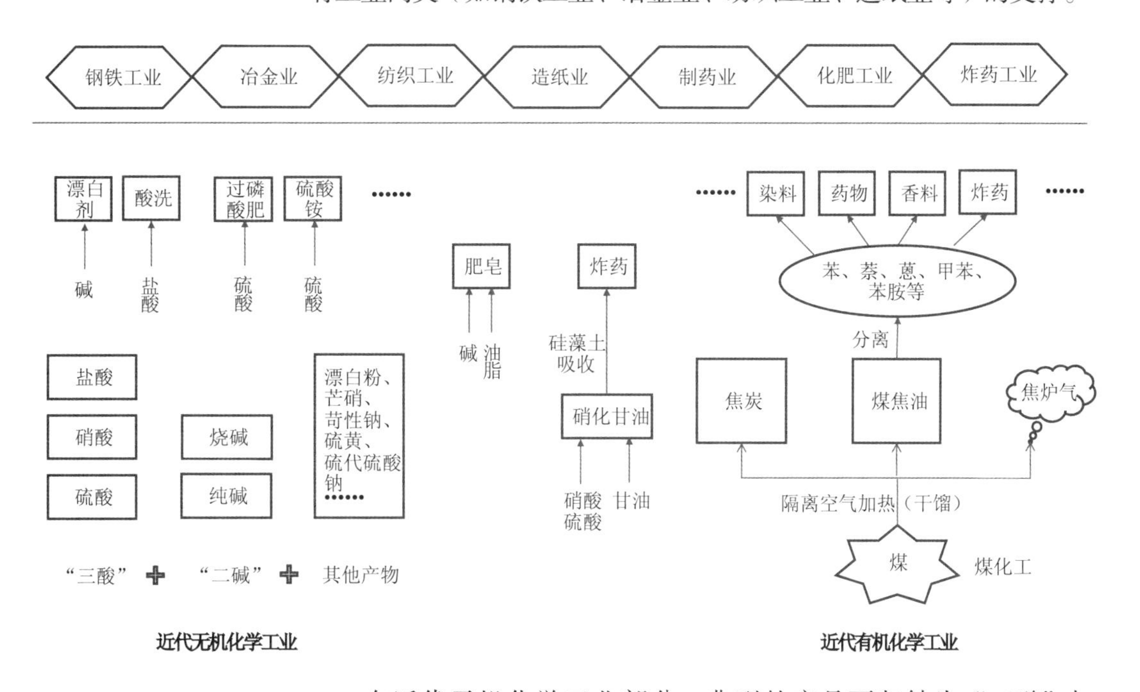

图 1-33　近代化学工业有代表性的产品及催生的新的工业门类

在近代无机化学工业部分，典型的产品可归结为“三酸”加“二碱”以及制造它们时产生的中间产物。“三酸”是指硫酸、硝酸和盐酸。在“三酸”中，硫酸最基本，它被喻为工业之母，广泛用于制造钢铁、染料、油漆、药物、炸药、各种无机酸以及盐类等，在有色金属的提炼和加工、煤焦油产品的处理、纺织品的漂染、木材的水解以及工业用液体的干燥和脱水中都要用到硫酸。1746 年，英国的罗巴克将生成硫酸的反应在一个改造的铅室内进行，将加热硫黄和硝石化合物生成的硫酸气溶于铅室底部的水中，再将铅室内不溶于水的气体排出，这样就获得了大规模生产硫酸的方法。后来，这种方法又得到不断改进，先是以通入空气替代硝石的氧化作用，后是改为将硫黄在铅室外燃烧，然后把二氧化硫气体导入铅室与水蒸气接触进而制取硫酸，这就是铅室法制硫酸。铅室法后来经过不断的改进，发展为塔式法。制造硫酸的另一种方法是接触法，它采用了另一种思路，即使用铂粉作为催化剂，但由于铂粉价值昂贵且容易中毒，促使硫酸制造者和化学家继续寻找更便宜的催化剂。[126] 碱是用作玻璃、肥皂、染料制造的漂白剂，玻璃、肥皂、染料、冶金等产业的兴起，对碱的需求增大。1788 年，法国人吕布兰提出了以氯化钠为原料的制碱方法，即先将氯化钠与硫酸反应生成氯化氢和硫酸钠，再将硫酸钠和煤末、石灰共热，得到碳酸钠

126　1914 年，人们研制成五氧化二钒（V_2O_5）作为催化剂，取得了好的效果，直到现在世界各地仍采用这种方法生产硫酸。

（碱）和硫化钙。后来，吕布兰制碱方法得到了优化，即对制碱过程中产生的氯化氢和硫化钙进行处理，变为氯气、碳酸钙和硫等，大幅度降低了成本。不过，这种方法是固相反应，存在许多缺点，如高温操作、生产不连续、劳动强度大、煤耗量大、产品质量不高等。1811 年，英国人弗列斯内尔等提出了氨碱法的思想。1861 年，比利时人索尔维经过多次实验，将盐卤与碳酸铵混合制得碳酸氢钠的沉淀，实现了氨碱法的工业化。索尔维法能连续生产，且产量大、质量高、劳动强度小、废物容易处理、原材料消耗少、成本低廉，因此逐步取代了吕布兰法成为生产纯碱（碳酸钠）的主要方法。另外，随着纺织、肥皂、造纸、炸药、染料等工业的发展，不仅需要大量纯碱，还需要比纯碱碱性更强的烧碱（氢氧化钠）。大量烧碱主要是通过电解食盐水制得。19 世纪末，由于电力成本降低，又解决了隔离电解食盐得到的氯气和氢氧化钠的问题，使烧碱生产迅速发展。“三酸二碱”作为无机化学工业生产的原料，在 19 世纪得到迅速发展，从而也催生了一些新的产业，如肥料工业。在这方面，英国的劳斯和李比希提出了将骨头用硫酸处理后作为肥料。1842 年，劳斯取得了用硫酸处理骨粉制备过磷酸肥料的专利，并开始工厂化生产，另外也用磷酸盐矿生产过磷酸肥料，肥料产业的成长一度成了硫酸的最大消费者。19 世纪后半叶，硫酸铵的生产也成了重要的产业。

如果说前面介绍的近代无机化学工业还是侧重于提炼、制取自然界中已经存在的物质并加以利用的话，那么 19 世纪开始的近代有机化学工业则进入有机合成化学的新时代。18 世纪后，冶金工业的发展促进了焦炭的生产，作为照明和加热的燃料，焦炉煤气工业也得以发展，煤焦油是焦炭工业和焦炉煤气工业的副产品，18 世纪后期仍作为废料弃置。不过，19 世纪上半叶，人们从煤焦油中分离出苯、萘、蒽、甲苯、二甲苯等芳香族化合物，煤化学取得了一系列的科技成果。1856 年，英国化学家帕金以工业苯胺为原料。重铬酸钾为氧化剂，制得了第一个采用人工方法合成的染料——苯胺紫。1871 年才统一的德国，其工业化相比英国几乎晚了一个半世纪，但德国利用煤化学的科学成就迅速发展了合成化学工业，从而打开了产业发展的战略突破口。[127] 在人工染料方面，德国化学家霍夫曼利用处理过的工业苯胺得到了碱性品红，后来又得到了溶于水的酸性染料；在天然染料方面，茜素和靛蓝是重要的天然染料，德国化学家格雷贝和里伯曼在 1869 年以从煤焦油中提取的蒽作为原料，得到了与天然茜素结构完全相同的物质，这是第一次人工合成了天然染料；德国化学家霍伊曼在 1890 年发明了以苯

127 宋健:《现代科学技术基础知识》（干部选读），24 页，北京，科学出版社，中共中央党校出版社，1994。

胺为起始原料合成靛蓝的方法。在药物方面，德国化学家科尔贝在 1853 年用苯酚合成了水杨酸，并发现其有解热效果；1872 年，科赫在用显微镜进行观察时，利用苯胺染料将细胞选择性染色，发现适当的染料可以杀死细菌，于是开始系统性地探索作用于细菌且没有副作用的有机化合物，促进了从染料化学中分离出来的化学疗法的诞生。在香料方面，1876 年，德国化学家赖迈尔和蒂曼利用从煤焦油中取得的苯酚为原始原料，生产出了水杨醛，再由水杨醛进一步生产出了香豆素，实现了人工合成香料的规模化工业生产。此外，化学家以从煤焦油中提取出来的芳香族化合物为原料，合成了 2，4，6-三硝基苯酚（苦味酸）和 2，4，6-三硝基甲苯（TNT）等强力炸药。总之，在 19 世纪后半叶，人们通过煤化工过程，获得了在钢铁工业中代替木炭的焦炭。不仅如此，还通过科技的力量，将原来的废物——煤焦油变废为宝，从煤焦油中提炼出了大量的芳香族化合物，并以这些化合物为原料，合成了染料、药品、香料、炸药等许多有机产品，形成了以煤焦油为原料的有机合成工业，这不能不说是意识能动性的巨大体现。

此外，在近代有机合成工业中，还诞生了阿司匹林、肥皂以及硝化甘油、炸药等对人类健康和生活有重大影响的产物。这里不再具体介绍。

可以看出，在近代化学阶段，人们完成了从感性认识到理性认识的过渡，并且把获得的理性认识应用于创造新物质、改造自然，已经可以利用掌握的化学理论设计、优化、规模化生产，这和古代化学完全依靠经验摸索的方式有着本质的不同，意识能动性的作用也更加巨大。这些成果开拓了制药业、化肥工业、炸药工业等新的工业门类，进一步促进了钢铁工业、冶金业、纺织工业、造纸业的发展，近代化学理论的创立使近代化学工业成为 19 世纪工业大发展的支柱产业。

1.2.8　基于量子理论的现代化学理论上的新突破带来了物质创造的全面飞跃

从前面的介绍可以看出，近代化学相较古代化学，取得了极大的进步，近代化学所支撑的近代化工产业也成为推动人类社会发展的支柱产业。尽管如此，近代化学还是存在一个致命的缺陷，即无法真正准确、定量化地从物质结构出发解决化学理论面临的基本问题，其原因是近代化学所遵循的物质结构的观点主要是基于猜测或者定性的描述。

从 19 世纪末开始，物理学取得了一系列的重大成就，首先是电子、X 射线、放射性等的发现打破了原子不可分的固有观念，其次是原子核的发现和原子结构模型的提出，再次是量子概念的产生和旧量子理论的发展，最后是量子力学理论的形成。这些重大成就使人们对于原子结构以及微观粒子世界运动规律的掌握发生了根本性改变。借助于物理学所提供的对原子及原子结构的不断深入的认识，人们逐步进入了从原子和原子结构的本质分析化学键、化学反应等基本机理的新阶段，化学具备了不同于近代化学研究的显著特征，进入了现代化学的发展阶段。如图 1-34 所示，现代化学大致可分为两个阶段：阶段Ⅰ，从电子、X 射线的发现到引入旧量子理论（玻尔原子模型），化学理论的研究以半定量和假设为主[128]，还不能以完全定量的方式从物质结构的本质解释化学现象；阶段Ⅱ，量子理论（主要是薛定谔方程和泡利不相容原理等）引入后，化学理论的研究以定量和演绎为主，依靠先进的理论和量化求解，逐步从物质结构的本质解释化学现象。

128 近代化学已引入定量，但主要体现在反映化学现象的表象上（如化学反应物和生成物量的多少）。

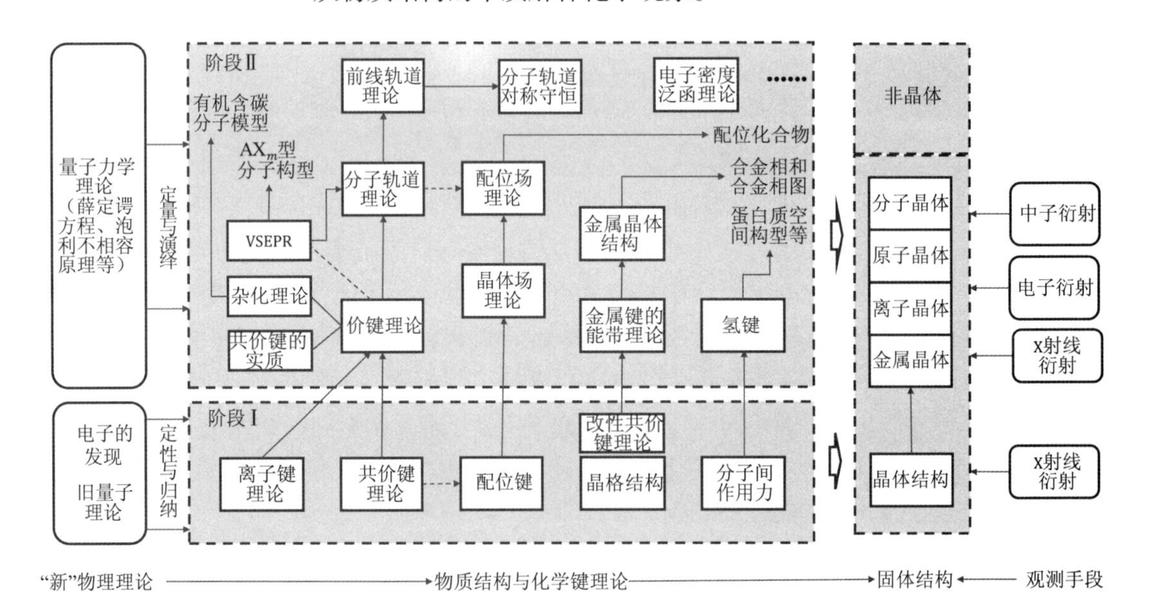

图 1-34 现代化学及其与物理学成果的关系

1897 年，J.J. 汤姆孙通过阴极射线实验发现了电子的存在。1909 年，卢瑟福根据著名的 α 粒子散射实验推测原子内部有一个非常小的带正电的原子核，并在 1911 年提出了卢瑟福行星原子模型。为解决行星原子模型的缺陷问题，1913 年玻尔把普朗克的量子观点引入原子结构，结合光谱研究的成果，以定态和跃迁概念为两个理论假设，提出了著名的玻尔原子模型，并借助光谱分析的成果，明确了原子的电子层结构，这也是旧量子理论的最大成果。从而初步确立了这样的共识：原子由原子核和核外电子组成，几乎所有的化学现象都是核外电子扮演主角，基于电子的行为可以阐释化学。在此背景下，在化学领域形成了一系列关于物质结构和化学键的理论成果。

1916 年，德国化学家克塞尔提出了化学键的离子键理论。他认为化合价的本质是原子最外层电子行为的表现，原子总是力图使其最外层电子具有稳定的惰性元素结构。因此，原子之间将会发生电子的转移而形成正负粒子，并依靠静电吸引结合成分子。金属元素的最外层电子一般少于四个，容易失去电子，成为带正电的阳离子；非金属元素的最外层电子一般多于四个，容易获得电子，成为带负电的阴离子。离子键理论较好地解释了离子型化合物的形成过程，但由于该理论建立在原子中电子完全得失的情况下，对于大量的非离子型化合物则无法解释。1916 年，美国化学家路易斯提出了共价键电子理论的观点，指出两个或多个原子可以通过共用一对或多对电子形成具有惰性气体原子的电子层结构，从而形成稳定的分子。共价键电子理论基本解释了共价键的饱和性，明确了共价键的特点，后来又完善了原子核外电子结构的“八隅体规则”，从而形成一个相对完整的理论，解释了大量的非离子型化合物的形成，也从原子结构解释了无机化合物和有机化合物的相通性。1927 年，英国化学家西奇威克根据共价键的观点和玻尔的原子理论，尝试解释配位键。他认为配位键是由单方的原子提供共用电子对的一种共价键，配位键中提供电子的原子变得部分呈正电性，接收电子的原子变得部分呈负电性，正负电性的原子产生静电相互作用而结合在一起。为解释金属的导电、导热性能，1900 年德鲁德等提出，后又被完善形成了一种假设：在金属晶体中，由于金属原子的半径比较大，原子核对价电子的吸引力比较弱，这些价电子很容易从金属原子上脱离，脱离的电子能在整个金属晶体中自由流动，被称为自由电子，自由电子不专属于某个金属离子，而是为整个金属晶体所共有，并且起到把许多原子（或离子）黏合在一起的作用，形成所谓的金属键，因此被认为是一种改性的共价键。除以上各种原子间较强的作用外，在分子之间还存在着一种较弱的相互作用，这种相互作用最初由荷兰化学家范 • 德 • 瓦尔斯在 1873 年第一次提出并用于解释气体的行为，20 世纪 20—30 年代人们开始理解这种力本质上来源于静电相互作用，并可细分为三部分：取向力、诱导力和色散力。总之，在现代化学阶段 I ，在电子的发现和玻尔原子模型等“新”物理发展的促进下，化学家通过意识能动性的发挥，对各种化学键有了进一步的认识，使原来“空泛”的化学键概念具有了物质基础，形成了在原子结构基础上对各种化学键初步的和定性的认识，为下一步深入和定量的认识奠定了基础。

在这个时期，由于X射线衍射技术的出现，人们在晶体结构认识方面取得了重大进步。我们现在知道，X射线是波长在0.01~10 Å的电磁波[129]，与所有的电磁波一样，X射线具有波粒二象性。但在当时，人们还处于X射线是波还是粒子的争论中。1909年，德国物理学家劳厄为寻找X射线具有波动性的证据，提出了利用晶体来代替人工衍射光栅的想法。[130]令人意想不到的是，这样一个在物理学上的想法取得了在物理学和化学两个学科"一箭双雕"的效果。1912年，德国物理学家弗德里奇和克尼平完成了劳厄推测的衍射实验，证实了X射线具有波动性，更重要的是还证实了晶体具有点阵结构，验证了晶体的空间点阵假说。在第一张X射线衍射图的启发下，1913年英国的布拉格父子借助X射线成功测出了金刚石的晶体结构，并提出了布拉格公式[131]，这对当时处于新生阶段的X射线晶体学的发展起到了巨大的促进作用。[132]X射线衍射技术的发展和应用是人的意识的能动性在跨学科研究上的一个生动案例。

20世纪初，物理学界提出了量子的概念，随后物理学发展出了量子力学理论。通过量子力学理论，可以定量描述包括电子在内的微观粒子的运动规律。20世纪30年代起，利用量子力学理论定量求解原子核外电子分布和相互作用变为可能。于是借助物理学的最新成果，化学家和物理学家开始从根本上解决从原子结构到化学键的问题，从而带来了现代化学理论一系列的重大突破。下面简要介绍现代化学阶段Ⅱ在物质结构和化学键方面的主要成果。

波动力学是根据微观粒子的波动性建立起来的用波动方程描述微观粒子运动规律的理论，是量子力学理论的一种表述形式。1926年，奥地利物理学家薛定谔提出了微观粒子运动满足的波动方程——薛定谔方程。随后，薛定谔方程被用于解决单个氢原子的核外电子分布问题，通过求解得到了之前通过光谱分析归纳得到的三个量子数，即主量子数（轨道能量的量子化）、角量子数（轨道形状的量子化）、磁量子数（轨道位置的量子化），并利用这三个量子数及约束关系，以演绎的方式得到了氢原子核外电子的"轨道"结构，取得了巨大成功。1927年，德国物理学家海特勒等提出了一种针对薛定谔方程中波函数的多粒子体系能量计算的近似方法，通过计算两个氢原子构成的氢分子体系的能量和波函数，分析氢分子的结构问题，在考虑电子自旋的情况下，发现如果使氢分子的能量达到最低，两个电子的密度分布（波函数）就要集中在两个原子核之间，并出现密度分布上的重叠，两个电子在密度分布上的重叠形

129 1 Å=10^{-10} m。

130 当时人们已经认识到晶体具有空间点阵结构，并且根据原子量、分子量、阿伏伽德罗常数以及晶体的密度等估算出晶体原子间的距离在1Å左右，该距离大小刚好和X射线的波长相当，满足发生X射线衍射的条件。

131 $2d\sin\theta=n\lambda$，其中d为晶面间距，θ为入射角，λ为X射线的波长。有两种调节方法可以获得X射线衍射：固定入射角θ，变动波长λ，这是劳厄法；固定波长λ，变动入射角θ，这是后来发展的粉末法。

132 X射线衍射测定晶体结构的实际过程：在X射线照射下，晶格中每个格点成为一个散射中心，由于这些散射中心在空间周期性排列，因此这些散射波彼此相干，在空间发生干涉。通过处理同一个晶面中各点之间的干涉以及不同晶面之间的干涉，就可以获得晶体点阵的三维结构。

成了交换能，交换能的大小由波函数的重叠程度决定，其来自量子力学效应[133]，比库仑能要大得多，决定了化学键的强度，从而首次阐明了阿伏伽德罗假设所假设的双原子分子的键的本质，具有划时代的意义。[134]

133　如果按照经典电磁理论，两个电子都带负电荷，由于同种电荷间的斥力，两个电子的密度分布应当是趋于分开而不是重叠。我们现在知道，这两个电子发生了量子纠缠，即形成了自旋相反的一对电子，它们不能被识别但可以被交换，这也就是交换能的来源。

134　[日]广田襄：《现代化学史》，丁明玉译，165 页，北京，化学工业出版社，2018。

在处理氢分子成键的基础上，逐渐形成了价键理论（VB 理论）的基本观点：如果原子在未化合前有未成对的电子，这些未成对的电子可两两结合成电子对（自旋相反），这时两个电子的密度分布（波函数）发生重叠，使原子轨道重叠交盖，形成一个共价键，将不同的原子结合在一起成为分子；一个电子与另一个电子配对以后，就不能再与第三个电子配对；电子的密度分布（波函数）重叠越多，所形成的共价键就越稳定。由于这个概念和人们熟知的价键概念有很好的可比性，而且价键理论比较好地解决了大部分基态分子成键的饱和性和方向性问题，所以价键理论很快被接受和发展起来。不过，很快价键理论在解决有机物分子成键问题时遇到了困难。例如，对于 CH_4 分子，实验结构早已显示它是正四面体结构，即 CH_4 中的 C 原子有四个共价键，而 C 原子基态的电子层结构中只有外层 2p 轨道上的两个未成对的电子 $(p_x)^1$ 和 $(p_y)^1$，这样价键理论就无法解释 CH_4 分子的结构问题。

为解决上述问题，美国化学家鲍林在 1931 年提出了杂化轨道理论。杂化轨道理论从电子具有波动性，而波可以叠加的观点出发，认为碳原子和周围电子成键时所用的轨道不是原来纯粹的 s 轨道或 p 轨道，而是同一层的 s 轨道或 p 轨道经过叠加混杂而得到的杂化轨道。对于 CH_4 分子，其杂化前后的外层电子结构的变化如图 1-35 所示，杂化前，2s 轨道的能量比 2p 轨道的能量稍低，C 原子外层的 4 个电子，其中的 2 个电子优先填满 2s 轨道，按照洪特规则[135]，其他 2 个电子分别填在两个 2p 轨道上；杂化后，2s 轨道和 2p 轨道能量不再有差别，原来 2s 轨道上的 1 个电子被激发到 2p 轨道上，4 个电子分别占据一个 2s 轨道和三个 2p 轨道，于是 C 原子外层就有了 4 个未成对电子。鲍林假定在四价碳的化合物中，成键轨道不是单纯的 2s 轨道和 2p 轨道，而是由它们混合起来重新组成的四个新轨道，其中每一个新轨道含有 1/4 个 2s 轨道和 3/4 个 2p 轨道，他把这样的轨道称为杂化轨道，把由一个 s 轨道和三个 p 轨道组成的杂化轨道称为 sp^3 杂化轨道。这种杂化轨道中的四个轨道形

135　在能量相等的轨道上，电子尽可能自旋平行地分占不同的轨道。

状不相同、方向不同，角度分布的极大值指向四面体的四个顶点，这就很好地解释了 CH_4 分子是正四面体结构的事实。杂化轨道理论在解释有机含碳分子模型时得到了广泛的应用。不过，杂化轨道理论在解释分子的磁性、多原子分子以及许多的有机共轭分子结构时遇到了困难。

杂化前结构 ↑↓ 2s ↑ $2p_x$ ↑ $2p_y$ $2p_z$ ⇨ 杂化后结构 ↑ 2s ↑ $2p_x$ ↑ $2p_y$ ↑ $2p_z$

图 1-35 杂化轨道示意图

无论是价键理论，还是杂化轨道理论，都存在一个局限：它们都缺乏把分子作为一个整体的全面考虑。例如，价键理论认为形成共价键的电子只局限于两个相邻原子间的小区域内运动，而杂化轨道理论是对价键理论的拓展，打破了 s 轨道和 p 轨道甚至 d 轨道间的严格界限[136]，但没有真正彻底地改变这种局限。1932 年，美国化学家马利肯和德国物理学家洪特提出了分子轨道理论，分子轨道理论把分子当作一个整体处理，侧重于分子的整体性，比较全面地反映了分子内部电子的各种运动状态。分子轨道理论的要点包括：①在分子中，电子不从属于某些特定的原子，而是在遍及整个分子范围内运动；②分子轨道由原子轨道线性组合而成；③在分子中电子填充分子轨道时遵从“成键三原则”，即服从能量最低原理、泡利不相容原理和洪特规则，在成键时，轨道重叠越多，生成的键越稳定。分子轨道理论从分子的整体出发，同时又继承了原有价键理论的合理因素，它在解释分子磁性、多原子分子以及有机共轭分子结构时获得了成功。分子轨道理论对 20 世纪后半叶化学的许多领域都产生了巨大冲击。

136 鲍林在解决多原子结构时，曾进一步把 d 轨道组合进去，得到 s-p-d 杂化轨道，以解释络合物离子的结构。

期间，还提出了一个简单实用的理论——价层电子对互斥理论。该理论不需要原子轨道的概念，主要依据中心原子价电子层中电子对（成键电子对和未成键的孤电子对）的相互排斥作用来确定 AX_m 型分子的几何构型，即遵循总是采取电子对互相排斥最小的那种结构的原则。该理论和杂化轨道理论在判断分子的几何结构方面可以得到大致相同的结果，使用方便，但是该理论不能很好地说明键的形成原理和键的相对稳定性，在这方面还要依靠价键理论和分子轨道理论。[137]

137 武汉大学，吉林大学等:《无机化学（上册）》（第 3 版），166 页，北京，高等教育出版社，1994。

量子力学理论的应用还在金属键理论方面带来了巨大的进步，在 20 世纪 30 年代形成了金属键的能带理论。能带理论把金属晶体看成一个大分子，这个分子由晶体中所有的原子组合而成，各原子轨道之间的相互作用组成一系列相应的分子轨道。由于金属晶体中原子数目极大，所以这些分子轨道之间的能级间隔极小，进而形成了以下能带：由已充满电子的原子轨道所形成的低能量能带称为满带；由未充满电子的原子轨道所形成的高能量能带称为导带；满带和导带之间的能量间隔较大，电子不宜逾越，称为禁带。金属之所以成为导体是由于在导带价电子尚未充满，其中有很多能量相近的空轨道，故在外电场的作用下，电子被激发到未充满的轨道中而向另一个方向运动，进而形成了电流。能带理论也解释了金属晶体中晶格结构的形成原因，即由于金属原子中只有少数的价电子能用于成键，这样少的价电子不足以使金属晶体中原子间形成正规的共价键或离子键，金属在形成晶体时倾向于组成极为紧密的结构，使每个原子拥有尽可能多的相邻原子，这样就形成了相应的晶格结构。

量子力学理论同样也被用来解释配合物的键及物理性质。1929 年，德国物理学家汉斯 • 贝特提出了晶体场理论。该理论将金属粒子和配位体之间的相互作用看作静电的吸引与排斥作用，同时还重点考虑了配位体对中心离子 d 轨道的影响，认为在配位体场的影响下，五个 d 轨道会分裂成两组以上能量不同的轨道，d 电子进入低能轨道时会产生稳定化能，进入低能轨道的电子数越多，则稳定化能越大，配合物越稳定。晶体场理论解释了配合物的磁性、配离子的空间构型、配离子的稳定性以及配合物可见光谱（颜色）等问题，但在解释配位体对中心离子的配合能力时不理想，这主要是因为晶体场理论认为中心离子与它周围配位体的相互作用是纯粹的静电作用，完全没有共价的性质，但实验却证实中心粒子的轨道与配位体的轨道有一定的重叠，即具有一定的共价成分。1952 年，欧格尔把晶体场理论和分子轨道理论结合起来，即把 d 轨道能级分裂的原因看作静电作用和生成共价键分子轨道的综合结果，该理论称为配位场理论，它克服了晶体场理论的不足，成为目前为止较为完善的络合物化学键理论。

氢键是一种既存在于分子之间，也存在于分子内部的作用力。它比化学键弱，而比范德华力强。氢键的存在最早来自 1912 年摩尔和温米尔所做的推测。1920 年，拉蒂默和罗德布什用这个概念说明了水、氟化氢、氨水、醋酸等的聚合。20 世纪 30 年代，哈金斯和鲍林的研究在氢键概念的巩固和传播过程中起到了关键的作用。鲍林对氢键的解释是氢键起因于电负性大的氟、氧、氮等原子与氢原子之间的静电吸引力，并以此说明了水、氟化氢、氨水等尽管分子量小，但沸点却很高的特异现象。哈金斯则在其发表的论文中详细讨论了碳酸中的氢键和角蛋白折叠中氢键对稳定构象的影响，并大胆地预测了氢键将在生物大分子研究中占据重要地位。1953年，在用X射线衍射技术确定DNA双螺旋结构模型时，显示氢键是这个模型的重要组成部分。氢键相当普遍地存在于许多化合物和溶液中，在水和有机酸的聚合、核酸结构等许多领域的化学现象中扮演着重要角色，虽然其键能不大，但其作用是绝不可忽视的，人们对于氢键在生物分子、酶催化反应、分子组装以及材料性质等领域中的潜在应用寄予了很大的希望。但目前关于氢键的本质的认识还在探索中。首先，氢键主要是静电作用的观点难以解释氢键具有方向性和饱和性的现象，因为静电作用没有方向性和饱和性；其次，近些年来有实验表明某些超强氢键还显示出共价性，这也是目前理论难以解释的。

在研究化学键和分子结构时，理论的分析与建立是离不开观测手段的支持的。除前面已经介绍的X射线衍射技术不断得到完善和发展外，随着物理学的发展，还出现了电子衍射技术和中子衍射技术。由于原子对电子射线的散射能力要比X射线的散射能力大10 000倍，因此用电子衍射来摄取气体分子的衍射图要比X射线快得多，目前电子衍射主要用于测定气体分子的构型；又由于电子衍射的穿透能力比X射线低，因此电子衍射还用于研究薄膜或固体表面结构。中子衍射则具有中子只对原子核散射，而可以忽略与核外电子的相互作用的特点，在测定晶体结构中轻原子的位置、研究由原子系数接近的元素构成的化合物的结构方面独具优势。同时，又由于中子具有磁矩，能与磁性原子相互作用，因此中子衍射成为研究磁性微观结构的一个直接工具。[138]

138　徐建中，马海云:《化学简史》，260页，北京，科学出版社，2019。

总之，进入20世纪30年代以后，随着量子力学理论被引入化学领域，化学家、物理学家充分发挥了人的意识的能动性，把量子力学理论所提供的关于微观粒子运动和相互作用规律的定量化描述与原有理论和丰富的实践有机结合，在有关化学键和分子组成的各个方向上互为促进，形成了一系列关于化学键和分子结构的现代化学理论，并且目前还在继续发展中。例如，在分子轨道理论基础上经过简化发展的前线轨道理论等，这里不再具体介绍。

现代化学除在化学键和分子结构方面的巨大进展外，在现代化学反应理论方面也取得了显著的进展。在化学热力学方面，最重大的突破是对不可逆过程热力学的研究以及针对非平衡态热力学提出的耗散结构理论，其重要意义已经超越了物理学、化学、生物学而进入社会生活领域。在化学动力学方面，20世纪初，反应速率理论是以气体分子运动论为基础的双分子反应碰撞理论；20世纪30

年代，在量子力学和统计力学理论的基础上，发展为反应速率的过渡态理论。20 世纪，人们对催化作用和催化剂的认识又有了新的发展，催化技术被广泛应用于化学工业。20 世纪 50 年代以后，催化作用的模型开始朝着化学键变化的微观模型发展。不过目前科学家对催化剂的作用原理和反应机理还没有完全搞清，仍在探索中。

在现代有机化学方面，在现代化学理论的推动下，发展起有机合成化学、金属有机化学、天然产物有机化学等新兴学科。有机合成化学利用现代化学理论指导有机合成中的各步反应，使有机合成化学的状况发生了巨大变化，创造出了无数新的有机分子。金属有机化学则把无机化学和有机化学有机地交叉结合起来，在金属有机化合物催化方面产生了巨大的活力和作用。天然产物有机化学则是通过对各类天然产物的化学成分、结构特征、分离方法、成分测定等研究，最终达到对人类所需有效成分的生物合成。

不仅如此，现代化学还产生了高分子化学、超分子化学、生物化学、环境化学、宇宙化学等分支，在理论的深度和广度方面远远超过了近代化学。在现代化学理论基础上发展的现代化学工业更是深刻改变了我们所处的物质世界和社会面貌。化学的主要目的就是认识和研究自然界中已经存在的分子、合成和创造新的分子。下面我们通过一系列数据来简单体会化学对人类社会发展的贡献。1900 年，登记的从天然产物中分离出和人工合成的已知化合物是 55 万种；经过 45 年翻了一番，到 1945 年达到 110 万种；随后 25 年又翻了一番，到 1970 年达到 236.7 万种；再之后，新化合物增长的速度大大加快，大约每隔十年翻一番，截至 2011 年，登记的已知的有机和无机化合物已达 6 000 万，目前每天新化合物的增长速度大约是 12 000 种。这些新的化合物给人类带来了生命、能源、材料、环境等生存与发展核心要素上的改变。这些成就都离不开一个根本的因素，即在实践基础上人的意识能动性的充分发挥，特别是当有“外来”相关基础理论的推动时。

物质是第一性的，但意识对物质具有巨大的能动性，二者不可或缺。

第 2 章　基础化学中的辩证法：化学世界里的普遍联系与变化发展

辩证唯物主义认为，物质世界是普遍联系的，物质世界还是运动、变化和发展的。普遍联系和变化发展是辩证唯物主义的基本观点和总特征。本章我们将从化学键和化学反应两个化学学科最重要概念的实质展开讨论，揭示化学世界里所体现的普遍联系与变化发展。

需要指出的是，化学键的实质是组成分子的原子核外电子间的相互关系，化学反应又建立在化学键的基础上，而原子和原子核外电子都是微观粒子，微观世界里的微观粒子具有和宏观世界不同的运动规律，因此如果我们要真正了解化学键和化学反应的实质，就必须遵从微观世界里的规律。量子力学理论提供了描述微观世界规律的有力武器，所以本章我们基于量子力学的观点去认识化学键和化学反应的实质，并进而证实化学键和化学反应在哲学上所揭示的正是辩证唯物主义的普遍联系与变化发展的基本观点。

2.1 化学键的基础：核外电子的分布、运动与联系

按照传统观点，通常采用“轨道”的概念来理解和描述核外电子的运动，其最高成就是玻尔原子模型理论，尽管其人为引入了能级和跃迁的概念为理解核外电子的分布、运动提供了简单、形象的方案，但其没有反映核外电子运动的真实状况和实质特征。因此，我们需要暂时告别传统观点，进入量子力学的观点中，只有这样，我们才能真正了解核外电子运动的真实状况和实质特征，了解化学键的本质，进而了解化学反应的本质。

2.1.1　薛定谔方程与原子核外离散的壳层结构

在薛定谔提出薛定谔方程之后，其很快被用于求解单个氢原子核外电子的分布规律。按照量子力学的观点，原子外的能级是离散的，通过求解单原子系统的薛定谔方程，人们得到核外电子的能级

是分层的，每一个层内又分子层（不同的形状），每类子层（形状）还可以具有不同的方向，这样就得到了三个量子数：径向量子数、极角量子数和方向角量子数（对应此前的主量子数、角量子数和磁量子数），分别表示电子云在径向上能量的量子化、电子云形状的量子化和电子云方向的量子化，这和玻尔原子模型中根据元素光谱的实验观测分析得到的结论是一致的。

理论上求解薛定谔方程是非常困难的，即使对于单个氢原子体系的求解也需要专业的数学工具。这里我们仅以一个相对简单的方法，说明如何从薛定谔方程得到上述的三个量子数，以及根据这些量子数如何得到电子云（电子的概率分布）特征和原子核外离散的能级分布（壳层结构）。

如图 2-1 所示，首先介绍一个最简单的情况，即求解一维无限深方势阱模型的薛定谔方程。对于一维无限深方势阱，在势阱内，粒子的势能为零；在势阱外，粒子的势能为无穷大。这时的定态薛定谔方程是一个简单的线性二阶微分方程：

$$-\frac{\hbar^2}{2m}\frac{d^2\varphi}{dx^2}=E\varphi$$

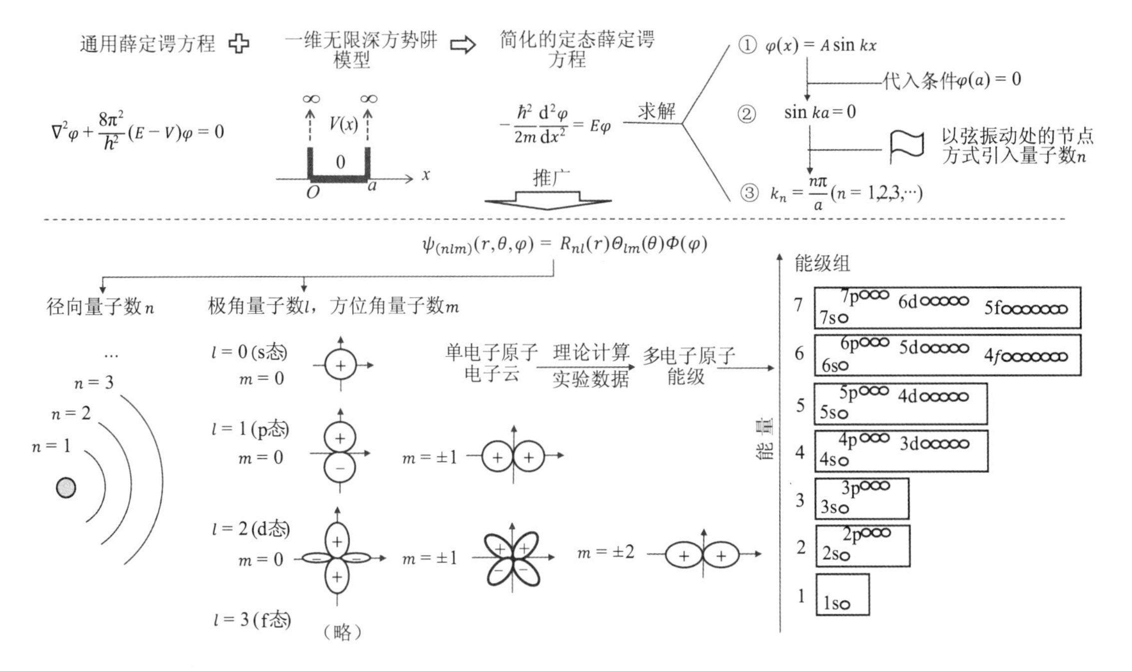

图 2-1　从薛定谔方程到原子核外电子壳层结构

很容易得到该线性二阶微分方程的解的形式是 $\varphi(x)=A\sin kx$，代入条件 $\varphi(a)=0$，可以得到 $\sin ka=0$，于是得出以下结果：只有一组离散的值 $k_n=\frac{n\pi}{a}(n=1,2,3,\cdots)$ 是方程的解，可以形象地理解为以弦振动处的节点方式引入一个量子数n。[1]

1　赵建:《写给未来工程师的物理书》, 250-252 页，天津，天津大学出版社，2021。

在球坐标系中，单个氢原子体系薛定谔方程的波函数可以分解为三个本征解的乘积，即 $\psi_{(nlm)}(r,\theta,\varphi)=R_{nl}(r)\Theta_{lm}(\theta)\Phi(\varphi)$。将以上一维无限深方势阱模型扩展为三维无限深方势阱模型，用于讨论单个氢原子体系，就可以分别引入三个量子数：径向量子数，对应电子层数；极角量子数和方位角量子数决定电子子层的形状和方向。通过数学上的进一步求解，可以得到三个本征解的波函数形式[2]，从而画出其几何特征，$R_{nl}(r)$给出了电子层划分壳层结构；$\Theta_{lm}(\theta)$给出了电子层内电子子层的类型、几何特征和数量限制；$\Theta_{lm}(\theta)$和$\Phi(\varphi)$结合起来，可以得到电子子层的立体几何模型，这就是常说的s态、p态、d态和f态的电子云模型。

2 赵凯华，罗蔚茵：《量子物理》（第 2 版），224 页，北京，高等教育出版社，2008。

多电子原子系统的能级难以单独用薛定谔方程求得精确解，通常采用理论分析和实验数据相结合的方式得到，于是就可以得到一个典型的多电子原子系统的能级图，如图 2-1 中右侧部分所示。它为描述原子核外电子的运动提供了必要的条件。

2.1.2 量子视角下的核外电子运动图景

在描述传统原子模型和电子运动时，会遇到一个无法逾越的问题，那就是电子运动时都会不可避免地向外辐射电磁波而不断失去能量，这将导致电子的能量越来越低，从而不断地落向原子核，最终撞向原子核，最终会使原来的原子失去稳定性而塌缩，也就不会有稳定的化学键和稳定的物质世界。在旧量子论时代，玻尔在其著名的玻尔原子模型中创造性地假定电子有离散的轨道，并假定电子在其轨道上运动时不辐射电磁波，只有在不同轨道跃迁时才吸收或释放能量，且吸收或释放的能量等于不同轨道对应的能级差。可见，以上关于核外电子运动的规律是建立在假设的基础上。而只有用理论推导而不是假设的方式说明以上的规律，并与实际观测的情况相符，才能算得上真正认识核外电子运动的规律，从而也才能算得上真正认识建立在核外电子运动规律基础上的化学键的本质，而这需要基于在量子视角下的核外电子运动图景。

在量子视角下，没有传统“轨道”的概念。通过求解薛定谔方程，可以得到原子核外电子出现在空间各处的概率密度分布，并形成由核外电子概率分布产生的电子云的概念。按照量子力学的解释，由薛定谔方程解得的谱函数幅度的平方值代表的是电子在空间各处出现的概率密度。用电子出现的概率密度描述核外电子的运动来自量子最基本的特性——波粒二象性的要求，该特性指出任何微观粒子的运动都是粒子性和波动性的对立统一，波粒二象性保证了电子的整体性运动和概率性出现的统一。这样，在一段时间内，电子以谱函数幅度确定的概率密度出现在原子核外的周围空间，形成呈现轨迹的“点阵图”，这就是电子云。核外电子形成的电子云呈现分区、分形状、分方向的特点，这是量子力学中能量是离散的基本观点的反映。按照能量是离散的要求，通过对薛定谔方程的求解，原子核外空间首先划分成不同的电子层，不同电子层的能级不同；随后，每个电子层内又被划分为不同的电子亚层，不同电子亚层的能级也不同；同一电子亚层的能级相同，但可以具有不同的方向，对应不同电子云的形状。于是，原子核外空间就出现电子层、电子亚层和不同电子云形状自上向下三级的划分，不同的电子按照不同能级的要求以概率的方式出现在和其能量相符的电子层、电子亚层和电子云空间范围内。当电子在不同的电子层、电子亚层间跳跃时，就会出现能级跃迁，即吸收或释放的和能级间对应的能量，这就解释了核外电子的跃迁问题。特别重要的是，由于电子云是由核外电子依据对应的规则以概率出现的轨迹构成的，因此电子云不是完全静止不变的，而是可以发生动态的调整，以满足高一层次规则的要求。例如，为满足高一层次（分子层次）能量最低的规则，相邻近的两个原子的核外电子的电子云可能发生部分的重叠，这就是基本的共价化学键的实质；同样，在一些条件下，为满足高一层次（分子层次）能量最低的要求，同一电子层原来能级不同的电子亚层的不同电子云能级动态趋同，形状发生组合，这就是杂化轨道理论的基础；而在一些情况下，不仅原子最外层电子的电子云受影响，并参与化学键的形成，而且次外层电子的电子云（如 d 层）也会参与化学键的形成，以实现更低的整体能量，这就是配位键理论的基础。因此，通过建立在电子整体性运动和概率性出现上的动态电子云的概念，可以更容易理解各类化学键的实质。

下面我们从量子视角下的电子运动图景，简单解释一下核外电子运动但不辐射能量的原因。根据能量是离散的以及薛定谔方程的要求，可以得到电子在核外以概率方式在空间出现的概率以及形成不同的电子云的形状。这些电子云是离散的，不同的电子出现在与自身能量相符的电子云上。这可以视为电子在电子云上的一个静态图像，这些电子云可以看作核外电子能量在空间分布的驻点位置，电子出现在这些驻点位置上就如同处于牛顿力学中受力平衡的位置上一样。在量子力学中，还有一个基本的原理，即不确定原理。不确定原理指出任何一个微观粒子都要满足位置之差和动量之差的乘积大于或等于与普朗克常数相关的一个常数[3]，这实际上意味着任

3　即粒子位置的不确定性和动量不确定性的乘积必然大于或等于 $h/4\pi$，其中 h 是普朗克常数。

何一个微观粒子都不会绝对静止，而是在不断的运动中，这是微观粒子的固有属性，不需要任何力或作用的驱动。这样，原子核外电子的运动就可以视为电子在保证系统能量最低的驻点位置上，以自身固有属性，不消耗任何能量而产生抖动，故不消耗能量且不发射电磁波。因此，只有采用量子视角下的电子运动图景，才能克服传统轨道概念所难以克服的在理论上的一个障碍。

不过，要解决原子的壳层结构问题，并在微观上解释化学键的实质，还需要认识电子另一个固有属性——自旋，只有这样才能理解核外电子为什么可以有序填充，以及为什么电性相同的两个电子能结合在一起形成一组电子对。

2.1.3 电子自旋：狭义相对论时空联系的延续

为解释碱金属发射光谱的双线特性、原子的壳层结构和元素周期表等问题，1924 年，泡利提出了电子应该存在一个“二值的”量子自由度，电子拥有一个半整数的量子数，这样电子的量子数就由原来的三个增加为四个。泡利进一步提出：原子不可能具有两个或两个以上相同的电子，这样原子核外壳层结构的每个轨道能够且仅能最多容纳两个电子。这就是泡利不相容原理。对于这个原理，泡利当时没有提出任何正式的解释，而且认为也没有可替代的方案。泡利不相容原理在解释光谱的双线特性，特别是原子的壳层结构和元素周期表时取得了成功，因为如果没有泡利不相容原理，多电子原子的所有电子就可能全部集中在能量值最低的轨道上，也就不能构成各自不同的稳定元素，自然也就没有元素周期表和元素周期律了。后来，为解释泡利不相容原理，有人提出第四个自由度可以理解为电子绕一个固定的轴转动，产生了一个固定的磁矩，这就是电子自旋最初的说法。显然，这种解释是难以令人满意的，因为根据估算，自旋的电子要想产生它所表现出来的那么大的角动量，其表面速度要大于光速，这是违反狭义相对论的，而且也难以解释电子的转动产生的磁矩是离散的，而且只有两个。

薛定谔方程没有考虑相对论效应，是非相对论量子力学方程。1928 年，英国物理学家狄拉克通过改变原来状态函数 Ψ 的空间形态（三分量场），引入了新型的场——四分量旋量场 Ψ_u，这实际上是将原来分离的空间和时间合并成统一的四维时空，于是狄拉克就建立了满足狭义相对论的狄拉克方程：

$$\left(\sum_{v=1}^{4}\gamma_v\frac{\partial}{\partial x_v}+\frac{m}{\hbar/2\pi}\right)\psi_u=0$$

其中，γ_v 是 4×4 的矩阵。[4] 根据该方程，可得到电子的自旋值 $\frac{1}{2}\hbar$ 有正负两个本征值，分别对应电子自旋的两个状态，一个是正旋，一个是反旋。

电子自旋是由狄拉克方程得到的，其直接含义是对于一个自由电子，空间是各向同性的，理应要求角动量守恒，但实际的计算却表明，轨道角动量不守恒，这就迫使人们要求电子除轨道角动量外，还应该有内禀角动量，而这就是自旋。[5] 电子自旋的特性之所以在薛定谔方程中没有体现，而在狄拉克方程中有所体现，是因为狄拉克方程是在薛定谔方程的基础上引入了狭义相对论，把原来孤立的一个三维空间和一个一维时间合并成一个统一的、相互联系的四维时空（又称闵可夫斯基时空），在这个四维时空中，为保证各向同性的要求，电子总的角动量仍然要求守恒，但由于轨道角动量不守恒，因此必须引入自旋作为电子的内禀角动量，以实现总角动量的守恒。因此，可以说电子的自旋来自时空联系。

不过，直到今天，对于自旋概念的想象仍然十分困难。现在我们已经不再把自旋理解为粒子绕其自身某个轴的转动，而是说自旋是粒子的内禀性质，这就如同一个粒子具有质量和电荷一样，自旋成为粒子的一个标签，所有基本粒子都可以被赋予一个自旋的标签。另外，因为自旋是微观量子具有的量子特性，所以对自旋的理解也需要采用量子化的观点，即利用量子态叠加性来理解，只有这样才能更好地理解核外电子形成化学键的机制。

例如，假定原子 A 外层的一个原子轨道上只有一个单电子，如果按照经典理论理解，该电子要么正旋，要么反旋；再假定原子 B 外层的一个原子轨道上也只有一个单电子，如果按照经典理论理解，该电子也是要么正旋，要么反旋。这样，当原子 A 和 B 靠近的时候，两个电子有 50%的概率处于自旋相同的情况，根据泡利不相容原理，这意味着当原子 A 和 B 相碰时有 50%的概率不能构成共用电子对。而事实却是，原子 A 和 B 靠近形成电子对的时候，对于各原子的性质并没有必须满足的特殊条件，这样我们也就不必为电子对键如此广泛出现和特别重要而感到费解了。[6] 也就是说，原子 A 和 B 靠近形成电子对的时候不存在只有 50%成功概率的限制。

而按照量子化的观点，原子 A 外层的那个原子轨道上的单个电子遵循量子态叠加原理，即如果不进行测量，该电子的状态是两个本征值（正旋和反旋）的线性叠加，可以认为同时包含自旋和反旋两种成分；同样，原子 B 外层的那个原子轨道上的单个电子也遵

4 [美]Laurie M Brown，Abraham Pais，Brian Pippard：《20 世纪物理学》（第 1 卷），刘寄星译，174 页，北京，科学出版社，2014。

5 曾谨言：《量子力学（卷Ⅱ）》（第 3 版），592 页，北京，科学出版社，2000。

6 [美]鲍林：《化学键的本质》，陈元柱译，17 页，北京，北京大学出版社，2020。

循量子态叠加原理，即如果不进行测量，该电子的状态也是两个本征值（正旋和反旋）的线性叠加，也同时包含自旋和反旋两种成分。当原子A和B靠近的时候，原子A外层的那个原子轨道上的单个电子和原子B外层的那个原子轨道上的单个电子并不会发生状态相斥而不能形成电子对键的情况。相反，为使能量最低，两个电子间可以产生量子纠缠，进而形成电子对键。形成电子对键的两个电子的状态也符合量子态叠加原理，只有经过测量，才能确定是处于正旋还是反旋，由于量子纠缠的作用，在测量后电子对键的两个电子的状态一定是相反的：如果来自原子A的电子是正旋，那么来自原子B的电子一定是反旋；如果来自原子A的电子是反旋，那么来自原子B的电子一定是正旋。因此，采用量子化的观点，我们就比较容易理解由各类原子构成的物质世界中为什么电子对键的存在如此广泛和容易。而电子对键的概念又是整个化学学科的基础。从这个角度看，电子的自旋特性对于化学实在是太重要了。

而如果说原子核外电子的电子云的概念体现了哲学上运动的观点，那么电子自旋的概念则体现了哲学上联系的观点，因为自旋是相对论量子方程的产物，它在本质上来自时空联系。如果把电子云和自旋结合在一起，核外电子的运动则共同体现了哲学上联系和运动的特征。尽管以上主要是物理学层面的分析和结论，但这些分析和结论是核外电子排布的基础，也是化学键的基础，而化学键又是整个化学学科的基础，因此从一开始化学学科最底层的概念就建立在哲学的联系和运动的观点之上。

有了核外电子的壳层结构和电子自旋的相关概念和原理，我们就可以具体讨论原子核外电子的分布和化学键的形成的问题。

2.1.4 核外电子的排布规律：化学的起点

本小节我们首先汇总一下前面讨论到的原子核外电子分布经过量子化以后产生的4个量子数的关系、范围和对应的空间特征。

如图2-2所示，与原子核外电子分布相关的4个量子数是 n,l,m,m_s，分别称为主量子数、角量子数、磁量子数和自旋，前面3个取值决定着电子能量、角动量以及电子离原子核的远近、原子轨道的形状和空间取向，m_s决定着电子自旋的取向。

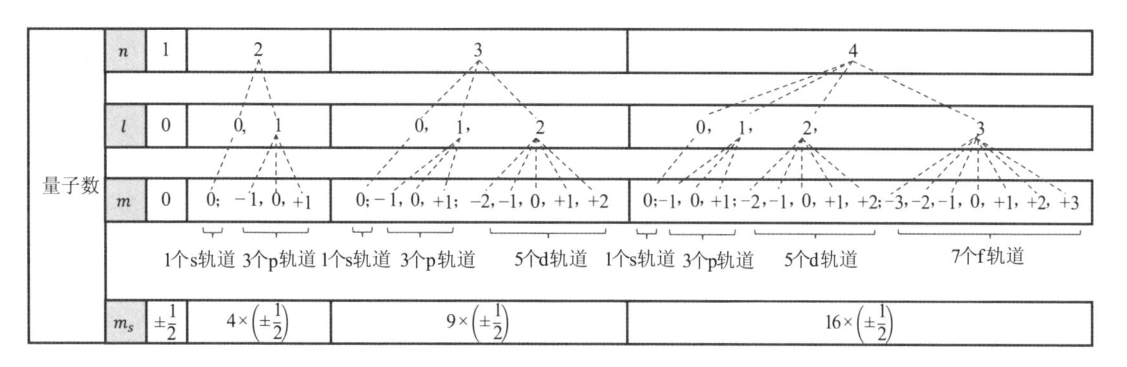

图 2-2　原子核外电子分布的四个量子数及其关系

在原子中电子最重要的量子化性质是能量，原子轨道的能量主要取决于主量子数n，主量子数离原子核的平均距离越远，能量越高，电子层习惯上用 K、L、M、N、O 表示。

在多电子原子中，原子轨道的能量不仅取决于主量子数n，还受到角量子数l的影响，并且角量子数l的取值受主量子数n的限制，只能取 $0\sim(n-1)$ 的整数。按照光谱学的规定，对应的符号为 $s,p,d,f,g,\cdots$ 。当 n 一定时，l的不同取值代表同一电子层中不同状态的亚层。角量子数l还表明原子轨道的角度分布的不同形状：$l=0$，为 s 原子轨道，角度分布为球形对称；$l=1$，为 p 原子轨道，角度分布为哑铃形；$l=2$，为 d 原子轨道，角度分布为花瓣形……对多电子原子而言，n相同，l不同的原子轨道，角量子数l越大，能量越大。

磁量子数m决定着轨道角动量在磁场方向的分量，m的取值受到角量子数l的限制，取值为 $-l,-l-1,\cdots,0,\cdots,l-1,l$ ，共$(2l+1)$个值。

磁量子数m决定着原子轨道在核外空间的取向。当 $l=0,m=0$ 时，m只有 1 个取值，表示 s 轨道在核外空间只有 1 种分布取向，就是以核为球心的球形；当 $l=1,m=\{-1,0,1\}$ 时，m有 3 个取值，表示 p 轨道在核外空间有 3 种分布取向，它们分别沿 z轴、x轴、y轴取向，就是 p_z、p_x、p_y 轨道；当 $l=2,m=\{-2,-1,0,1,2\}$ 时，m有 5 个取值，表示 d 轨道在核外空间有 5 种分布取向，它们分别沿 z^2、xz、yz、xy、x^2-y^2 取向，就是 d_{z^2}、d_{xz}、d_{yz}、d_{xy}、$d_{x^2-y^2}$ 轨道……

以上就是由量子力学的薛定谔方程解得的原子核外电子的量子化轨道模型。有了这个轨道模型，再结合人们总结出的三个核外原子轨道[7]上电子排布的原则——能量最低原理、泡利不相容原理和洪特规则，就可以具体讨论原子核外电子的排布规律。

7　尽管按照量子力学理论，轨道的概念并不准确，但为叙述的方便，在化学中还是沿用了轨道的概念，将磁量子数对应的电子云称为原子轨道。

能量最低原理是指电子在核外排布时应尽可能使整个原子系统的能量最低，这是总原则。能量越低越稳定，这是自然界的一个普遍规律，原子中的电子也不例外。按照这个原则，多电子原子在基态时，核外电子总是尽可能先排布到能量最低的轨道上。

泡利不相容原理则回答了一个原子轨道中最多能容纳的电子数目的问题，其指出在同一个原子中没有运动状态完全相同的电子。由于每一个原子轨道包括两种运动状态，因此每一个原子轨道中最多只能容纳两个自旋不同的电子。

洪特规则最先是根据大量光谱实验数据总结出来的，它指出电子分布到能量相同的等价轨道时，总是尽量以自旋相同的方向，单独占据能量相同的轨道。后来，量子力学计算证明，电子按洪特规则分布可使原子体系能量最低，体系最稳定。

如图 2-3 所示，鲍林根据光谱实验的结果，提出了多电子原子中原子轨道的近似能级图，其中每个小圆圈代表一个原子轨道。一般来说，主量子数n越大，能量越高；主量子数n相同时，角量子数l越大，能量越高；主量子数n和角量子数l同时变动时，会出现一些“能级交错”现象，如 $E_{4s} < E_{3d} < E_{4p}$，$E_{5s} < E_{4d} < E_{5p}$，$E_{6s} < E_{4f} < E_{5d} < E_{6p}$等，即前面提到的原子核外电子的量子数模型有所调整，如图 2-3 所示原来的 3d 轨道移至第 4 层，原来的 4f 轨道移至第 5 层等。

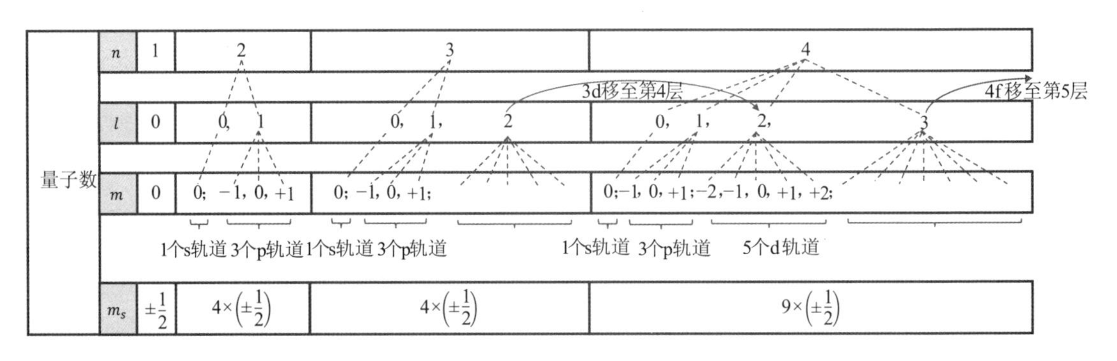

图 2-3 原子核外电子分布的量子数及能级关系

于是，如图 2-4 所示，遵循核外原子轨道上电子排布的三原则，就可以得到不同原子中电子的排布规律，显然该排布规律就是生成元素周期表的基础。而元素周期表是化学的起点，反映的正是看似没有规律的众多元素在对应的特征电子构型上的联系，而电子构型上的联系又成为元素间化学性质和物理性质的基础。并且，元素的特征电子构型是核外电子运动图景的反映，不是绝对静止不变的。结合以上两点，在哲学上看，核外电子的排布规律是化学的起点，而它就建立在普遍联系和运动变化的基础上。

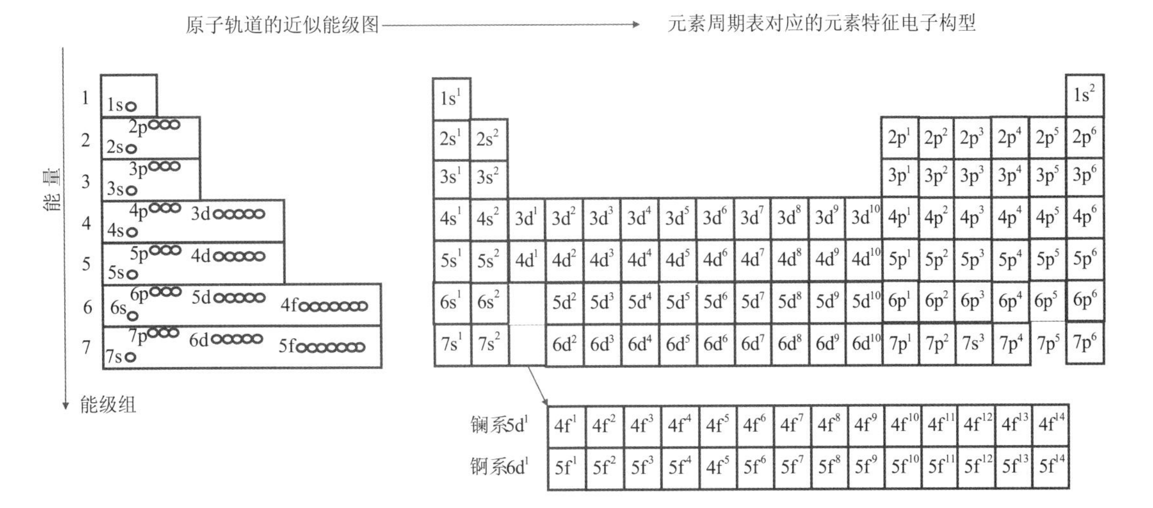

图 2-4　从原子中电子的排布规律到元素周期表

以上我们讨论了单原子核外电子的运动和排布规律。事实上，世界是普遍联系的，世界上不可能只有一个完全孤立的原子，而是一定存在众多原子，而且这些众多的原子不会完全孤立地存在，而是会为满足能量最低原理产生联系和变化，于是各种类型的化学键就诞生了，丰富多彩的物质世界也就诞生了。

2.1.5　化学键：基于核外电子分布的多层面的相互联系和作用

从前面可以看出，在能量最低原理的作用下，单个原子的核外电子间呈现有规律的排列关系，并且这种排列关系是建立在电子的运动基础上，是一种动态的、相对的“平衡”。当多个原子“相遇”时，在能量最低原理的作用下，多个原子的核外电子间将发生相互联系，原来的单个原子中电子动态的、相对的“平衡”将可能被打破，而在多个原子间建立新的动态的、相对的“平衡”，于是化学键产生了。

而且由于情况不同，核外电子间的联系将在多个层面以多种方式发生，这样就产生了几种主要的化学键理论。

如图 2-5 所示，首先是基于原子轨道的理论，包括共价键理论、杂化轨道理论、配位化合物的价键理论等。共价键理论是最基本的价键理论，它是由邻近的不同原子的核外最外层 s 或 p 轨道电子在能量最低原理的作用下形成共用电子对而产生的，可以认为是核外最外层 s 或 p 轨道电子单独参与形成的化学键。杂化轨道理论则是在上述共价键理论的基础上，打破最外层 s、p 轨道和次外层 d 轨道电子各自孤立成键的限制，认为在一些情况下，为满足能量最低原理的要求，最外层 s、p 轨道和次外层 d 轨道电子云可以相互重叠，组合成新的杂化轨道，包括 sp 杂化、spd 杂化以及不等性杂化三种类型，邻近的不同原子再通过新形成的杂化轨道配对形成各种共价键。从共价键理论到 s-p 杂化轨道理论，再到配位键理论，是在原子轨道概念的基础上，核外电子联系范围不断扩大、层次不断加深的过程。在杂化轨道理论的基础上，对于配位化合物又发展出配位化合物的价键理论。配位化合物中的中心离子（一般是过渡金属元素离子）3d 层提供孤电子对，配位体经过杂化提供空轨道，形成不同形状的化学键，配位化合物的价键理论将联系从共享电子对发展到共享孤电子对和空轨道，从原子间相互联系的层面扩展到原子与原子基团间相互联系的层面，这样基于共价键理论的原子间的联系方式又深化了一步。

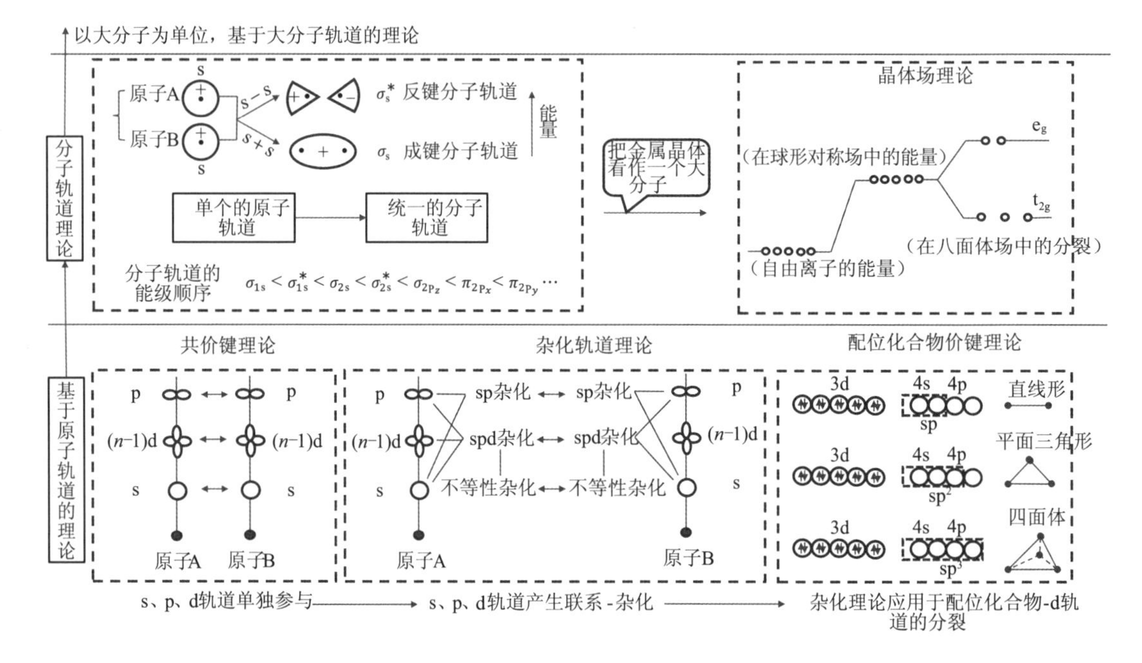

图 2-5 从联系和变化的角度看主要的化学键理论

后来，基于原子轨道概念的化学键理论发展出基于分子的分子轨道理论。分子轨道理论把构成分子的不同原子视为一个体系，认为在原有原子轨道的基础上，来自不同原子的不同类型的原子轨道通过原子间原子轨道波函数幅度叠加产生的增强和减弱效果，形成新的两个高低能量轨道，低能量轨道称为成键分子轨道，高能量轨道称为反键分子轨道，它们不再是原来某个原子的轨道，而是作为整个分子的分子轨道。不同的分子轨道也有和原来原子轨道规律相似的能级顺序，电子在其上的排布也遵循原来的三个准则。可见，较之基于原子作为一个独立体系的原子轨道概念基础上的化学键理论，分子轨道理论把分子作为一个统一的体系，其所反映的内在联系在范围和深度上有了新的提高，即从原子层面扩展到了分子层面。当把整个金属作为一个大分子，把分子轨道理论应用到金属键的解释上时，就形成了金属的晶体场理论（能带理论）。按照该理论，由于晶体中包含的原子数很多，由这些原子所形成的分子轨道之间的能级差别很小，往往连成一片，称为能带，能带分为满带、导带和中间的禁带。金属键将原子间的联系扩展到金属块包含的所有原子之间，即将原子间的联系范围扩大了。

相信将来联系的范围和深度还会继续发展，如把核外电子间的联系从单个简单分子层面扩大到复杂大分子层面。

总之，为满足系统能量最低的原则，原子（甚至分子）的核外电子都不是孤立和静止不变的，而是不断在联系中发生变化，从而在不同的层面产生不同的化学键模型。从前面的分析，我们也能看到，这种变化的基础来自更底层的普遍联系（狭义相对论的时空联系）和运动变化（不确定原理带来的电子的绝对运动）。因此，作为整个化学学科基础的化学键的概念，在本质上体现的是唯物辩证法的普遍联系和运动变化的基本特征，或者说是建立在普遍联系和运动变化的基本特征基础之上的，这也奠定了整个化学学科的基色。

2.2 各类化学键的本质及其体现的联系与运动变化

按照现代物理学，自然界中所有的相互作用都不外乎以下四种：电磁相互作用、强相互作用、弱相互作用、引力相互作用。由于强相互作用和弱相互作用的作用范围基本只限于原子核的内部，而在原子、分子的尺度上，引力相互作用相比电磁相互作用强度太弱，通常可以忽略不计，于是各类化学键在本质上都是电磁相互作用，只是表现形式有所不同，并且符合的是微观尺度上的量子力学下的电磁相互作用的规律，而不是完全的传统意义上的静电相互作用的规律。前面已经介绍，量子力学的规律体现了普遍联系和运动变化的特征。本节在量子力学的基础上，我们将具体讨论不同类型的化学键是如何具体体现普遍联系和运动变化的特征的。

2.2.1　离子键体现的联系与运动变化

粗略来说，当电负性小的活泼金属原子与电负性大的活泼非金属原子相遇时，由于两类原子的电负性相差很大，在双方都具有趋于达到稳定结构倾向的作用下，它们之间很容易发生电子的得失而产生正负离子，正负离子间由于静电作用而吸引，进而形成离子键，基于离子键形成的化合物称为离子型化合物，通常条件下主要以晶体的形式存在。如果细致分析，就可以看出离子键中所体现的联系与运动变化的特征。

在联系特征方面，离子键有以下表现：①形成离子键前，原子的得失电子来自活泼金属原子与活泼非金属原子相遇发生的联系；②形成离子键时，直接原因是得失电子后形成的正负离子间的相互吸引的静电引力，同时正负两类离子的质子与质子间、电子对与电子对间也发生了联系，当正负离子距离靠近到一定程度时产生相互的斥力，上述的静电引力和斥力达到平衡时，离子键就形成了；③形成离子晶体时，形成离子键时往往不是仅两个相邻正负离子发生联系，而是多个相邻正负离子发生联系，形成规则的晶体结构。例如，在氯化钠晶体中，每一个 Na^+ 离子（或 Cl^- 离子）都与周围电荷相反的六个 Cl^- 离子（或 Na^+ 离子）联系；而在氯化铯晶体中，每一个 Cs^+ 离子（或 Cl^- 离子）都与周围电荷相反的八个 Cl^- 离子（或 Cs^+ 离子）联系。

在运动变化特征方面，离子键有以下表现：①形成离子键前，原子的得失电子本身就是一种运动变化；②形成离子键时，在静电引力和斥力共同作用下，离子键最后达到的是一种动态的平衡，即正负离子在平衡位置附近处于振动状态，不是完全静止不动的平衡；③形成离子晶体时，正负离子在晶格位置上也不是绝对的静止，而是在晶格位置附近处于微小的振动状态。[8]

8 根据量子力学中的不确定原理，即使晶体处于绝对零度的时候，也还有零点能的存在，离子仍具有微小的动能，该动能用于自身运动，不能用于交换。

2.2.2 共价键体现的联系与运动变化

要理解共价键体现的联系与运动变化，就需要利用量子力学的知识对共价键的本质进行认识。一般来说，如果两个原子各有一个自旋相反的未成对的电子，它们可以通过互相配对形成稳定的共价单键，这对电子为两个原子所共有。因此，形成共价键时，互相结合的原子既没有失去电子，也没有得到电子，而是共用了电子。共价键的本质其实还是电性的，只是经典的静电理论无法解释为什么同性的本应相互排斥的两个电子在形成共价键时反而会密集出现在两个原子核之间。

按照量子力学理论，一种解释是来自两个原子的两个自旋相反的未成对的电子间发生了配对，使两个电子具有了交换位置的可能性，配对的结果是配对以后放出能量，从而使两个原子组成的系统能量达到最小。尽管对于这个过程，人类目前还不能给出完全、彻底的解释[9]，但依据以上的假设，利用薛定谔方程可以对两个原子构成的系统进行求解。结果表明，自旋相反的两个电子的电子云密集出现在两个原子核之间，即来自两个原子的两个电子的电子云出现了重叠，或者通俗地说两个原子的原子轨道出现了重叠，并且放

9 电子配对是一种典型的量子纠缠过程，由于目前人类对于量子纠缠在微观上的本质过程还不全面了解，因此也还不能从根本上对电子配对给出完全、彻底的解释。

出了能量，从而使体系的能量降低，因此发生了两个带同性电荷的电子不是相互排斥，而是密集出现在两个原子核之间的情况。这种情况的出现成为共价键形成的关键，由于两个原子核之间重叠出现的电子云带负电荷，因此就会吸引两个带正电荷的原子核，使两个原子相互靠近，但当靠近到一定程度时，两个带正电荷的原子核又相互排斥[10]，在某一个位置上述的引力和斥力达到动态的平衡，于是共价键就形成了，通过共价键，两个原子结合成了分子。电子云重叠的部分越多，化学键越牢固，形成的分子越稳定。

10　其实还包括两个原子内各自的带负电荷的其他电子对间的排斥力。

从联系的角度看，化学键的形成首先是来自两个原子的两个自旋相反的未成对的电子间发生的联系，在两个原子间产生了重叠的电子云，其次是重叠的电子云使两个邻近原子的原子核发生了联系，以上三者间的联系产生了共价键和分子。当两个原子间有多个未成对电子可以两两形成多组重叠的电子云即共价键时，由于共价键具有方向性和饱和性，所以每个中心原子周围排列的原子数目是有限的，这样相邻的多个原子间以共价键相结合形成的具有空间立体网状结构的晶体就是原子晶体。例如，在石英（SiO_2）结构中 Si 和 O 以共价键结合，每一个 Si 原子周围有四个 O 原子排列成以 Si 原子为中心的正四面体，同样每个 O 原子周围又有四个 Si 原子排列成以 O 原子为中心的正四面体，许许多多的这样的四面体连接进而形成巨大分子。

从运动变化的角度看，共价键的关键要素——重叠的电子云是电子的运动，共价键在重叠的电子云与两个带正电荷的原子核三者所产生的引力和斥力的动态平衡中形成，是一种相对的、运动中的平衡，不是绝对的和完全静止的平衡。在原子晶体中，在晶格位置上的原子也不是绝对的静止，而是在晶格位置附近处于微小的振动状态。[11]

11　同样是由于零点能的存在，即使晶体处于绝对零度的时候，原子仍具有微小的动能。

2.2.3　杂化轨道理论体现的联系与运动变化

所谓杂化，是指在形成分子时，由于原子的相互影响，若干不同类型能量相近的原子轨道混合起来，重新组合成一组新轨道。这种轨道重新组合的过程称为杂化，所形成的新轨道称为杂化轨道。杂化轨道与其他原子的原子轨道重叠而形成化学键。

根据所参与杂化的原子轨道的种类和数目的不同，主要有以下类型的杂化轨道：sp，sp^2，sp^3，sp^3d，sp^3d^2 等。sp 杂化轨道由 1 个 s 轨道和 1 个 p 轨道组合而来，如图 2-6（a）所示；sp^2 杂化轨道由 1 个 s 轨道和 2 个 p 轨道组合而来，如图 2-6（b）所示；sp^3 杂化轨道由 1 个 s 轨道和 3 个 p 轨道组合而来，如图 2-6（c）所示；sp^3d 杂化轨道由 1 个 s 轨道、3 个 p 轨道和 1 个 d 轨道组合而来，如图 2-6（d）所示；sp^3d^2 杂化轨道由 1 个 s 轨道、3 个 p 轨道和 2 个 d 轨道组合而来，如图 2-6（e）所示。另外，次外层 $(n-1)$d 轨道也能参与杂化过程，形成 dsp^2 、dsp^3 和 d^2sp^3 杂化类型。并且，除上述等性杂化（杂化轨道中 s,p,d 成分相等，能量相同）外，还有不等性杂化，即杂化轨道中 s,p,d 成分不相等，杂化轨道的能量彼此也不相同。

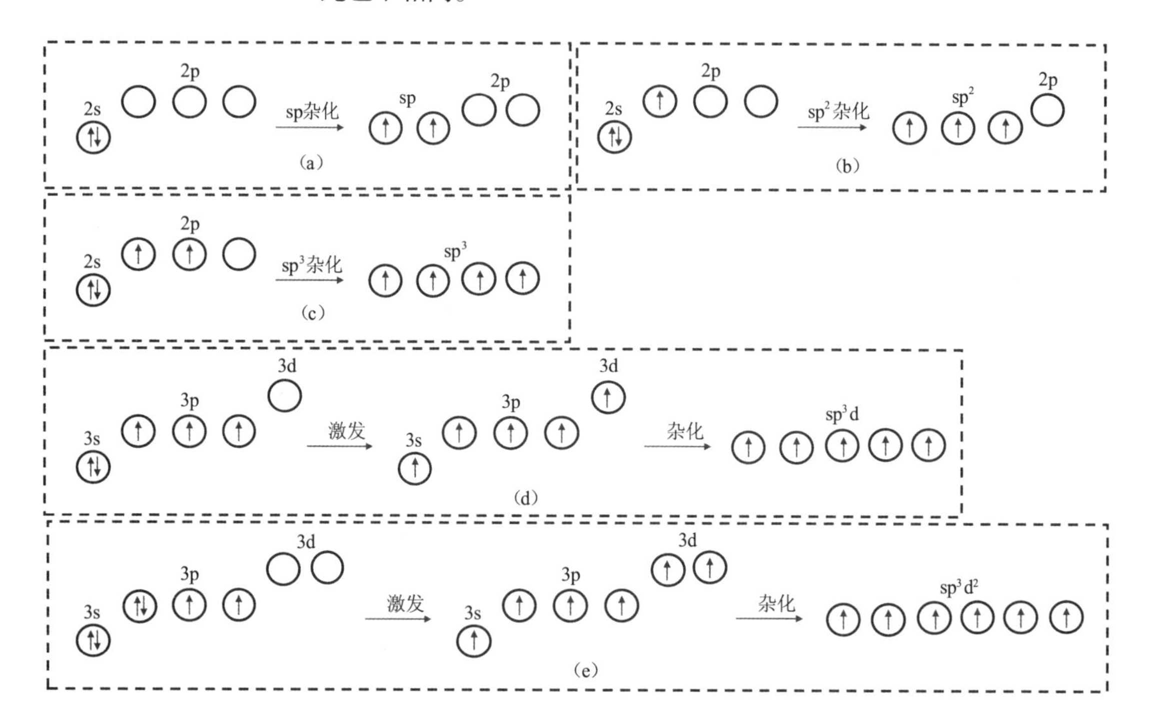

图 2-6 不同类型的杂化轨道

可以看出，杂化轨道打破了原有 s,p,d 轨道之间各自不相联系的界限，在能量相近的 s,p,d 轨道之间形成多种多样的组合，这再次表明所谓的原子轨道的划分不是一成不变的，它们会为了满足系统能量最低的原则发生关联和变化，这体现了哲学上联系的观点，而不是孤立的观点，以及变化的观点，而不是一成不变的观点。杂化轨道所体现的联系和变化来源于物质世界更底层的联系与变化，电子的运动与相互作用是这种联系和变化的基础，系统能量最低的原则是驱动，电子以概率的方式在时空中分布，并且原子核外能量相近的多个电子间的概率分布可以根据客观需要进行组合，从而形成新的概率分布组合，即新的轨道。利用量子力学的观点，可以更好地理解杂化轨道的本质和它所体现的运动变化。

2.2.4　配位物化学键体现的联系与运动变化

杂化轨道理论和电子对成键概念在配合物中的应用和发展形成了关于配合物化学键的早期理论——配位物化学键的价键理论。尽管该理论目前已很少使用，但它还是具有理论意义的，特别是它进一步丰富了原子轨道概念中所体现的联系与运动变化的形式。

按照该理论，配合物的中心金属离子的原子轨道发生杂化过程，形成空闲的杂化轨道，而配合物的配体则可以提供电子对，二者的结合就形成配位物的化学键。几种常见的配合物的结构如图 2-7 所示。$[Ag(NH_3)_2]^+$ 是配位数为 2 的配合物，Ag^+ 的 1 个 5s 轨道和 1 个 5p 轨道通过 sp 杂化形成的 2 个杂化轨道为配合物的形成提供了空轨道，2 个 NH_3 配体为配合物的形成各提供了 1 对电子。$[NiCl_4]^{2-}$ 是配位数为 4 的配合物，Ni^{2+} 的 1 个 4s 轨道和 3 个 4p 轨道通过 sp^3 杂化形成的 4 个杂化轨道为配合物的形成提供了空轨道，4 个 Cl^- 配体为配合物的形成各提供了 1 对电子。$[Fe(CN)_6]^{3-}$ 是配位数为 6 的配合物，Fe^{3+} 的 2 个 3d 轨道、1 个 4s 轨道以及 3 个 4p 轨道通过 d^2sp^3 杂化形成的 6 个杂化轨道为配合物的形成提供了空轨道，6 个 CN^- 配体为配合物的形成各提供了 1 对电子。[12]

12　大连理工大学无机化学教研室：《无机化学》（第 5 版），344-347 页，北京，高等教育出版社，2011。

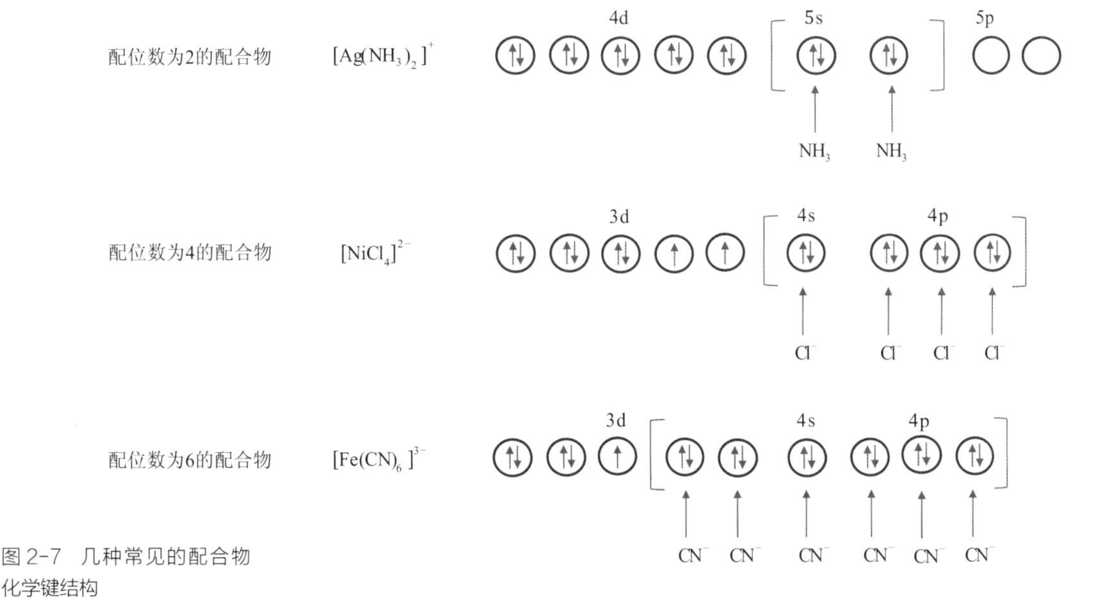

图 2-7　几种常见的配合物化学键结构

通过配位物化学键的价键理论可以看出，化学键的形成从两个原子共享电子发展到为使系统的能量最低而共享空轨道和电子对，并且共享空轨道可以通过杂化方式获得，这进一步反映了原子在产生化学键时发生联系和变化方式的多样性。

晶体场理论是关于配位物化学键的另一个理论。该理论把配合物的中心粒子和配体看作点电荷（或偶极子），带正电荷的中心粒子和带负电荷的配体以静电作用相互吸引，而配体间则相互排斥，它们的共同作用形成配合物。同时，带负电荷的配体对中心粒子次外层 d 轨道上的电子产生排斥作用，使中心粒子次外层 d 轨道发生能级的分裂。可见，晶体场理论是从静电作用的视角看待中心粒子与配体、配体与配体间的联系，联系的结果是不仅形成了配合物的空间结构，而且带来了中心粒子次外层 d 轨道的改变，这反映的也是联系与变化的观点。

2.2.5 分子轨道理论体现的联系与运动变化

前面介绍的关于共价键的各种理论有一个共同的特征，那就是都把组成分子的原子作为相对独立的体现，在原子的相互联系中，特别是在原子可能发生相互作用的原子轨道区域考虑各种可能的联系与变化。这些理论相对比较直观，大部分情况下能较好地说明共价键的形成和分子的空间构型。但也存在明显的局限性，表现在这些理论认为形成共价键的电子只限于在两个相邻原子间的小区域范围内运动，缺乏对分子作为一个整体的全面考虑。因此，这些理论对于氢分子离子 H_2^+ 中的单电子键、氧分子中的磁性等同等类型的问题都无法解释；对于多原子分子，特别是有机化合物分子的结构，往往也难以说明。

针对以上局限，人们提出了分子轨道理论。该理论侧重于分子的整体性，把分子作为一个整体来处理，认为在分子中电子不从属于某些特定的原子，而是在所遍及的整个分子范围内运动，每个电子的运动状态仍然用波函数来描述，并称为分子轨道，波函数模的平方表示分子中的电子在分子空间各处出现的概率密度或电子云。分子轨道由原子轨道线性组合而来，按分子轨道的能量大小，同样也可以排列出分子轨道的近似能级图。分子轨道中电子的排布遵从原子轨道中电子排布的同样的原则，即泡利不相容原理、能量最低原理、洪特规则。

可以看出，相比基于原子轨道的理论，分子轨道理论只是以电子在更大范围（分子范围）内的运动和联系代替了原来在较小范围

（原子范围）内的运动和联系，即以分子轨道代替原来的原子轨道，其他原则和基于原子轨道的理论相同。而这种变化恰恰体现的是原子在形成分子时，构成一个统一的整体，电子的运动和相互间的联系从一个较小的空间向一个更大的空间、从一个较低的层次向一个较高的层次不断深化和增强，使生成分子的原子间的联系的层次进一步提高。

下面我们以几个具体的示例，介绍在分子轨道理论中电子的运动和相互间的联系如何深化并解决之前和基于原子轨道理论不能解决的问题。如图 2-8 所示，左侧给出了氧分子 O_2 基于原子轨道的排布示意图，氧原子 1 和氧原子 2 的 2p 原子轨道上各有 2 个未成对电子，它们相遇形成 2 对共享电子对，这样氧分子 O_2 中就不再存在未成对电子，按这种解释氧分子 O_2 不应该具有旋光性，而实验却表明氧分子 O_2 具有旋光性，因此基于原子轨道的理论就无法解释氧分子 O_2 的旋光性问题；右侧给出了氧分子 O_2 基于分子轨道的排布情况，当把氧分子 O_2 作为一个统一的系统考虑时，原来 2 个氧原子的 2 个 2p 轨道形成以下两组分子轨道，共四个不同的能级，即 $\sigma_{2p_x} < \pi_{2p} < \pi_{2p}^* < \sigma_{2p_x}^*$，原来 2 个氧原子 2p 轨道的$2\times4$个电子（共 8 个电子）统一排布在整个分子空间所形成的上述四个能级上，排布的规则和原来的规则相同，2 个电子先排布在能量最低的 σ_{2p_x} 上，4 个电子排布在能量次低的 π_{2p} 2 个轨道上，剩余的 2 个电子将排布在 π_{2p}^* 上，而 π_{2p}^* 有 2 个分子轨道，根据洪特规则，这 2 个电子将以自旋相同的方式排布在 π_{2p}^* 的 2 个轨道上。于是，氧分子 O_2 中就有 2 个未成对电子，这样就解释了氧分子 O_2 的旋光性问题。氧分子 O_2 基于分子轨道的排布是分子轨道理论获得成功的一个突出例子。

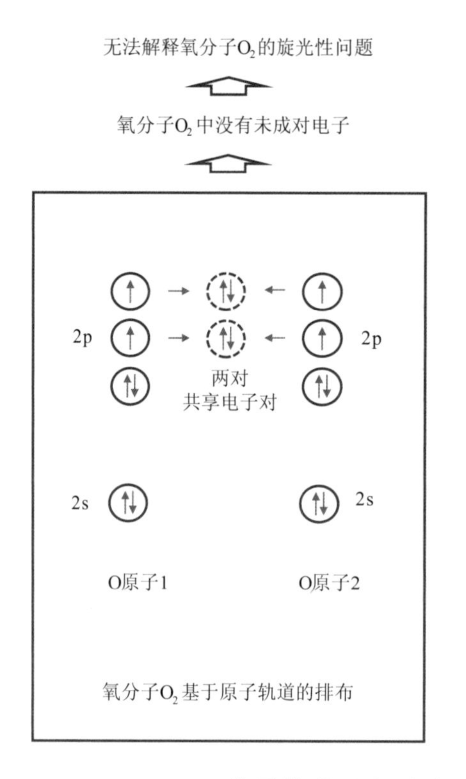

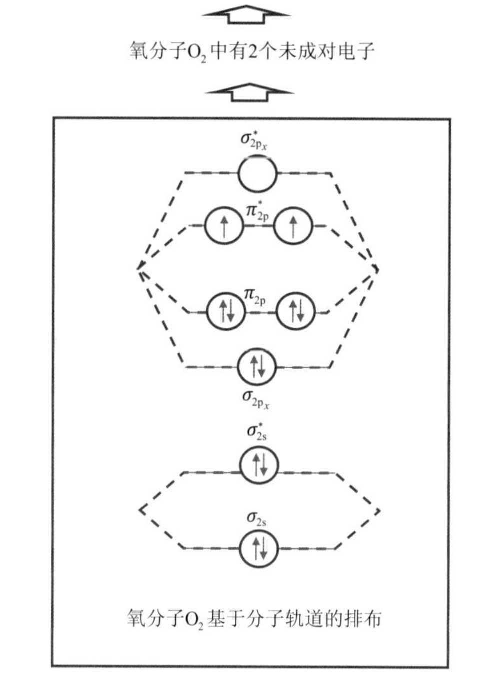

图 2-8 分子轨道理论示例

分子轨道理论还可以比较方便地解释苯分子中 C-C 键的键长相等的实验事实。根据分子轨道理论，6 个 C 原子的 6 个 p 轨道可以形成 6 个分子轨道，其中 3 个是成键分子轨道，3 个是反键分子轨道，6 个 p 电子被排放到 3 个能量较低的成键分子轨道上，由此形成苯分子的大 π 键，由于 6 个 p 电子为 6 个 C 原子所共有，因此每个 C-C 键的键长相等，并介于单键和双键之间。

一般来说，基于原子轨道的价键理论将共价键看作两个原子之间的定域键，在原子的局部层面反映了原子间的联系，比较形象直观，容易与分子的几何构型相联系，但也具有不全面的一面，往往无法解决分子结构上较为深层的复杂问题。分子轨道理论着眼于分子的整体性，在分子的整体层面反映了原子间的联系，因此更加全面，可对基于原子轨道的价键理论不能说明的问题给予较合理的解释。从基于原子轨道的价键理论到分子轨道理论的发展，反映了建立在更广范围、更深层次上的联系和变化的理论具有更大的优势，当然代价是需要克服带来的理论分析与计算、模拟仿真等方面复杂性的提高。

2.2.6 金属键理论体现的联系与运动变化

金属键的理论模型有电子海模型和金属的分子轨道模型（即能

带理论）。

1. 电子海模型

电子海模型认为，相对于非金属原子，金属原子的价电子数目少，原子核对价电子吸引力较弱。电子容易摆脱金属原子的束缚而成为自由电子，进而为整个金属所共有，金属正离子又被这些自由电子胶合在一起而形成金属键。如图 2-9 所示，电子海模型将金属描述为金属正离子规则排列于自由电子的海洋中。电子海模型可以解释金属的一些特性。例如，自由电子在外加电场的影响下可以定向流动而形成电流，使金属具有良好的导电性；金属受热，金属离子振动加强，与自由电子不断碰撞，并通过自由电子与其他金属离子的碰撞快速传递热量，使金属具有良好的导热性；金属在受到机械外力的冲击时，由于自由电子的胶合作用，金属正离子间可以滑动，使金属具有良好的延展性。

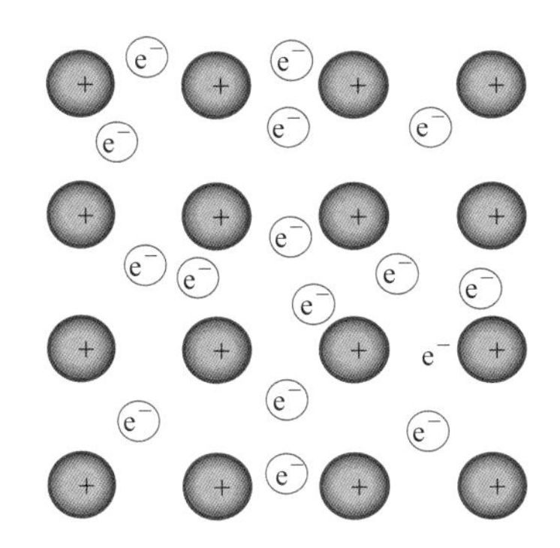

（a）碱金属的电子海示意

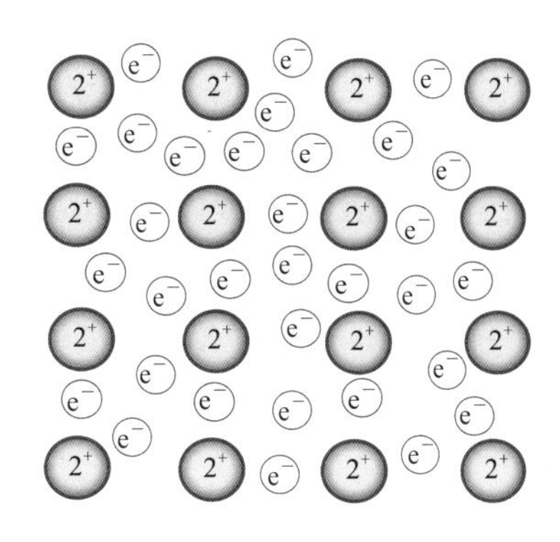

（b）碱土金属的电子海示意

图 2-9　金属的电子海模型

可见，电子海模型体现出整个金属的金属正离子和自由电子间具有的联系性，而自由电子的运动和金属正离子的振动体现了运动性。

不过，由于金属的自由电子模型过于简单化，而难以定量化，且不能解释金属晶体为什么有导体、绝缘体和半导体之分。于是，基于量子力学理论的能带理论应运而生。

2. 能带理论[13]

13　实际上，除金属晶体外，能带理论适用于所有晶体，包括非金属晶体。

能带理论把金属晶体看作一个大分子，把分子轨道理论应用到金属键的解释上。如图 2-10（a）所示，按照分子轨道理论，两个原子相互作用时，原子轨道重叠，形成成键分子轨道和反键分子轨道，即原来的原子能量状态变为分子能量状态。金属晶体中包含的原子数越多，分子状态就越多。当金属中形成的分子轨道很多时，分子轨道之间的能级差就很小，从而可以连成一片而成为能带。能带可看作延伸到整个晶体中，无数个原子相互联系而共同形成的分子轨道。

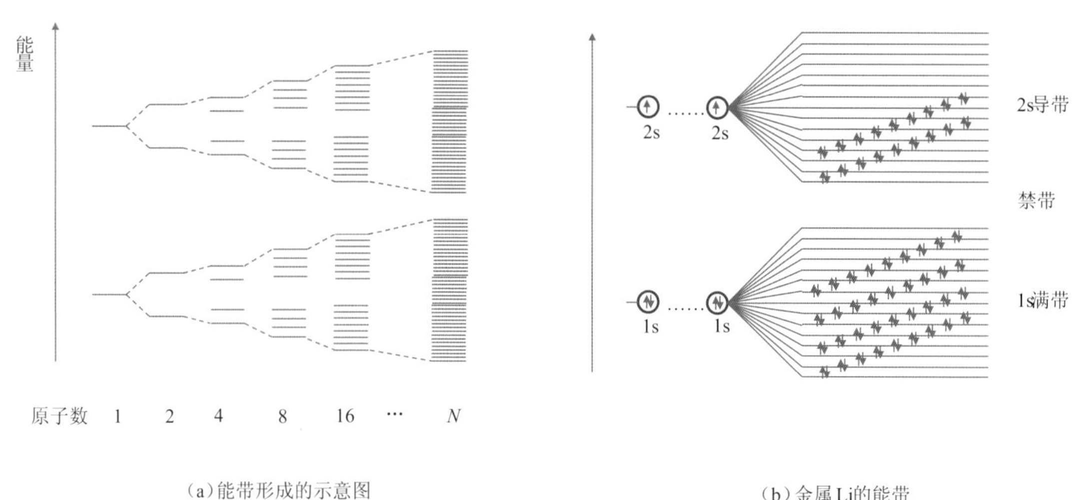

（a）能带形成的示意图 （b）金属Li的能带

图2-10 金属的能带理论模型示意

具体来说，假设一个金属原子内某个能级 n 的波函数是 $\varphi_n(x)$，并且在这种原子组成的金属晶体中，原子的位置等距，于是电子将处于一个周期性的势阱中。根据量子力学的观点，电子的状态是可以叠加的，于是一个电子可以在原子 1 的n能级上，也可以在原子 2、原子 3…等原子同样的能级上。由于一个电子处于每一个原子内的机会是相同的，于是电子的状态在叠加的时候，每隔一个原子就要旋转一个相位，这样就形成了一列“行走”的波，根据波粒二象性原理，该波的动量反比于波长，称为晶体动量，它意味着电子可以在晶体内运动，拥有不同的动量。[14]

14 戴瑾：《从零开始读懂量子力学》，137页，北京，北京大学出版社，2020。

可见，能带理论在化学键的概念上体现了更加广泛（整个金属内的原子间）的联系的观点，由于化学键在量子概念层面上本身又是运动变化的，因此能带理论自然又同时体现了运动变化的观点。

图 2-10（b）给出了金属 Li 能带的一个具体示例。Li 原子的电子构型是 $1s^2 2s^1$，每个 Li 原子有三个电子，一对电子填充在 1s 轨道，另一个价电子填充在 2s 轨道。Li 金属上所有原子的 1s 轨道合在一起形成一个能量较低的分子轨道，在这个分子轨道上充满了电子，称为满带；Li 金属上所有原子的 2s 轨道合在一起形成一个能量较高的分子轨道，在这个分子轨道上未充满电子，称为导带。两条能带之间存在能量间隙，电子不能进入两条能带的间隙，这段间隙称为禁带。金属的导电性是依靠导带中的电子实现的。[15]

15 大连理工大学无机化学教研室：《无机化学》（第5版），310-311页，北京，高等教育出版社，2011。

2.3 化学反应的实质及其体现的联系与运动变化

化学反应的实质是反应物分子旧键发生断裂，反应物分子中的原子重新组合，并形成新键，从而形成新物质分子的过程。从量子理论的角度看，化学键本身已经体现了普遍联系与运动变化的特征，前面一节已经进行了详细的讨论，而化学反应是化学键断开和重新结合，离不开化学键的变化，可以视为化学键“运动变化上的运动变化”、化学键“联系上的联系”，即在化学键联系和运动变化上又叠加了一层次的联系和运动变化。

本节我们首先从化学反应论的模型出发，讨论化学反应所体现的联系与运动变化；其次从几大类具体的化学反应类型出发，具体讨论其中所体现的联系与运动变化。

2.3.1　化学反应论理论中所体现的联系与运动变化

目前，主要有两个化学反应论理论：碰撞理论和活化络合物理论。前者以分子运动论为基础，后者是用量子力学的方法对反应的“分子对”相互作用过程中的势能变化进行推算。

1. 碰撞理论中所体现的联系与运动变化

如图 2-11 所示，发生化学反应时，反应物分子内原子间的结合方式要发生改变，即有一部分化学键断裂，还有新的化学键生成。化学键断裂要克服成键原子间的吸引作用，形成新化学键要克服原子间价电子的排斥作用。这种吸引和排斥作用，构成了原子重组过程中必须克服的“反应能量峰值”。这就需要发生反应的分子对必须具有足够的能量，这个能量的最小值称为临界能（E_c）。[16] 当相互碰撞的分子对的动能大于临界能时，就有可能越过“反应能量峰值”而导致反应的发生，一般把能够发生反应的碰撞称为有效碰撞，把能够发生有效碰撞的分子称为活化分子，显然活化分子的能量要不小于临界能。图 2-11 的右侧是气体反应物分子能量占比的分布示意图，其中 E_k 是分子的平均能量，占比最大，有小部分分子的能量大于或等于临界能 E_c，这部分分子就成为可能的活化分子。同时，由于反应物分子具有一定的几何构型，反应物的化学键也具有方向性，所以只有那些几何方位适宜的有效碰撞才可能导致反应的发生。

16　严格说 $E_c=N_a\varepsilon_c$ 是摩尔临界能，其中 N_a 是阿伏伽德罗常数，ε_c 是单分子临界能。

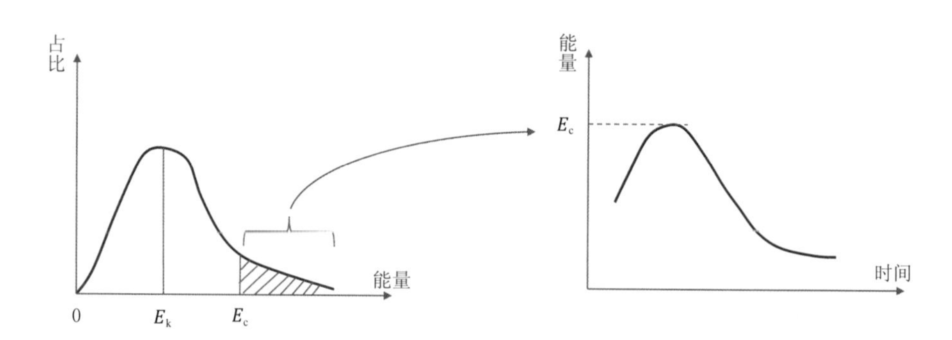

图 2-11 化学反应的碰撞理论示意图

总之，根据碰撞理论，反应物分子必须有足够的最低能量，并以适宜的方位相互碰撞，才能导致发生有效碰撞，断开原来的化学键，生成新的化学键。所以，碰撞理论中所体现的联系与运动变化的特征是十分明显的。

碰撞理论比较形象，能解释一些气体间发生的化学反应，但显然它的局限性很大，无法应用于一般性的化学反应。于是，在量子力学理论出现后，一种新的化学反应论理论就产生了，即活化络合物理论。

2. 活化络合物理论中所体现的联系与运动变化

活化络合物理论又称为过渡状态理论，它利用量子力学的方法对反应的分子对相互作用过程中的势能变化进行推算。反应物间的分子以一定的速度相互接近到一定程度时，分子的动能转化为分子间相互作用的势能，势能包括分子间的相互作用和分子内原子间的相互作用两部分。势能与分子相互间的位置有关，分子相隔较远时，相互作用弱，势能低。当具有足够动能的分子间发生相互碰撞时，分子充分接近，动能转化为势能，分子中原子的价电子发生重排，从而形成势能较高但很不稳定的活化络合物。在活化络合物中，有部分“旧键”被削弱，同时又在两个相互反应的分子中的某些原子间产生新的联系，开始形成“新键”。活化络合物与反应的中间产物不同，它是反应过程中分子构型的一种连续变化，它具有比较高的平均势能，很不稳定，它既能很快分解为化学产物分子，使势能降低到较低的状态，也可能滚落到反应物状态，使势能又转化为动能，它具有很大的不确定性，显现出量子理论的特征。[17]

17 大连理工大学无机化学教研室:《无机化学》(第5版)，57页，北京，高等教育出版社，2011。

一个简单的图示如图 2-12 所示，假设单质 A 和化合物 BC 反应生成化合物 AB 和单质 C，当一个具有足够大动能的 A 分子和一个具有足够大动能的 BC 分子发生碰撞时，BC 间的化学键被拉伸，而 A、B 间的价电子形成一定重叠，这就产生了过渡态络合物 A…B…C，由于不断地振动，A…B 间可能会发生收缩而形成新的化合物 AB，同时 B···C 间发生拉伸而断裂，生成单质 C。当然，过渡态络合物 A···B···C 也可能发生 A···B 间断裂、B···C 间收缩，而回到初始的单质 A 和化合物 BC 状态，再重新开始上述的过程。这就是量子视角下，化学反应过程和经典的碰撞模型不同的地方，反应物到生成物的变化路径可以有多种选择，但总是优先选择能垒低的路径。[18]

18　量子力学理论中有一个理论是费曼路径积分理论，其核心思想是从一个时空点到另一个时空点的总概率幅是所有可能路径的概率幅之和，每一路径的概率幅与该路径的经典力学作用量相对应，系统沿着作用量最小的方向演化。换句话说，从一个时空点到另一个时空点存在各种可能的路径，选择符合最小作用量原理的那条路径的概率最大。

与碰撞理论对比，活化络合物理论更具有一般性，它反映的反应物分子间的联系方式更加丰富，反应过程所体现的运动变化更加复杂，在哲学上更加体现出联系与运动变化的观点，这也是它适用性更广的原因。

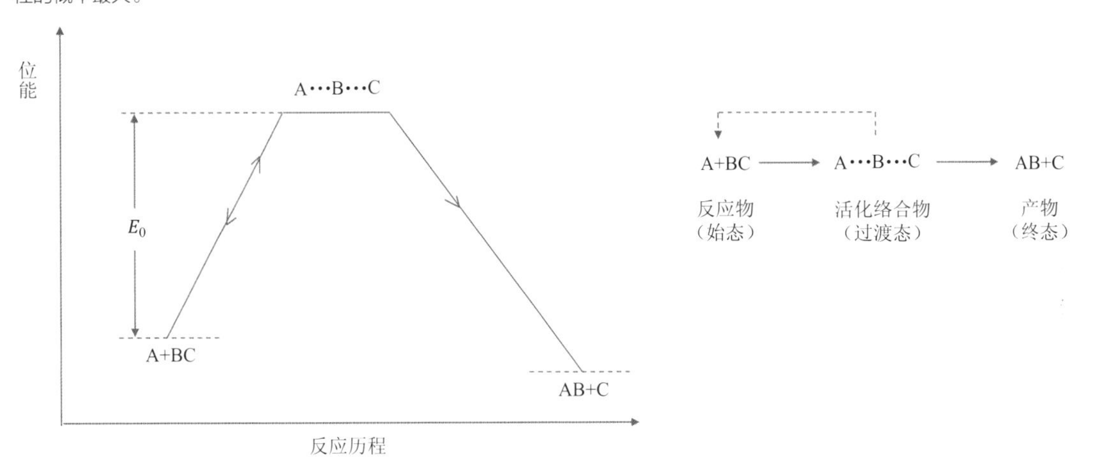

图 2-12　活化络合物理论示意图

2.3.2　酸碱反应中所体现的联系与运动变化

如前所述，水是自然界中最重要的溶剂，生命就诞生在海洋中。化学物质溶于水，并且在水中发生相关的反应，对于生活、生产都具有极其重要的作用，是比较早为人类所认识的化学反应，而对应的酸、碱也成为化学学科几乎最早定义和研究的化学物质。最初人们把有酸味，能使蓝色石蕊变红的物质称为酸；把有涩味，能使红色石蕊变蓝的物质称为碱。酸碱反应是一类重要的化学反应，围绕酸碱反应的理论主要有酸碱电离理论、酸碱质子理论和广义酸碱理论。下面我们就分别分析这三种理论中所体现的联系与运动变化的特征。

如图 2-13（a）所示酸碱电离理论在 1887 年被提出，根据该理论，凡是在水溶液中电离出的阳离子皆为 H^+ 的物质称为酸，电离出的阴离子皆为 OH^- 的物质称为碱。该理论揭示了酸碱中和反应的

本质是 H^+ 和 OH^- 间的反应。该理论可以解释水溶液中酸碱反应的事实。但由于该理论以纯物质的水溶液对酸碱下定义，因此无法解释在非水溶液中发生的酸碱反应，以及无水状态下熔融盐之间发生的一些酸碱反应。

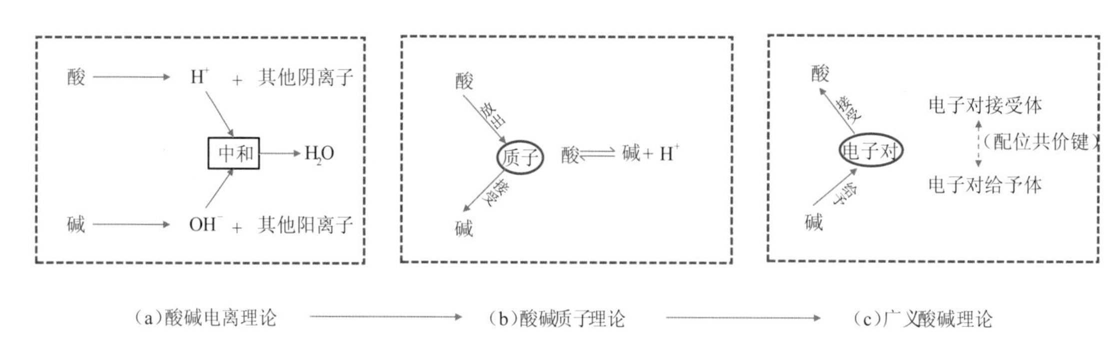

图 2-13 几种酸碱反应理论

如图 2-13（b）所示酸碱质子理论在 1923 年被提出，其中酸被定义成能够放出质子的物质，碱被定义为能接受质子的物质，酸碱之间通过交换质子相互转换，该理论解释了无水状态下及非水溶液中的酸碱反应。但该理论和酸碱电离理论一样，都是把酸的分类局限于含氢的性质。这种限制使一些物质不能被认为是酸。例如，按照该理论，SO_3、CO_2 都不是酸，因为这些物质中不含氢，它们既无法在水溶液中电离出氢离子，也不具备给出质子的能力，但是它们确实能够起到酸的作用，能和碱发生酸碱反应。

为克服上述酸碱理论的局限，一个概括性更强的酸碱理论——广义酸碱理论在 1923 年被提出，如图 2-13（c）所示。根据该理论，酸是电子对的接受体，碱是电子对的给予体，酸碱反应后，电子对给予体和电子对接受体之间形成配位共价键。于是，在最外能级中具有未共用电子对的任何物质都可以作为碱，而具有有效轨道的任何物质都可以作为酸。该理论拓展了酸碱的概念，阐明了化合物反应的本质，成为适用性最广泛的酸碱理论。

从上述的三种酸碱理论可以看出，无论是基于 H^+ 和 OH^- 的酸碱电离理论，还是基于质子的酸碱质子理论，抑或基于电子对的广义酸碱理论，酸和碱之间都存在由共同“对象”串起的联系，而根据前面介绍的反应论理论，酸碱反应中组成酸、碱的物质以及交换的物质都处于运动变化中，因此酸碱反应体现了哲学上联系与运动变化的特征。

2.3.3　氧化还原反应中所体现的联系与运动变化

氧化还原反应也是人们认识比较早的化学反应。18 世纪末，人们把与氧化合的反应称为氧化反应，把从氧化物中夺取氧的反应称为还原反应。19 世纪中期，产生了化学价的概念，于是人们把化合价升高的过程称为氧化过程，把化合价降低的过程称为还原过程。20 世纪初，人们建立了化学价的电子理论，把失电子的过程称为氧化过程，得电子的过程称为还原过程。

例如，将溶液 $FeSO_4$ 加入酸化的 $KMnO_4$ 溶液中，MnO_4^- 的紫红色褪去，生成无色的 Mn^{2+}，其离子反应式为

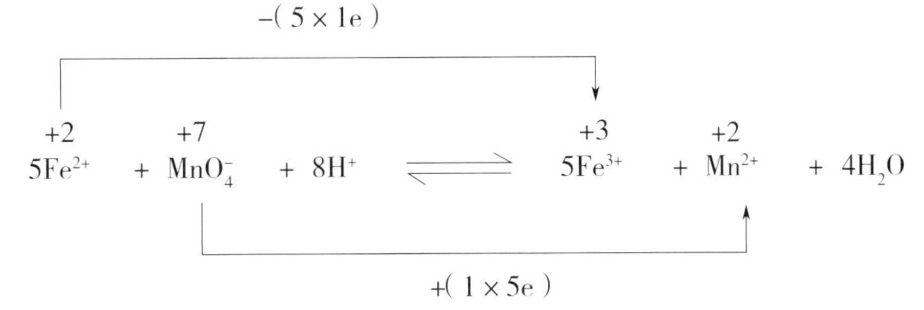

5 个 Fe^{2+} 离子各自失去一个电子生成 5 个 Fe^{3+} 离子，失去的 5 个电子为一个 MnO_4^- 离子所得，由此变为一个 Mn^{2+} 离子。

氧化还原反应与酸碱反应具有以下相似性。

（1）它们都遵从物质守恒原则，在氧化还原反应中，有得电子的一方，就必有失电子的一方，电子的得失一定同时发生，且得失的电子数一定相同；在酸碱反应中，有得质子的一方，就必有失质子的一方，质子的得失一定同时发生，且得失的质子数一定相同。而物质守恒原则本身就体现了物质间存在的一种普遍联系，一种共同的物质单元可以在不同物质间传递而不会消失。

（2）物质氧化态和还原态的共轭关系和酸碱共轭关系相似：

$$\text{还原态} \rightleftharpoons \text{氧化态} + ne\text{；}\quad \text{酸} \rightleftharpoons \text{碱} + nH^+$$

在氧化还原反应中得失的是电子，而在酸碱反应中得失的是质子。既然酸碱反应体现了哲学上联系与运动变化的特征，那么氧化还原反应也体现了哲学上联系与运动变化的特征。

由于氧化还原反应有电子的转移，当这些转移的电子按一定方向运动时，便可以形成电流。利用自发氧化还原反应产生电流的装置称为原电池，利用电流促使非自发氧化还原反应发生的装置称为电解电池。如图 2-14 所示是一个利用氧化还原反应构造的原电池示意图，在盛有 $ZnSO_4$ 溶液的左侧烧杯中插入锌片，在盛有

$CuSO_4$ 溶液的右侧烧杯中插入铜片，两个烧杯之间用盐桥进行连接，就会发现电流计指针发生了偏转，表明金属导线上有电流通过，进而根据指针偏转方向可以判定锌片为负极、铜片为正极，即电子流动的方向为从负极到正极，而电流的方向为从正极到负极。

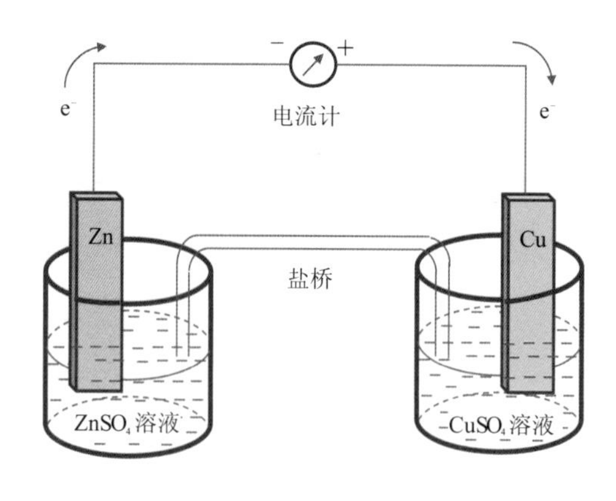

图 2-14 利用氧化还原反应构造的原电池示意图

相关的解释如下。

锌片溶解时，Zn 失去电子，成为 Zn^{2+} 进入溶液，发生以下氧化反应：

$$Zn(s) \rightleftharpoons Zn^{2+}(aq) + 2e^-$$

锌片失去的电子经由金属导线流向铜片，这些电子到达铜片后，$CuSO_4$ 溶液中的 Cu^{2+} 吸收这些多余的电子，成为金属 Cu 沉积在铜片上，发生以下还原反应：

$$Cu^{2+}(aq) + 2e^- \rightleftharpoons Cu(s)$$

盐桥中 Cl^- 向左侧 $ZnSO_4$ 溶液扩散和迁移，以中和进入左侧溶液中 Zn^{2+} 所带来的正电荷，盐桥中 Na^+ 向右侧 $CuSO_4$ 溶液扩散和迁移，以中和进入右侧溶液中由于 Cu^{2+} 减少、SO_4^{2-} 增多所带来的负电荷，使左右容器中溶液保持电中性，从而使反应持续进行下去，一直到锌片全部溶解或 $CuSO_4$ 溶液中的 Cu^{2+} 几乎全部沉积出来。[19]

可见，利用原电池示例，可以“真实”看到氧化还原反应中得失电子形成的电流，使氧化还原反应中体现的联系与运动变化的特征更加直观可视。

19 大连理工大学无机化学教研室:《无机化学》(第5版)，185页，北京，高等教育出版社，2011。

2.3.4　溶解沉淀反应中所体现的联系与运动变化

水是地球上数量最多的分子型化合物，覆盖地球表面 70%以上的面积。水是一种性能极为奇特的化学物质，它是和生命物质关系最为密切的化合物，还是化学工业生产中最常用的试剂和溶剂。物质在水中可以发生溶解和沉淀反应。溶解和沉淀反应也是一类重要的化学反应。

如前所述，水分子中 O 原子最外层经 sp^3 杂化后，它的 6 个价电子有 2 个与 H 原子形成共价键，剩余 4 个形成 2 对孤电子对，使水分子具有负极性，而在与 H 原子形成的共价键中，共享电子对强烈偏向 O 原子，H 原子几乎失去电子，使水分子具有正极性。这样水分子不仅是极性分子，而且可以在不同方向呈现出不同的极性：2 对孤电子对方向呈现负极性，2 个 H 原子方向呈现正极性。一般来说，化合物都是中性的，即既包括正离子部分也包括负离子部分。而水分子即可以吸引化合物中的正离子部分，也可以吸引化合物中的负离子部分，从而使化合物溶解于水，这就是溶解反应。而当条件变化时，如溶液中离子浓度突然增加或者温度改变，溶解在水中的正负离子又可以结合在一起成为化合物分子，并从水溶液中分离出来，这就是沉淀反应。

下面我们以 $BaSO_4(s)$ 晶体为例，分析它在水中的溶解和沉淀反应过程。如图 2-15 所示，$BaSO_4(s)$ 晶体放入水中后，晶体中的 Ba^{2+} 离子和 SO_4^{2-} 离子在极性水分子的作用下，不断由晶体表面进入水溶液中，成为无规则运动的水合离子，这是 $BaSO_4(s)$ 的溶解过程；当溶液中的 Ba^{2+} 离子和 SO_4^{2-} 离子浓度足够大时，溶解的水合离子在不规则运动中发生相互碰撞或与未溶解的 $BaSO_4(s)$ 晶体表面碰撞，Ba^{2+} 离子和 SO_4^{2-} 离子重新结合在一起，并以固体 $BaSO_4$（沉淀）的形式析出，这是 $BaSO_4(s)$ 的沉淀过程。通过上述具体的过程，我们可以看出溶解沉淀反应中同样体现了联系与运动变化的特征。

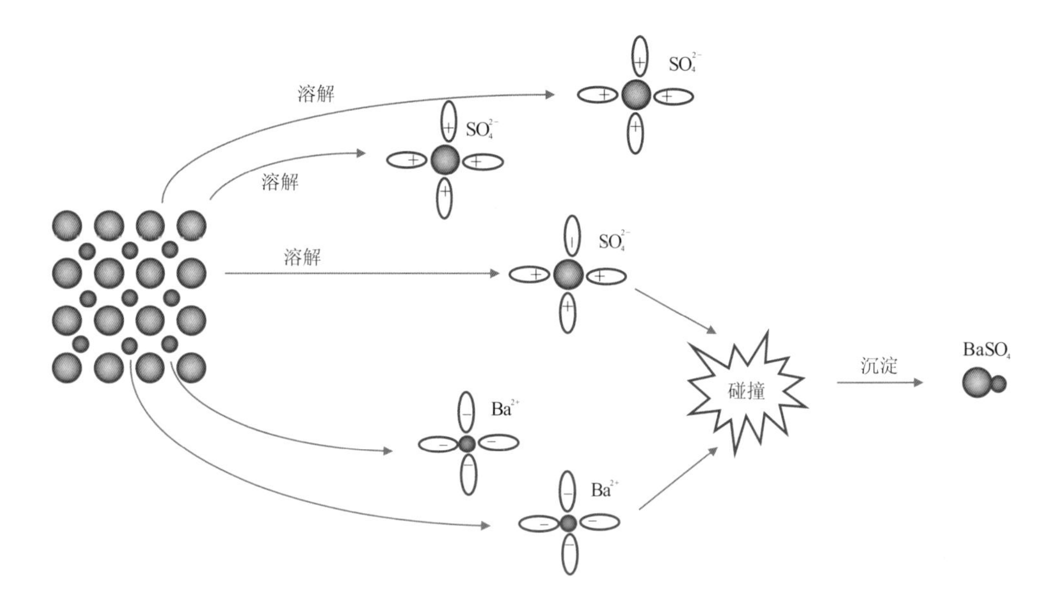

图 2-15 $BaSO_4(s)$ 晶体溶解和沉淀反应示意

2.3.5 多类化学反应共存时所体现的联系与运动变化

前面我们分别讨论了酸碱反应、氧化还原反应和溶解沉淀反应三类化学反应中各自体现出的联系与运动变化的特征。其实，如图 2-16 所示，在实际环境下，这三类反应经常结合在一起，体现出更广泛的联系和更复杂的运动变化的特征。

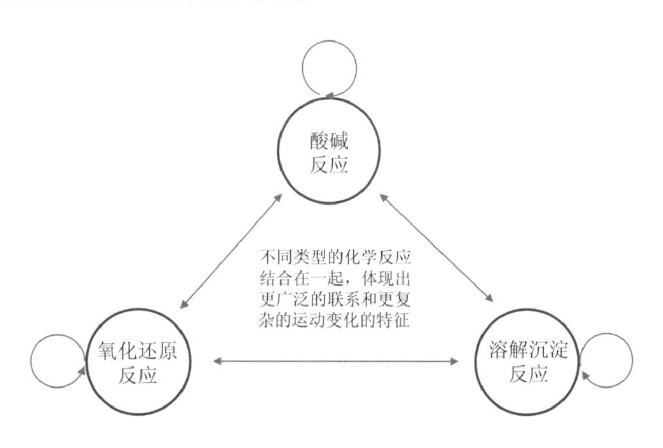

图 2-16 多类化学反应共存时所体现的联系与运动变化

例如，酸碱反应形成的 pH 值对于生物体的生存十分重要，原因是生物体的活动都离不开酶的作用，酶几乎参与所有的生命活动过程，酶在生物体内的新陈代谢反应中起着生物催化剂的作用。细菌的细胞里大约有 3 000 种酶，分别催化 3 000 种不同的化学反应，而人体内的酶有 2 万至 3 万种。酶的特性在于酶的活动需要在一定的 pH 值条件下才能进行，多数植物和微生物来源的酶最适合的 pH 值在 4.5~6.5，动物酶最适合的 pH 值在 6.5~8.0。

人体正常的代谢会在细胞中不断产生酸，平均每天要产生相当

于 10~20 摩尔的碳酸，主要来源于细胞中糖和脂肪氧化过程产生的氢离子，以葡萄糖为例，该氧化反应为

$$C_6H_{12}O_6+18ADP+18P+12NADP^+ +6H_2O \rightarrow 6CO_2+ 18ATP+12NADPH+12H^+$$

上述反应中生成的一部分 H^+ 会进入人的体液，如果不对它进行酸碱缓冲，就会影响人体内的 pH 值，从而影响人体中酶的效能。因此，人体就有多种酸碱反应来缓冲 H^+ 增加带来的影响，其中最主要的缓冲体系是 H_2CO_3—HCO_3^-，反应如下：

$$H^+(aq)+HCO_3^-(aq) \rightarrow H_2CO_3(aq)$$

$$H_2CO_3(aq) \rightarrow H_2O(aq)+CO_2(g)$$

其中生成的 CO_2 气体由肺部排出。

另外，该缓冲体系还对以下血液的吸氧-放氧平衡有影响：

$$HbH^+ +O_2 \rightleftharpoons HbO_2+H^+$$

其中，HbH^+ 代表血红蛋白，当血液含氧量上升时，推动上述体系的平衡向右移动，产生 H^+，释放 CO_2；反之，当血液中 CO_2 浓度上升时，则推动上述体系的平衡向左移动，消耗 H^+，促进血红蛋白放氧。通过上述体系的平衡移动，血液可以比较精巧的调控生命体的吸氧-放氧功能，并维持血液的 pH 值相对稳定。

因此，在实际系统中，各类反应不是孤立存在的，而是多类反应共同存在、相互联系、相互影响的，体现出更复杂的联系和运动变化的特征。

以上，我们通过对化学键、化学反应机理和具体表现的分析，说明了化学世界里的普遍联系与变化发展，体现了辩证唯物主义关于辩证法的两个基本特征。

第3章　从基础化学看辩证法基本规律

唯物辩证法的规律体系是由对立统一规律、量变质变规律和否定之否定规律这三个基本规律，以及内容与形式、本质与现象、原因与结果、必然与偶然、现实与可能等一系列范畴所构成的。[1] 其每一部分又都有丰富的内容。本章主要围绕唯物辩证法的三个基本规律展开讨论。

1　陈先达，杨耕：《马克思主义哲学原理》（第5版），113页，北京，中国人民大学出版社，2019。

在三大规律中，“辩证法的核心是对立统一规律，其他范畴如质量互变、否定之否定、联系、发展等，都可以在核心规律中予以说明。”[2] 根据这一思想，我们又可以把讨论所涉及的内容构成一个小的体系。对立统一规律又称矛盾法则，我们讨论的主要观点包括矛盾普遍存在、矛盾有主次之分、矛盾有内外之分。另外，对立统一规律中一个最为重要的要点是矛盾是事物发展的根本动力，即事物的发展过程就是事物的矛盾运动过程。根据这个要点，我们可以把量变质变规律和否定之否定规律看作对立统一规律的延续：事物的矛盾运动表现为量变和质变的形态，这就是量变质变规律；事物的矛盾运动是肯定和否定的统一，是前进性和曲折性的统一，这就是否定之否定规律。

2　中共中央文献研究室：《毛泽东著作专题摘编》，122页，北京，中央文献出版社，2003。

下面我们就具体讨论基础化学是如何体现和验证上述内容的。

3.1 矛盾普遍存在

本节我们还是从化学键、化学反应这两个基础化学的基石出发讨论基础化学如何体现矛盾普遍存在的哲学观点。

3.1.1　化学键是矛盾体

前面已经提到，截至目前人类共发现和认识了四种基本相互作用，即电磁相互作用、强相互作用、弱相互作用、引力相互作用。在原子、分子范畴，其实只有电磁相互作用起作用[3]，即化学键在本质上都是电磁作用。不过，根据成键的电磁作用特征，我们大致将化学键分为以下三大类型，并分别指出它们是如何构成矛盾的。

3　强相互作用、弱相互作用只在原子内部起作用，而在原子、分子范畴，引力作用相比电磁作用太弱，可以忽略不计。

1. 以电子得失为基础的离子键

根据离子键理论，当电离能较小的金属原子（如碱金属与碱土金属原子）与电子亲和能较大的非金属原子（如卤素和氧族原子）靠近时，前者易失去外层电子成为正离子，后者易获得电子成为负离子，生成的正负离子之间靠静电引力结合在一起而生成离子化合物。

表面上看，构成离子键的正负离子之间只存在相互吸引的静电引力，并没有斥力，即只有矛盾的一个方面，没有矛盾的另一个方面，似乎无法构成矛盾。但仔细分析，我们会发现离子键化合物一般以晶体的形式存在，晶体具有规则的空间结构，于是即便是只有一种相互吸引的作用，也可以在空间上构成对立统一。

如图 3-1 所示，在氯化钠晶体中，Na^+、Cl^-离子呈现出规则排列的规律，每个 Na^+ 离子和周围六个相邻的 Cl^- 离子相接触，同样每个 Cl^- 离子和周围六个相邻的 Na^+ 离子相接触。我们选择上平面对该平面中心处的 Na^+ 离子所受到的来自相邻 Cl^- 离子和 Na^+ 离子的静电力做简要分析，可知在上平面上有四对力：①—①′、③—③′是 2 对平衡的斥力，来自中心 Na^+ 离子和相邻 2 对 Na^+ 离子之间的静电斥力；②—②′、④—④′是 2 对平衡的引力，来自中心 Na^+ 离子和相邻 2 对 Cl^- 离子间的静电引力。上述四组作用力都各自构成了“矛盾”：相互依存，同时存在，还可以相互转化（转换观测的视角），这符合矛盾的同一性要求；方向相反，相互对立，这又符合矛盾的对立性要求。因此，离子键在本质上就构成了矛盾。

其实，在物理学上，对称就可以构成矛盾。[4] 而在化学上，离子键构成的离子晶体在空间结构上具有对称性，因此构成矛盾也就不意外了。在这一点上，化学和物理学具有共同之处。

2. 以形成电子对、共享电子对为基础的化学键

如果说离子键是由得失电子以后产生的正负离子间的静电作用形成的，那么还有一大类基于电子共享而在参与反应的原子之间依靠电磁作用形成的化学键。这类化学键的根本在于参与反应的原子没有直接的电子得失，但是可以以多种方式共享电子（电子对或空轨道）以达到能量最低。这一大类化学键包括共价键、杂化键、配位键和分子轨道等。

4　赵建:《基础物理学与哲学的另一半对话——基础物理学对辩证唯物主义基本原理的验证》，116-118 页，天津，天津大学出版社，2023。

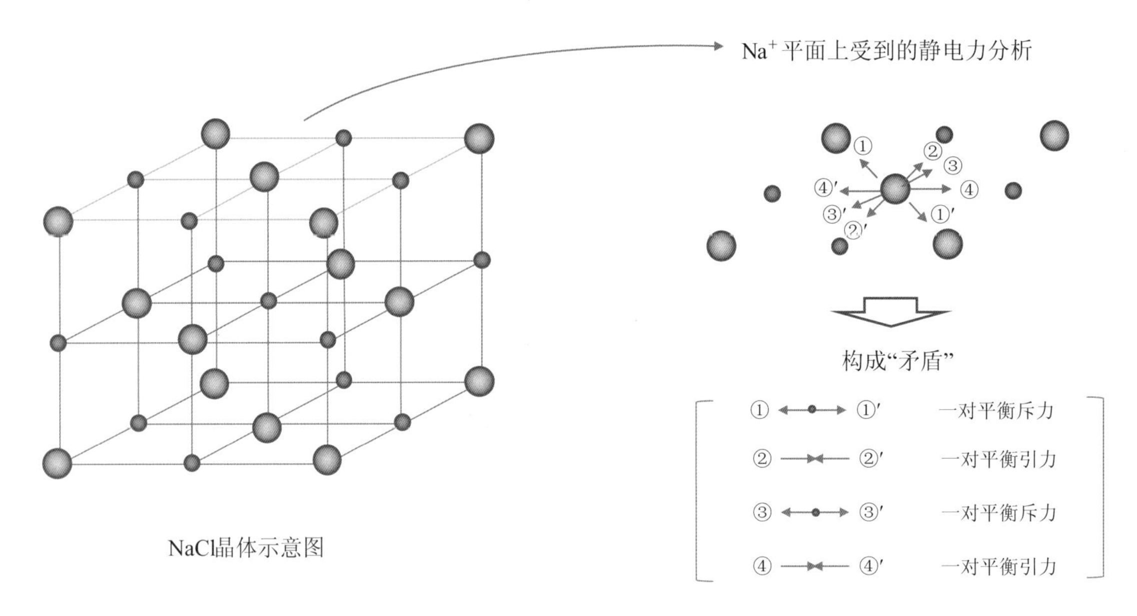

图 3-1 离子晶体中的矛盾

如图 3-2 所示，对于一般的共价键，按照量子力学理论的观点，当两个自旋方向不同的电子发生量子纠缠而结合为一个电子对时，系统的能量降低，按照能量最低的原则，系统最稳定。即在一般的共价键中，产生了两个带同种电荷（负电荷）结合在一起（而不是相互排斥）的情况，这就产生了一个"负电荷源"（共享电子对），而两个失去了共享电子的原子成为两个"正电荷源"，按照常规静电电磁理论，两个"正电荷源"和一个"负电荷源"间分别形成电磁引力①、②，两个"正电荷源"之间形成斥力③，引力①和②与斥力③之间就构成了一组对立统一的关系：既相互共存，又相互对立。这组对立统一的关系就构成共价键的基础。由于上述的这组关系中既包含电磁引力，也包含电磁斥力，因而共价键不需要依靠复杂的空间结构即可以形成"稳定体"，这就是共价化合物在结构上往往十分简单，同时化合物种类又十分丰富的重要原因。

杂化键是在共价键的基础上，先增加了一个变化，即原子外层s、p轨道，甚至d轨道间能级出现重组，以实现系统能量的最低，来自两个原子的两个自旋方向不同的电子发生量子纠缠而结合为一个电子对，电子按杂化后"新能级"大小从低到高依次填充的原则和共价键相同，因此杂化键在本质上依旧符合前面提到的"正电荷源"和"负电荷源"构成矛盾的模型。

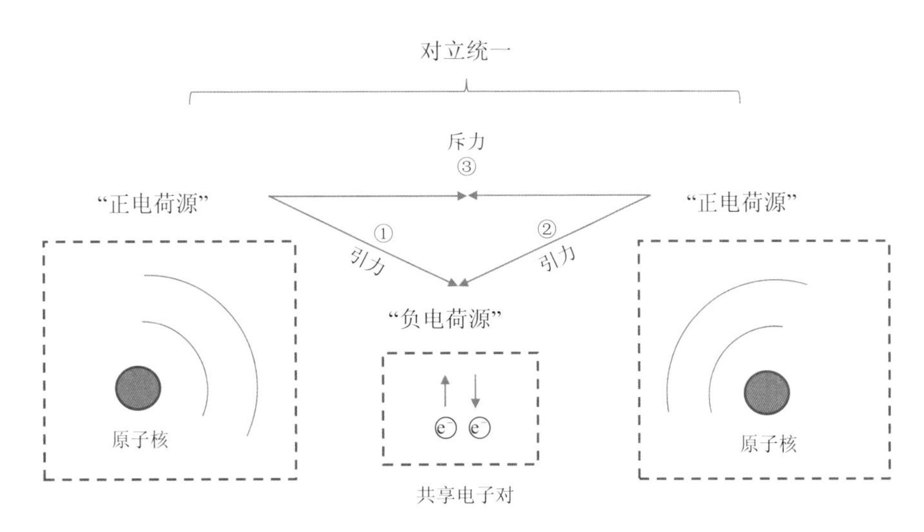

图3-2　共价键中的矛盾

配位键也是在共价键的基础上进行的扩充，它和共价键的不同在于，构成配位化合物的中心原子提供空轨道，配位体提供孤电子对，因此配位键在本质上依旧符合前面提到的"正电荷源"和"负电荷源"构成矛盾的模型。

分子轨道则是把共价键理论中在原子范围实现能量最低的原则从单个原子扩展到整个分子，把化合物分子作为一个系统，重组原来的原子轨道，生成新的分子轨道，两个电子发生纠缠形成电子对，电子按新形成的分子轨道的能级大小从低到高依次填充的原则依然和共价键相同，因此分子轨道在本质上也依旧符合前面提到的"正电荷源"和"负电荷源"构成矛盾的模型。

3. 以共享"所有"价电子为基础的金属键

下面以金属的电子海模型为例，简要讨论金属键中构成对立统一的情况。

如图3-3所示，金属键和离子键在形成上有相似之处，它们都是基于得失电子，前者几乎涉及所有的价电子，后者只涉及最外层单个的电子。由于存在得失电子，金属原子间形成了斥力，通过对称的空间结构，对某一个金属原子而言，它所受到的来自周围对称位置上其他金属原子的电磁斥力构成了平衡力，而来自周围价电子的电磁斥力也构成了平衡力，两组平衡力就是两组矛盾：相互依存，同时存在，还可以相互转化（转换观测的视角），这符合矛盾的同一性要求；方向相反，相互对立，这又符合矛盾的斗争性要求。

从这个意义看，金属键就是两组矛盾的混合体。

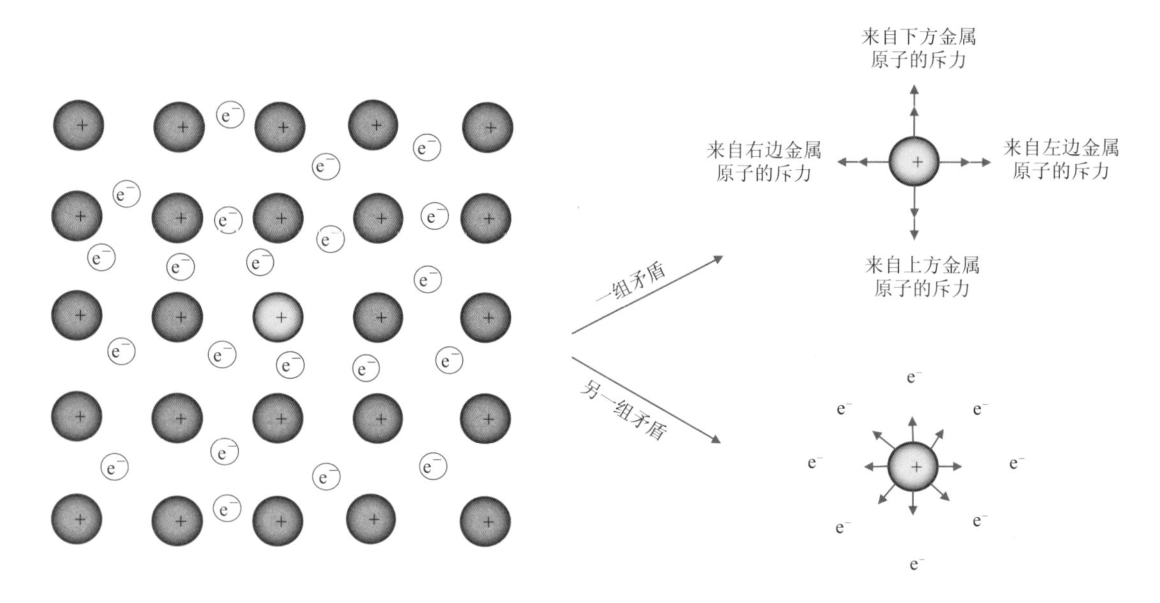

图 3-3 金属键中的矛盾

从以上的分析可以看出，尽管化学键形成的机制不同，但几大类化学键都含有矛盾，因此归结起来认为化学键都是矛盾体。

3.1.2 化学反应也是矛盾体

前面我们已经介绍了化学反应的两种理论机制，即碰撞理论和活化络合物理论。根据碰撞理论，活化分子经过碰撞可以打开反应物分子所含原子间的化学键而重新结合生成新的化学键和新的分子，同时理论上新生成的生成物分子也可以通过碰撞打开化学键并重新组合成原来的反应物分子，上述两个过程是同时存在的，只不过对于一个化学反应而言，前一个过程发生的概率远远大于后一个过程发生的概率，反映为生成物越来越多，反应物越来越少。根据活化络合物理论，其描述的反应过程和碰撞理论略有不同，该理论认为反应物伴随原化学键的逐步拉伸和新化学键的逐步结合先生成一种包含新旧化学键的活化络合物，再由该活化络合物进一步演化，既可以发生原化学键的断裂和新化学键的形成而生成生成物，也可以退回到原化学键和原反应物，不过发生的概率总是沿着能量最小的路径提升，因此活化络合物理论反映的也是两个过程同时存在的过程。

一般把从反应物到生成物（反应式从左向右）的反应称为正反应，把从生成物到反应物（反应式从右向左）的反应称为逆反应，在相同条件下，既可以正向进行又可以逆向进行的反应称为可逆反应。一般来说，反应的可逆性是化学反应的普遍特征，绝大多数化学反应都是可逆的。保持条件不变，化学反应进行一定时间后，正反应和逆反应达到某种动态的平衡，称为化学平衡。

从哲学上看，可逆化学反应的正反应和逆反应就构成了一个矛盾体：二者同时存在，相互依赖，可以相互转化（将看待化学反应的视角颠倒一下），即符合矛盾的同一性要求；二者反应物和生成物相反，相互对立，即符合矛盾的对立性要求。因此，可逆化学反应就构成了一个矛盾体。

例如，在密闭容器中通入一定量的氢气和碘蒸气，将温度升至425.4 ℃，考察反应物和生成物的浓度随时间变化的规律，从而考察正反应和逆反应的反应速率的变化。

在理论上，该反应是可逆反应，其反应式为

$$H_2(g)+I_2(g) \rightleftharpoons 2HI(g)$$

氢气和碘蒸气能生成气态的碘化氢，同时生成的碘化氢还能分解生成氢气和碘蒸气，两个反应同时进行，方向相反。

如图 3-4 所示为根据浓度换算出的正反应速率和逆反应速率随时间变化的曲线。[5] 可以看出，在时间为 0 时，正反应速率最大，逆反应速率为 0；随着时间的增加，正反应速率从最大值开始减小，逆反应速率从最小值开始增大，在 4.85 s 时正反应速率和逆反应速率接近相等，反应达到化学平衡，之后就基本保持不变。在这个反应中，正反应和逆反应就构成了对立统一的关系：相互依存，没有一方就没有另一方，还可以相互转化（换个方向看，正反应就成了逆反应，逆反应就成了正反应），这是矛盾的同一性；相互对立，相互竞争，正反应和逆反应的反应物和生成物相反，反应速率的变化趋势也相反，这是矛盾的斗争性。因此，从理论到实际都反映出化学反应构成了矛盾。

5　相关数据参考：大连理工大学无机化学教研室：《无机化学》（第 5 版），73 页，北京，高等教育出版社，2011。

化学反应不仅给出了构成矛盾的定性描述，而且还可以给出构成矛盾的定量描述，这就是化学反应平衡常数。上述的氢气和碘蒸气能生成气态的碘化氢的反应就是研究平衡常数的典型反应。有关该反应的实验数据表明，平衡的达成取决于反应开始时系统的组成，尽管不同平衡状态的平衡组成不同，但是 $\dfrac{\{p(HI)\}^2}{p(H_2)p(I_2)}$ 是一个常数，即在一定温度下，可逆反应达到平衡时，生成物的相对浓度（或分压）以其反应式的计量系数为指数幂的乘积，除以反应物的相对浓度（或分压）以其反应式中的计量系数为指数幂的乘积，得到的商值为一个常数。平衡常数是化学反应进行程度的标志，平衡常数越大，反应越彻底。

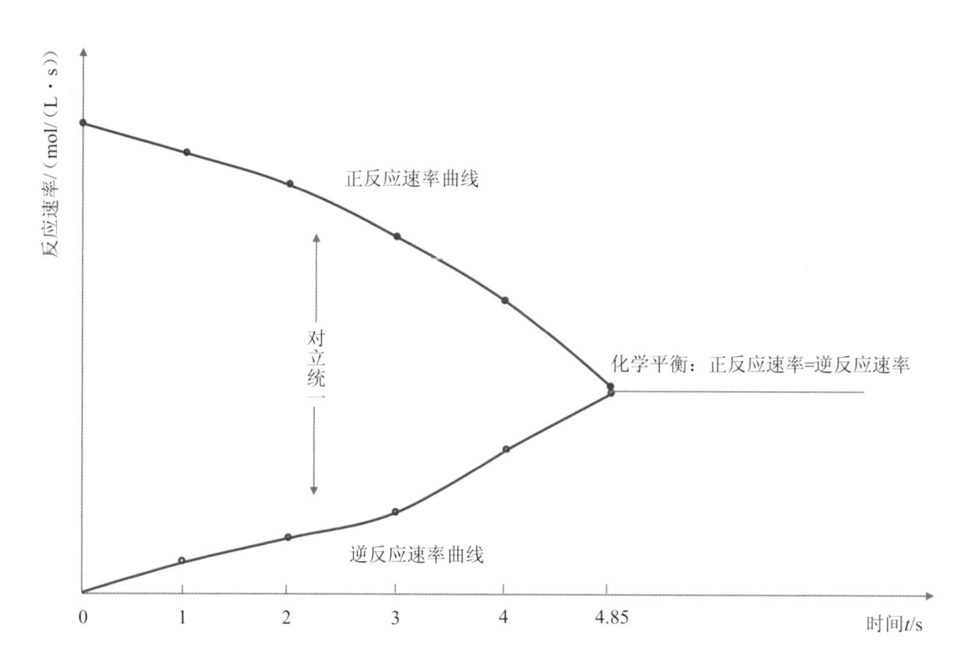

图 3-4 化学反应中构成矛盾的实例

3.2 矛盾有主次之分

在复杂事物的发展过程中，有许多的矛盾存在，其中必有一种是主要的矛盾，由于它的存在和发展，规定或影响着其他矛盾的存在和发展。[6]

在各种矛盾之中，不论是主要的矛盾或次要的矛盾，都存在矛盾的两个方面。在矛盾的两方面中，必有一方面是主要的，另一方面是次要的。其主要的方面，即所谓矛盾起主导作用的方面。事物的性质主要是由取得支配地位的矛盾的主要方面规定的。矛盾的主要方面和非主要方面的互相转化，使事物的性质也随着其变化。[7]

主要矛盾和次要矛盾的关系、矛盾的主要方面和次要方面的关系问题在基础化学研究中有着生动的体现。

6 中共中央文献研究室:《毛泽东著作专题摘编》，104页，北京，中央文献出版社，2003。

7 中共中央文献研究室:《毛泽东著作专题摘编》，106页，北京，中央文献出版社，2003。

3.2.1 化学反应中的主要矛盾和次要矛盾

在实际中，几乎不存在只有一个化学反应的情况，通常同时存在的化学反应有多个，但在同时存在的化学反应中，通常有一个化学反应占据主导地位，也就是说在实际的化学过程中，通常有多个化学反应对应的多个矛盾体存在，其中有一个化学反应对应的矛盾占据主导地位，这就是主要矛盾，它决定着这个时刻物质变化的主要方向，其他化学反应对应的矛盾就是次要矛盾。

1. 具体案例

化学反应中能体现主要矛盾和次要矛盾关系的例子有很多，如多元弱酸弱碱的电离对水溶液酸碱性的影响。

多元弱酸弱碱在水溶液中的电离是分步进行的。以三元弱酸H_3PO_4为例，它的电离分为三步，对应的电离方程式和平衡常数分别如图3-5所示。可以看出，H_3PO_4三步电离的平衡常数满足$K_{a_1} \gg K_{a_2} \gg K_{a_3}$，即$H_3PO_4$在水溶液中电离时第二步远比第一步困难，而第三步远比第二步困难。于是，在H_3PO_4电离过程中存在的三个反应或者说三个矛盾中，第一个反应就是主要矛盾，第二个和第三个反应是次要矛盾，事物的性质（这里指水溶液的pH值）由主要矛盾即H_3PO_4第一步电离过程的强度决定，因为主要反应（主要矛盾）电离出的H^+很弱，所以水溶液的pH值距离中值7偏差不大。

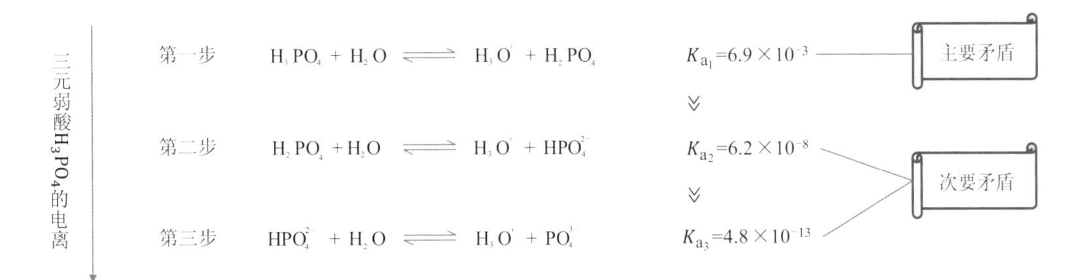

图3-5 多元弱酸弱碱在水溶液中的电离所体现的主要矛盾和次要矛盾关系

2. 动态可变

需要指出的是，事物发展中体现的主要矛盾和次要矛盾关系的划分是动态的、可变的，不是一成不变的，如果条件发生改变，原来的主要矛盾可能成为次要矛盾，新的主要矛盾会涌现出来。

还以前面多元弱酸的电离为例，如果水溶液中只加入三元弱酸H_3PO_4，对水溶液的酸碱性而言，H_3PO_4的第一步电离反应就是这时候影响水溶液酸碱性的主要矛盾。但如果我们在水溶液中加入少量盐酸，会立刻发生以下反应：

$$HCl = H^+ + Cl^-$$

由于盐酸的分解非常彻底，于是它分解出的H^+成为影响水溶液酸碱性的主要因素，即盐酸的分解反应成为主要矛盾，H_3PO_4的第一步电离反应就退居为次要矛盾。

3. 主要矛盾和次要矛盾关系的方法论在化学实践中的反映

主要矛盾和次要矛盾的关系告诉我们，在解决相对复杂的问题时，不能上来就“眉毛胡子一把抓”，而是应该分阶段解决，即在一个阶段，先抓住一个阶段的主要矛盾，暂时忽视其他的次要矛盾，待这个阶段的主要矛盾解决以后，再抓下一个阶段的主要矛盾，依次处理下去，逐阶段逐个解决，直到所有的问题被解决。

在化学实践中，经常遇到需要在混合的物质中鉴别和分离不同离子的问题，而我们采用的方法就是主要矛盾和次要矛盾关系在实践中的一种反映。

例如，某溶液中同时存在 Cl^-、Br^-、I^-，常用的分离和检测方法如图 3-6 所示。[8] ①加入 HNO_3，排除其他阴离子如 PO_4^{3-}、CO_3^{2-}、S^{2-}、SO_3^{2-} 的干扰，同时利用与 $AgNO_3$ 的反应将目标离子 Cl^-、Br^-、I^- 从溶液中提取出，为后续的分离和检测创造条件；②将分离出的沉淀物加入 $NH_3 \cdot H_2O$(2 mol/dm^3) 中，分离出滤液和沉淀物，这实际上是将 Cl^- 分离在滤液中，首先实现了 Cl^- 的分离；③在分离出的滤液中加入 HNO_3 进行酸化，生成白色沉淀物 AgCl(s)，从而验证了 Cl^- 的存在；④将②中分离出的固体与水和锌粉混合，AgBr(s)、AgI(s) 与 Zn 反应生成 Br^-、I^-，这实际上是将待检测的离子由固体化合物重新溶于水溶液中，为后续的分离创造条件；⑤对④中得到的溶液加入 Cl_2 水及 CCl_4，CCl_4 层出现了紫红色，说明溶液中有 I_2 生成，证明了最初原溶液中 I^- 离子的存在；⑥对⑤中的水层加入 Cl_2 水，CCl_4 层出现了橙黄色，说明溶液中有 Br_2 生成，从而验证了最初原溶液中 Br^- 离子的存在。

可见，在以上对 Cl^-、Br^-、I^- 的分离和检测过程中，每一步都有一个特定的目标，即抓住一个主要矛盾，暂时放下其他的次要矛盾，一步一个目标，步步为营，环环相扣，最终完成一个相对复杂的分离和检测过程。这就是主要矛盾和次要矛盾关系的方法论在化学实践中的反映。

8 高松:《普通化学》，335 页，北京，北京大学出版社，2013。

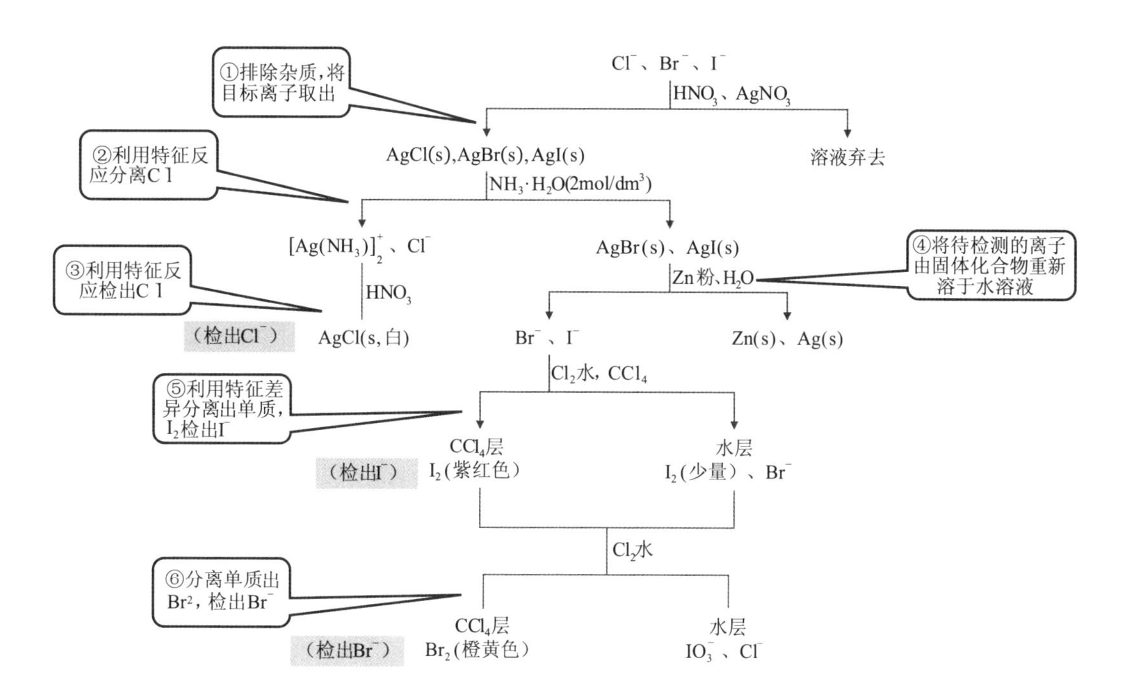

图 3-6　混合物质鉴别和分离过程中体现的主要矛盾和次要矛盾方法论

3.2.2　化学反应中矛盾的主要方面和次要方面

按照前面讨论的化学反应机制理论，在理论上所有的化学反应都应该是可逆的，都同时存在正反应和逆反应。正反应和逆反应构成化学反应这个矛盾体的两个方面。通常情况下，总有一个方面占据主导、主要的地位，成为矛盾体的主要方面，即成为主要矛盾，这时化学反应才明显发生了。所以，几乎所有的化学反应都是矛盾的主要方面和次要方面关系的生动案例。

1. 具体案例

还以 3.1.2 小节中讨论的氢气和碘蒸气能生成气态的碘化氢的反应为例。如图 3-7 所示，在密闭容器中通入氢气和碘蒸气，二者反应将生成气态的碘化氢，这是正反应；而生成的碘化氢又会分解为氢气和碘蒸气，这是逆反应。这个可逆的反应构成一个矛盾体，反应开始后的一段时间内（如 4 s 前），正反应占据该可逆反应的主要方面，表现为正反应速率明显高于逆反应速率，决定着该可逆反应的基本状态，在反应中处于主导地位，因此是矛盾的主要方面；而逆反应是矛盾的次要方面，在反应中处于从属地位。

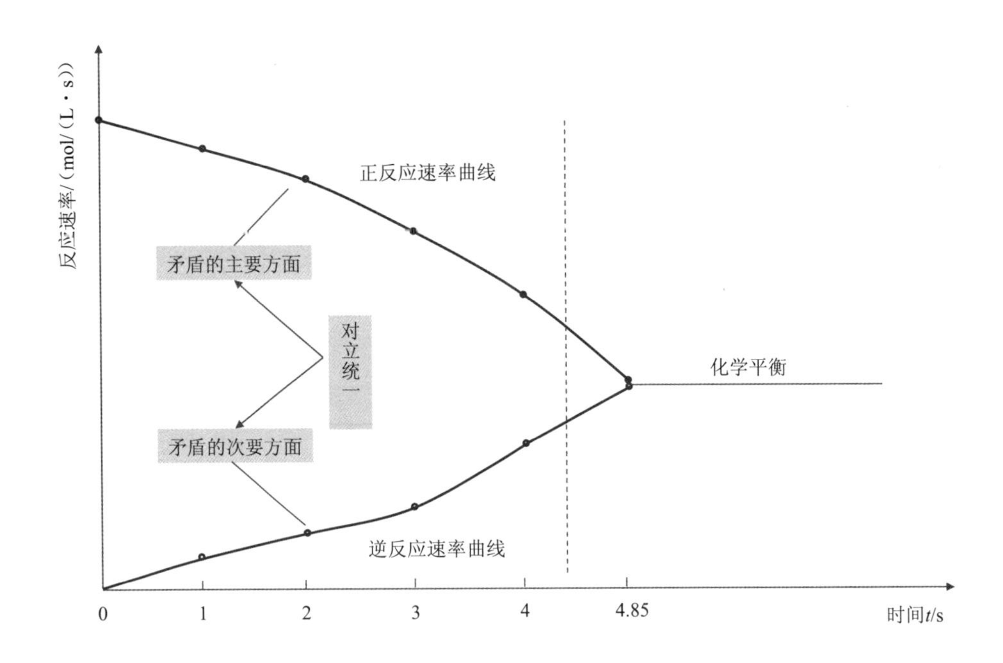

图 3-7 氢气和碘蒸气生成碘化氢反应中的矛盾的主要方面和次要方面关系

2. 动态可变

需要指明的是，对于一个可逆的化学反应而言，矛盾的主要方面和次要方面关系的划分是动态的、可变的，不是一成不变的。当条件改变时，矛盾的主要方面和次要方面可能发生变化。

仍以氢气和碘蒸气能生成气态的碘化氢的反应为例，如图 3-8 所示，在 4.85 s 时，密闭容器内的化学反应达到化学平衡，在达到化学平衡前的一大段时间里，该反应对应的矛盾体中，正反应是矛盾的主要方面，逆反应是矛盾的次要方面；在 4.85 s 以后，如果我们逐步降低密闭容器内的温度，逆反应将得到增强，正反应将得到削弱，呈现出逆反应速率增大、正反应速率减小、逆反应速率超过正反应速率的情况，这时在氢气和碘蒸气能生成气态的碘化氢的反应的矛盾体中，原来的矛盾的主要方面和次要方面的关系发生了反转，即原来的主要方面成为次要方面，而原来的次要方面成为主要方面。

3. 矛盾主要方面和次要方面关系的方法论在化学实践中的反映

矛盾主要方面和次要方面关系在方法论上告诉我们，矛盾的性质主要由矛盾的主要方面决定，因此在把握一件事情的时候首先要把握矛盾的主要方面；同时，由于一个矛盾的主要方面和次要方面在不同的情况下可以发生转化，因此还要注意这种转化的发生；不仅如此，有时还可以主动利用矛盾主要方面和次要方面的转化达到想要的目标。

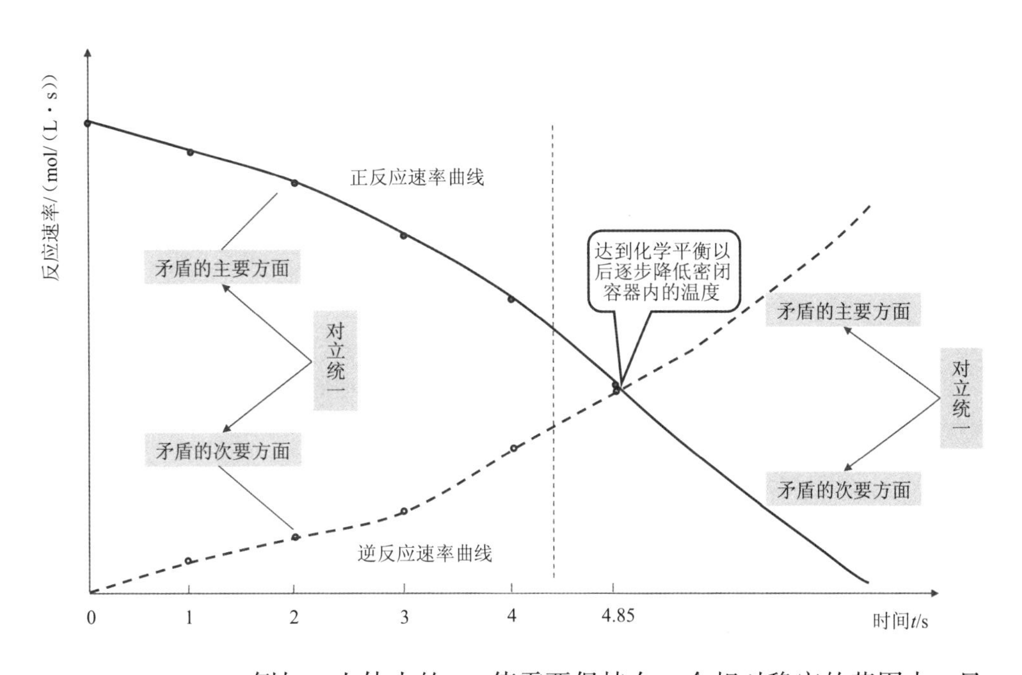

图 3-8　氢气和碘蒸气生成碘化氢反应中的矛盾的主要方面和次要方面的转化

例如，人体内的 pH 值需要保持在一个相对稳定的范围内，只有这样人体内几万种各种各样的酶才能正常工作。经过长期的进化，在人体内形成了通过血液的吸氧-放氧过程实现人体内 pH 值相对稳定的机制。如图 3-9 所示，在人体血液中存在反应Ⅰ、反应Ⅱ、反应Ⅲ等 3 个反应，其中前一个反应的生成物是后一个反应的反应物，于是这 3 个反应可以前后串连起来构成一个反应组，该反应系列向右进行的反应可以认为是该反应组的正反应，而向右进行的反应可以认为是该反应组的逆反应。吸氧时，O_2 含量增加，反应组向右进行，正反应占矛盾的主要方面；呼氧时，CO_2 含量增加，反应组向左进行，逆反应占矛盾的主要方面。这个吸氧-呼氧交替进行的过程，实现上是影响人体血液 pH 值反应组中矛盾主要方面和次要方面的交替，从而使人体内的 pH 值保持在一个相对稳定的范围内。

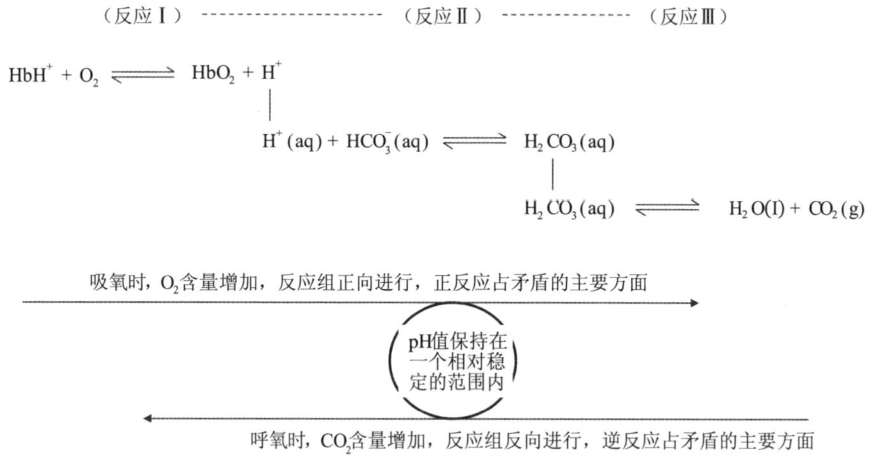

（反应Ⅰ） ---------- （反应Ⅱ） ---------- （反应Ⅲ）

$$HbH^{+} + O_2 \rightleftharpoons HbO_2 + H^{+}$$

$$H^{+}(aq) + HCO_3^{-}(aq) \rightleftharpoons H_2CO_3(aq)$$

$$H_2CO_3(aq) \rightleftharpoons H_2O(l) + CO_2(g)$$

吸氧时，O_2含量增加，反应组正向进行，正反应占矛盾的主要方面

pH值保持在一个相对稳定的范围内

呼氧时，CO_2含量增加，反应组反向进行，逆反应占矛盾的主要方面

图 3-9 人体血液 pH 值反应组中矛盾主要方面和次要方面的交替

3.3 矛盾有内外之分

唯物辩证法认为，内因指事物发展变化的内部原因，即内部矛盾；外因指事物发展变化的外部原因，即外部矛盾，是一事物和他事物之间的外在联系和相互作用。外因是变化的条件，内因是变化的依据，外因通过内因而起作用。[9]

9 中共中央文献研究室:《毛泽东著作专题摘编》，90 页，北京，中央文献出版社，2003。

唯物辩证法内外因关系的观点在化学反应中也有十分生动的体现。

3.3.1 化学反应中的内部矛盾和外部矛盾

在讨论内因和外因（内部矛盾和外部矛盾）之前，需要明确体系和环境的概念。体系是指研究的对象，可根据需要划分，有一定的人为性，可以是实际的或想象的。环境是除体系外的一切事物，一般指与体系密切相关且相互影响的部分。

体系可以分为三大类：①开放体系，其与环境既有能量交换，又有物质交换；②封闭体系，其与环境有能量交换，但没有物质交换；③孤立体系，其与环境没有能量交换，也没有物质交换。体系大小选择的不同，会影响体系类型的不同。一般来说，化学反应涉及的体系都是开放体系，体系与外部环境既可以有能量交换，又可以有物质交换。在本书中，我们把参与化学反应的反应物、生成物以及反应的媒介（如水溶液或容器等）组成的系统作为体系。这是一个开放的体系，内因主要包括起始时反应物、生成物的量的多少、状态（温度、内能、熵、焓、自由能等），外因则包括与外部的热交换（外部加热或对外放热）、外部完成的反应物和生成物的量的改变（增大浓度或减少浓度等）、外部提供的体积的改变或压力的改变、外部提供的催化作用等。

1. 化学反应中的内因（内部矛盾）

内因都是状态函数，其量的改变只取决于体系的始态和终态，而与变化的路径无关。与化学反应相关的主要内因（状态函数）包括温度、体积、压力、内能、焓、熵、自由能等。[10] 下面我们重点解释温度、内能和焓、熵、自由能。

10　华彤文，王颖霞，卞江，陈景祖:《普通化学原理》(第 4 版)，84 页，北京，北京大学出版社，2013。

1）温度

温度即通俗所说的冷热程度，严格科学的温度是由热力学第零定律通过热平衡定义的。[11] 从微观上看，化学上的物质都是由大量微观粒子（分子、原子等）组成的，这些原子和分子处于永不停息的无规则运动之中，这种运动称为热运动。因此，从分子运动论观点看，温度是体系内物体分子热运动的剧烈程度的标识，具体而言是体系内物体分子运动平均动能的标识。温度越高，分子热运动越剧烈；温度越低，分子热运动越不剧烈。

11　赵建:《写给未来工程师的物理书》，293 页，天津，天津大学出版社，2021。

2）内能和焓

内能也是物质的一种属性，化学反应中的内能一般是指体系内物质所含分子及原子的动能、势能的总和（不包括宏观运动的动能和体系在外力场中的势能）。

化学反应通常在等压的条件下进行，这就引入了另一个状态函数——焓（H）。其定义是$H = U + pV$，其中p是压强，V是体积。焓可以由热力学第一定律即能量守恒定律（含化学能）得到。[12]

12　华彤文，王颖霞，卞江，陈景祖:《普通化学原理》(第 4 版)，81 页，北京，北京大学出版社，2013。

焓是一种与内能相联系的物理量，内能包括动能、势能两部分。如果把化学键的键能看作一种势能，就比较容易理解焓的含义。化学反应的机理是原有化学键的断裂和新化学键的生成，化学键的断裂可以认为是势能增加；需要吸收热量，新化学键的生成可以认为是势能减小，会放出热量。如果反应前后温度不变，从焓的角度看，一个化学反应的焓变（ΔH）等于负值，意味着生成物的总焓值小于反应物的总焓值，反应前后势能减小，根据能量守恒定律，反应过程应放热；焓变（ΔH）等于正值，意味着生成物的总焓值大于反应物的总焓值，反应前后势能增加，根据能量守恒定律，反应过程应吸热。再根据能量总是趋于最低的原则，可以推得：当焓变 $\Delta H < 0$ 时，该化学反应可以自发进行；当焓变 $\Delta H > 0$ 时，该化学反应不能自发进行。因此，焓是影响一个化学反应能否自发进行的因素。

在焓的基础上，又引入了键焓的概念，它是指在温度 T 和标准压力下，气态分子断开 1 mol 化学键的焓变。键焓越大，表示要断开这种键需要吸收的热量越多，即原子间结合力越强；反之，键焓越小，原子间结合力越弱。

3）熵

熵来自热力学第二定律。在发现热力学第二定律的基础上，人们期望找到一个关于系统的状态量（态参量），以建立一个普适的判据来描述或判断自发过程的进行方向，人们发现熵就是这样的状态量。[13]

13 有关熵的提出可参见：赵建：《写给未来工程师的物理书》，298-300页，天津，天津大学出版社，2021。

熵的定义是热量的增加值ΔQ与其绝对温度值T的比值，即

$$\Delta S=\frac{\Delta Q}{T}$$

因而，有

$$S(B)-S(A)=\int_A^B \frac{\mathrm{d}Q}{T}$$

于是，就有了利用熵表示的热力学第二定律，即

$$\Delta S>0$$

上式的含义是在一个与外界隔绝的系统中，熵只能增加或保持不变，而不能减少，这就是熵增加原理，表示孤立系统发生的自然过程总是沿着熵增加的方向进行。

化学反应过程也要受到熵增加原理的约束，于是围绕化学反应的自发性问题，就存在两个独立的约束定律和两个相关的量——焓和熵，同时还有一个温度的因素，它实际上是热力学第零定律。为了将和化学反应自发性相关的三个热力学定律和三个量结合在一起，共同讨论化学反应的方向问题，自由能的概念应运而生。

4）Gibbs 自由能

1876年，Gibbs 创造性地提出，可以把焓（H）、熵（S）以及温度（T）合并在一起的热力学函数，称为 Gibbs 自由能，用符号G表示，其定义式为

$$G=H-TS$$

于是，等温过程的 Gibbs 自由能变化ΔG可以表示为

$$\Delta G=\Delta H-T\Delta S$$

该式称为 Gibbs-Helmholtz 方程，它是化学研究中非常重要而实用的方程。

由于H、S、T都是状态函数，因此G也是状态函数。G是广度量，可用热化学定律的方法计算。各种物质都有各自标准的 Gibbs 自由能。它是指在标态和温度T的条件下，由指定单质生成1 mol 某种物质（化合物或其他形式的物种）时的 Gibbs 自由能变。通过G对H、S、T的“综合”以及G的可计算性，就可以讨论化学反应

的自发性问题了。

2. 化学反应中的外因（外部矛盾）

对于一个一定条件下的化学反应，根据前面我们对体系的定义，其存在以下外部因素：①物质量的改变，增加和减少反应物和生成物；②温度的改变，通过外部的加热或对外部的放热实现；③在外部干预下的压强和体积的改变；④催化剂的引入。

1）物质量的改变（增或减）

通常引起参与反应的反应物和生成物的量的变化的因素有：溶液反应时加入更高浓度的反应物和生成物，引起相关反应物或生成物浓度的改变；溶液反应时有沉淀析出或气体释放；固体反应时有气体释放等。

2）外部干预下的压强和体积的改变（加大或减小）

对气体反应，利用外部因素改变反应容器的压力和体积等。

3）外部干预下温度的改变（升或降）

通常有持续加热、对反应输入热量以及燃烧等。

4）催化剂的引入（加快或减慢）

催化剂能显著改变反应速率，但不影响化学平衡。凡是能加快反应速率的催化剂称为正催化剂，能减慢反应速率的催化剂称为负催化剂。一般所说的催化剂是指正催化剂，通常把负催化剂称作抑制剂。

3.3.2　内因是依据

唯物辩证法认为，任何事物的产生、发展和灭亡，总是内因和外因共同作用的结果。但内因是事物发展的根本原因，外因是事物发展的第二位的原因。下面我们就具体讨论化学反应中是如何体现内因是化学反应的依据，是支配化学反应的根本原因的。

前面已经提到，Gibbs 自由能“融合”了影响化学反应自发性的 H、S、T 等几个关键内部因素，构成了一个内因的“联合体”。于是，在化学上就形成了以下关于化学反应自发性的准则。如表 3-1 所示，焓变与化学键的断开和生成有关，焓变为负值，表示断开了弱键，生成了强键，有利于反应的自发进行；而熵变与混乱度有关，熵变为正值，表示混乱度增加，有利于反应的自发进行。ΔG 是综合了 ΔH、ΔS、T 的总效应。依据 Gibbs-Helmholtz 方程，焓减同时熵增，ΔG 必定为负，正向反应能自发进行；反之，焓减同时熵减，ΔG 必定为正，正向反应不能自发进行，逆向反应能够自发进行；对于焓增同时熵增以及焓减同时熵减的情况，则与温度密切相关，需要具体的计算才能确定反应的自发方向。[14] 由此，反映出内因才是变化的根本和依据。

14 华彤文，王颖霞，卞江，陈景祖：《普通化学原理》（第4版），101页，北京，北京大学出版社，2013。

类型		$\Delta G^{\ominus}=\Delta H^{\ominus}-T\Delta S^{\ominus}$	反应自发性随温度的变化	
$\Delta H^{\ominus}$	$\Delta S^{\ominus}$			
(－)	(＋)	－	任意温度	正向自发 逆向不自发
(＋)	(－)	＋	任意温度	正向不自发 逆向自发
(＋)	(＋)	高温（－） 低温（＋）	高温 低温	正向自发 逆向自发
(－)	(－)	高温（＋） 低温（－）	低温 高温	正向自发 逆向自发

表 3-1 焓变、熵变、自由能与反应的自发性

当 $\Delta G=0$ 时，化学反应达到化学平衡，这时就存在一个只与反应体现的状态相关，而与外部条件无关的常数——平衡常数，平衡常数 $K_p^{\ominus}$ 与内部状态量 $\Delta G^{\ominus}$ 和T的关系如下：

$$\lg K_p^{\ominus}=-\frac{\Delta G^{\ominus}(T)}{2.30RT}$$

这也反映出内因是变化的根本和依据。

3.3.3 外因是条件，外因通过内因起作用

唯物辩证法认为，事物总是处于和外部的相互联系之中，一个事物的变化发展离不开外在的因素，即离不开外因的影响，外因是事物运动变化的条件，外因通过内因起作用。

任何化学平衡都是在一定的温度、压力、浓度条件下形成的动态平衡，一旦反应条件发生变化，原有的平衡状态就会被破坏，而向另一个新的平衡状态转化，这就是化学平衡的移动。下面我们分析在化学平衡移动过程中外因是如何通过内因起作用的。

1. 改变浓度对化学平衡的影响

在一定温度下，任意一个化学反应达到平衡时都有 $\Delta G_T=0$，如果我们把原有的反应视为一个体系，就可以把改变反应物或生成物的浓度视为外因。下面我们就分情况分析改变浓度的外因是如何通过影响 ΔG_T 这个内因起作用，进而引起平衡的移动的。

根据定义，有 $\Delta G_T=\Delta H_T-T\Delta S_T$，其中

$$\Delta H_T=\sum v_i H_m^{\ominus}(\text{生成物})-\sum v_i H_m^{\ominus}(\text{反应物}) \quad ①$$

$$\Delta S_T = \sum v_i S_m^{\ominus}(\text{生成物}) - \sum v_i S_m^{\ominus}(\text{反应物}) \qquad ②$$

如果在达到平衡后，通过一些外部手段增加反应物的浓度，由①可知 ΔH_T 将减小，因为它的负值项增大了；由②可知 ΔS_T 将变大，因为它的负值项变小了（浓度高，熵小）。将这两个因素叠加，ΔG_T 将变小，即从等于零变为小于零，所以平衡将向正反应方向移动。

如果在达到平衡后，通过一些外部手段增加生成物的浓度，由①可知 ΔH_T 将增大，因为它的正值项增大了；由②可知 ΔS_T 将变小，因为它的正值项变小了（浓度高，熵小）。将两个因素叠加，ΔG_T 将变大，即从等于零变为大于零，所以平衡将向逆反应方向移动。

由此可以看出，一个化学反应达到平衡以后，从外部改变该反应体系的反应物或生成物的浓度，可以视为改变原反应体系的内因——焓值、熵值、Gibbs 自由能的值，进而带来了原化学平衡的移动，验证了外因通过内因起作用的观点。

进而，达到新平衡后，反应物或生成物的浓度可以通过化学平衡常数计算得到，由于在一定温度下的化学平衡常数也是内因，因此这也体现了外因通过内因起作用的观点。

2. 改变压强对化学平衡的影响

压强的改变对固相或液相反应的平衡位置几乎没有影响。对于气相反应，增大压强“等效于”缩小气体体积，因此增大或减小压强对生成物或反应物的影响可以与浓度的影响相“等效”。

如果是增大压强，对气体计量系数大的气体等效于浓度相对增大，对气体计量系数小的气体等效于浓度相对减小，原化学平衡将向浓度减小即气体计量系数小的方向移动。同时，达到新平衡后，反应物或生成物的浓度可以通过化学平衡常数计算得到。而如果反应物气体和生成物气体的计量系数相同，则增大压强并不能带来反应物气体和生成物气体相对浓度的改变，因此不能改变原有的化学平衡，即改变压强的外因对于平衡移动没有作用。

因此，改变压强对化学平衡的影响同样也体现了外因通过内因起作用的观点。

3. 改变温度对化学平衡的影响

改变浓度和压强时，平衡常数并不改变。而改变化学反应的温度时，它的影响体现在平衡常数的改变上，即通过平衡常数的改变实现平衡的移动。

依据关系[15]：

$$\lg K_p^{\ominus} = -\frac{\Delta G_T^{\ominus}}{2.30RT}$$

$$\Delta G_T^{\ominus} = \Delta H^{\ominus} - T\Delta S^{\ominus}$$

可得

$$\lg K_p^{\ominus} = -\frac{\Delta H^{\ominus} - T\Delta S^{\ominus}}{2.30RT} = -\frac{\Delta H^{\ominus}}{2.30RT} + \frac{\Delta S^{\ominus}}{2.30R}$$

设温度T_1时的平衡常数为$K_{p_1}^{\ominus}$，设温度T_2时的平衡常数为$K_{p_2}^{\ominus}$，依据上式得到$\lg K_{p_1}^{\ominus}$和$\lg K_{p_2}^{\ominus}$的表达式并相减，再消去$\Delta S^{\ominus}$项得到：

$$\lg K_{p_2}^{\ominus} - \lg K_{p_1}^{\ominus} = \frac{\Delta H^{\ominus}}{2.30R}\left(\frac{1}{T_1} - \frac{1}{T_2}\right)$$

依据上式，分情况讨论如下。

（1）对于放热反应，$\Delta H^{\ominus} < 0$，若升高温度（$T_1 < T_2$），则$K_{p_2}^{\ominus} < K_{p_1}^{\ominus}$，平衡向逆向的吸热方向移动；对于吸热反应，$\Delta H^{\ominus} > 0$，若升高温度（$T_1 < T_2$），则$K_{p_2}^{\ominus} > K_{p_1}^{\ominus}$，升高温度，平衡向正向的吸热方向移动。合并起来，升高温度，平衡向吸热方向移动。

（2）对于放热反应，$\Delta H^{\ominus} < 0$，若降低温度（$T_1 > T_2$），则$K_{p_2}^{\ominus} > K_{p_1}^{\ominus}$，平衡向正向的放热方向移动；对于吸热反应，$\Delta H^{\ominus} > 0$，若降低温度（$T_1 > T_2$），则$K_{p_2}^{\ominus} < K_{p_1}^{\ominus}$，平衡向逆向的放热方向移动。合并起来，降低温度，平衡向放热方向移动。

可以看出，温度对于化学平衡的影响主要通过$\Delta H^{\ominus}$来体现，这也体现了外因通过内因起作用的观点。

15 高松:《普通化学》，82页，北京，北京大学出版社，2013。

4. 加入催化剂对化学平衡的影响

催化剂是影响化学反应速率的一个重要因素。在现代工业生产中，80%~90%的反应过程都使用催化剂，而在生命体中，酶所起的催化作用更是无处不在。如果我们把原始的反应作为体系，把催化剂作为外因，下面我们就分析催化剂这个外因是如何发挥作用的，分为均相催化、多相催化和酶催化三种情况讨论。

1）均相催化

催化剂与反应物均在同一相中的催化反应，称为均相催化。过氧化氢的碘离子催化分解是均相催化的典型例子。

在没有催化剂时，过氧化氢的分解反应为

$$2H_2O_2(aq) \rightarrow O_2(g) + 2H_2O(l)$$

该反应的活化能 $E_a = 76\ kJ/mol$。

如果在 H_2O_2 水溶液中加入 KI 溶液，H_2O_2 的分解将大大加快，这时分解反应分两步进行。

第一步的反应为

$$H_2O_2(aq) + I^-(aq) \rightarrow IO^-(aq) + H_2O(l)$$

该反应的活化能 $E_a = 57\ kJ/mol$。

第二步的反应为

$$H_2O_2(aq) + IO^-(aq) \rightarrow I^-(aq) + H_2O(l) + O_2(g)$$

如图 3-10 所示，催化剂通过与反应物的结合参与了分解反应[16]，降低了反应活化能，增大了活化分子百分数。实验结果表明，由于有碘离子催化剂的活化能比无催化剂的活化能减少了 19 kJ/mol，使反应速率系数增大了 2 140 倍。[17]

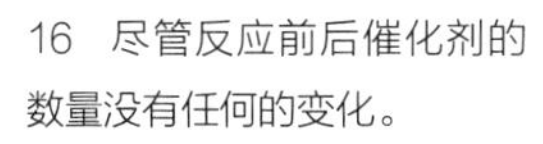

16　尽管反应前后催化剂的数量没有任何的变化。

17　大连理工大学无机化学教研室:《无机化学》(第5版)，63-64页，北京，高等教育出版社，2011。

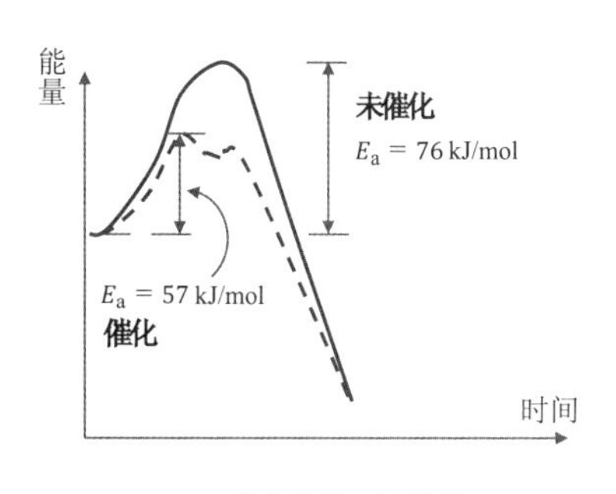

（a）催化作用与活化能

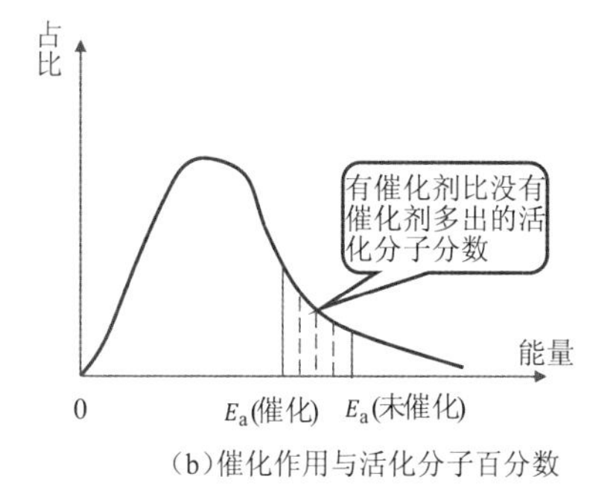

（b）催化作用与活化分子百分数

图 3-10　催化作用与催化能及活化分子百分数关系示意

在均相催化过程中，催化作用主要是通过与反应物的结合和分离降低反应活化能、增大活化分子百分数的方式实现的，即外因通过内因起作用。

2）多相催化

多相催化是指催化剂与反应物不处于同一相中的催化反应，通常是固体的催化剂与气体或液体的反应物相接触，反应在固相催化剂表面的活性中心上进行。

多相催化的一个重要应用实例是汽车尾气的催化转化，其主要目的是将汽车尾气中的 NO、CO 转化为无毒的 N_2、CO_2，以减少对大气的污染，所用的催化剂是贵重的稀有金属 Pt、Pd、Rh，这些金属催化剂以极小颗粒分散在蜂窝状的陶瓷载体上，反应如下：

$$2NO(g) + 2CO(g) \xrightarrow{Pt、Pd、Rh} N_2(g) + 2CO_2(g)$$

多相催化的实质仍然是降低原反应的活化能，只是方式上采用

“吸附作用”实现。例如，N_2O气体分解为N_2和$\frac{1}{2}O_2$的反应活化能是250 kJ/mol，当它被Au吸附后，由于N_2O的氧原子和金属表面的Au原子成键形成一种中间产物，因此减少了NO，使N_2O在Au表面催化分解时活化能降低到120 kJ/mol，从而大大加快了N_2O的反应速率。

所以，与均相催化一样，多相催化也是通过降低反应活化能、增大活化分子百分数的方式实现的，体现了外因通过内因起作用的观点。

3）酶催化

酶是一类在生物体内有催化活性的蛋白质。酶蛋白除含有C、H、O、N等非金属元素外，在特定的位置上还含有Ca、Mg、Zn、Mn、Fe、Cu等金属离子，其扭曲、折叠的长链中有共价键、配位键、氢键，其催化活性部位位于形状特殊的缝隙中。

现在认为，酶和被催化的反应物（底物）首先要结合成中间活化物，它们的结合部位有特定的匹配形状，就像一把钥匙插入一个锁孔中，但酶不像金属锁，它是一个柔软的口袋，当底物进入口袋时，口袋收口合拢，使酶和反应物处于完全匹配状态并起反应，待反应完成后，产物离去，另一个底物再进入口袋。与所有的催化剂一样，酶的作用是降低了活化能，只不过酶的催化作用比化学催化剂的作用更有效，具有更大的催化能力。例如，蔗糖水解可以生成葡萄糖和果糖，在试管里用酸催化，测定其活化能为107 kJ/mol，而如果采用酶催化，其活化能降低为36 kJ/mol，反应速率显然快得多。

同样，酶催化也是通过降低反应活化能、增大活化分子分数的方式实现的，同样体现了外因通过内因起作用的观点。

3.4 矛盾是事物发展的根本动力

化学的本质是化学键和化学键变化引起的化学反应，从而由旧的物质产生新的物质。前面我们分析了化学键及其变化引起的化学反应其实都是矛盾体。本节我们首先提出一个分层的反应模型并分析矛盾在模型中发挥的作用，随后具体分析酸碱反应、氧化还原反应两大类化学反应中的矛盾表现，从而验证矛盾是事物发展的根本动力。

3.4.1　化学反应中的矛盾和矛盾运动

如图 3-11 所示，围绕化学反应，我们给出了一个从底层到高层的模型，包括：底层是遵循的能量守恒定律、质量守恒定律等基本定律；次一层是基于化学键的反应机制；再上一层是化学反应达到的化学平衡；最高一层是各种内外因素相互作用引起的平衡移动。其实，在每一层中都存在矛盾，而这些矛盾的运动就推动了化学反应，即化学上物质的发展变化。

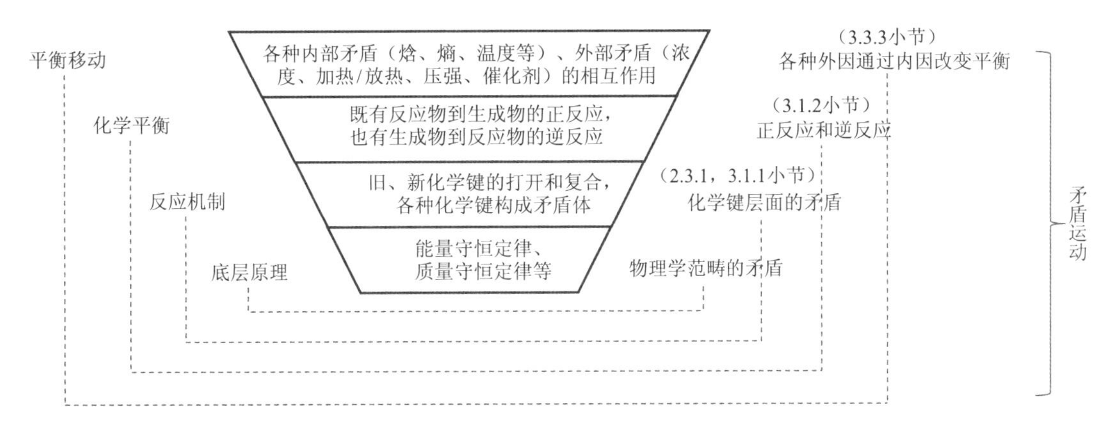

图 3-11　围绕化学反应的多层矛盾模型

在底层，化学反应遵循的规律是能量守恒定律、质量守恒定律。在物理学中，有一个基本的规律，即一个守恒定律对应着一种对称，而对称可以构成矛盾，因此守恒也可以构成矛盾，所以这两条定律可以理解为物理学范畴上的矛盾。[18] 围绕能量守恒定律、质量守恒定律的运动变化也就可以视为矛盾运动。

18　赵建:《基础物理学与哲学的另一半对话——基础物理学对辩证唯物主义基本原理的验证》，116 页，天津，天津大学出版社，2023。

在基于化学键的反应机制方面，我们在 3.1.1 小节讨论了各种化学键其实也是矛盾，在 2.3.1 小节讨论了化学反应两种理论机制也是矛盾。在这个层面看，化学反应就是旧、新化学键的打开与结合，体现了化学键层面的矛盾运动。

在化学反应层面，我们在 3.1.2 小节讨论了化学反应中的正反应和逆反应的矛盾运动，化学平衡就是正反应和逆反应的矛盾运动达到平衡时的状态。

在 3.3.3 小节我们讨论了可逆化学反应达成的化学平衡是一种动态和可变的平衡，不是一种静止、僵死的平衡。各种外部因素（矛盾），如改变浓度、温度、压强等条件或者加入催化剂，都可以通过内部因素（焓、熵、自由能、活化能等）发挥作用而改变原有的化学平衡，化学平衡的运动就体现了内外部因素（矛盾）的相互作用和矛盾运动。

因此，在化学反应的各个层面，都反映出各种矛盾的运动推动了化学反应，即化学上物质的发展变化，体现了矛盾是事物发展的根本动力的观点。

下面我们就具体分析几类化学反应所直接体现的矛盾和矛盾运动。

3.4.2 酸碱反应中的矛盾和矛盾运动

质子理论是酸碱反应的主要理论，该理论认为酸和碱都不能孤立存在，而是相互依存的，同时酸失去质子转化为共轭碱，碱得到质子转化为共轭酸，通俗地说就是“有酸才有碱，有碱才有酸，酸中有碱，碱可变酸”，这是酸碱的相互依存和转化规律，构成了酸碱矛盾的同一性。显然，酸和碱之间又相互对立，一个要得到质子，一个要失去质子，这就构成了酸碱矛盾的斗争性。由此，酸碱构成了矛盾，酸碱反应就是有关酸碱的矛盾运动。

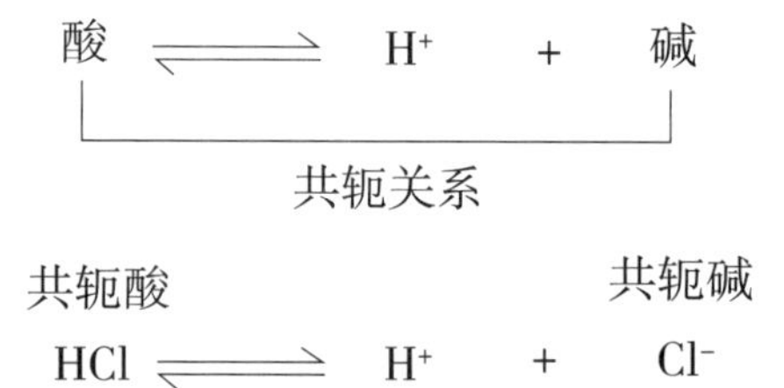

在水溶液中，围绕不同的物质可以存在多组酸碱反应，即多对酸碱矛盾，常见的有水的电离反应和平衡、强酸和强碱的电离反应、弱酸和弱碱的电离反应和平衡等。

1. 水的电离反应和平衡

水是两性物，既可得到质子，也可释放质子。水的电离存在以下的电离反应及平衡：

$$H_2O \rightarrow H^+ + OH^-$$

在达到平衡后，有

$$K_w = \left[H^+\right]\left[OH^-\right] = 1.0 \times 10^{-14}$$

其中，K_w 称为水的离子积常数，是水的电离常数。

水的电离是水溶液中的一个基本反应，也是水溶液中的一个基本矛盾。K_w 随温度增加而增加，即增加温度可以使平衡向正向移动，呈现矛盾运动。

一般把溶液中 H^+ 的浓度称为酸度，常用 pH 值表示，pH 值定义为

$$pH = -\lg\left[H^+\right]$$

2. 强酸和强碱的电离反应

对强酸和强碱而言，它们在水中电离时，酸和碱也是同时存在的，而不是只有单一存在的酸或碱。

例如，盐酸是强酸，它在水中电离的实际反应为[19]

19　高松:《普通化学》，89 页，北京，北京大学出版社，2013。

$$\underset{\text{酸 1}}{HCl} + \underset{\text{碱 2}}{H_2O} \xrightarrow{H^+} \underset{\text{酸 2}}{H_3O^+} + \underset{\text{碱 1}}{Cl^-} \quad \text{（全部电离）}$$

3. 弱酸和弱碱的电离反应和平衡

多元弱酸和弱碱电离的特征是分步电离。弱酸中含有两个或两个以上的质子，在水分子的作用下会分步释放出来。例如，H_2S 是弱酸，它在水中的电离分为以下两步：

$$H_2S+H_2O \rightarrow H_3O^+ +HS^-，\ K_{a_1}=8.9\times10^{-8}$$

$$HS^- + H_2O \rightarrow H_3O^+ +S^{2-}，\ K_{a_2}=1.2\times10^{-13}$$

即 H_2S 的电离存在两组反应（矛盾），不过由于第一步的电离系数远大于第二步的电离系数，所以 H_2S 的电离以第一步电离为主，也就是在两组矛盾中，第一步电离反应对应的矛盾是主要矛盾。

3.4.3　氧化还原反应中的矛盾和矛盾运动

对氧化还原反应的认识是一个不断深入的过程。18 世纪末，以氧的得失来判断，认为与氧结合的过程为氧化反应，而从氧化物中夺取氧的过程为还原反应。19 世纪中叶，以化合价的升降来确定氧化或还原过程，认为化合价升高的过程为氧化过程，化合价降低的过程为还原过程。从 20 世纪初开始，以电子的得失来判断，即失去电子的过程为氧化过程，得到电子的过程为还原过程。1970 年，IUPAC 严格阐述了氧化数的概念，即氧化数是某元素的一个原子形成化合物时转移或偏移的电子数。

根据氧化数的概念，氧化数升高的过程称为氧化过程，氧化数降低的过程称为还原过程。氧化数升高的物质是还原剂，氧化数降低的物质是氧化剂。

根据电荷守恒定律，可以知道任何氧化还原反应都应包括两个过程，即氧化过程和还原过程，且两个过程同时发生，又由于氧化过程和还原过程分别对应失去（也包括偏移）电子和得到（也包括偏移）电子两个对立过程，因此任何氧化还原反应的氧化过程和还原过程都符合矛盾的同一性和斗争性关系，于是任何一个氧化还原反应都构成一个矛盾。并且，从微观机制看，这个过程也是动态的矛盾运动。

如果从更深层次看，酸碱反应和氧化还原反应都遵守电荷守恒定律，只不过酸碱反应是得失质子（正电荷），氧化还原反应是得失电子（负电荷），而守恒就意味着对称，对称就构成矛盾，因此基于电荷守恒定律的酸碱反应和氧化还原反应就都构成了矛盾。而在微观上，两种反应都是动态的、运动的，因此无论酸碱反应还是氧化还原反应就都构成了矛盾运动。在考虑化学平衡的基础上，由于条件变化而产生平衡移动，酸碱反应和氧化还原反应更是生动的矛盾运动案例。

总之，通过化学键、化学反应这两个化学基石概念的分析，形象地显示出矛盾在化学中普遍存在的事实。

3.5 元素周期表中体现的量变和质变

按照辩证唯物主义的观点，质是一个事物区别于其他事物的内在规定性，量是事物存在和发展中可以用数量表示的规定性。量变是事物在数量上的变化。质变是事物性质的根本变化，是由一种质态向另一种质态的飞跃。量变和质变是事物发展的两种状态，也是事物发展过程中的两个阶段。事物的发展就是不断地由量变到质变，再由质变到量变，循环往复，推动着事物不断向前发展，这就是量变质变规律或质量互变规律。

从小的方面看，任何一个化学反应都是质变，因为发生了旧物质的消亡和新物质的诞生。而在微观上，一个化学反应的质变又是建立在无数个微观个体分子（或原子）发生化学键的断裂和结合的数量积累上，即任何一个化学反应的完成都需要一定时间的积累，都是建立在量变基础上的质变过程。

从更加宏观的角度看，如同族的化学元素或者全体元素的范畴，元素化学性质的变化呈现出量变和质变的形态，而通过元素化学性质的变化趋势，这种量变和质变的形态可以在元素周期表中“呈现出来”。下面我们首先介绍元素周期表的分布，然后讨论一个依据原子核外电子结构和原子大小构成的吸引电子和抵抗电子丢失的矛盾运动的模型，在此基础上围绕元素周期表，以主族元素在横向上的变化为例，讨论该矛盾运动所体现出的量变和质变的形态。

3.5.1 元素周期表的族和区的划分

元素的化学性质主要取决于价电子，对于非过渡元素，外层电子就是价电子；而对于过渡元素，价电子除包括外层电子外，还包括次外层电子。根据价电子数，我们完成了元素周期表族的定义和区的划分。

在元素周期表中，自左向右的18列对应外层和次外层组成的价电子数从小到大，共分为7个主族（ⅠA—ⅦA）、7个副族（ⅠB—ⅦB）、Ⅷ族和零族，又通分为5个区域，即s区、p区、d区、ds区和f区，每个族中的元素又分为不同的周期。

一般来说，对主族元素而言，价电子数目少，更容易失去电子，显示出更多的金属性；对副族元素而言，价电子数目多，更容易得到电子，显示出更多的非金属性。对同一族的不同周期的元素来说，周期数增加，其对应的金属性或非金属性减弱。

3.5.2 原子吸引电子和抵抗电子丢失的矛盾运动的模型

除价电子因素外，影响原子化学性质的另一个结构上的因素是原子半径的大小。[20] 对于不同的化学键类型，原子半径的定义形式也不同，可分为金属半径、共价半径和范德华半径。其中，对金属是金属半径，对稀有气体是范德华半径，其余都是共价半径。[21]

对于金属单质的晶体，两个最邻近金属原子核间距离的一半，称为金属原子的金属半径。同种元素的两个原子以共价单键结合时，其核间距离的一半，称为原子的共价单键半径。对于稀有气体形成的单分子晶体，两个同种原子核间距离的一半，称为范德华半径。

一般来说，同族不同周期的原子，周期越大，原子数越大，半径越大，其对应的金属性或非金属性减弱。

而同一周期内，原子半径的大小受两个因素的制约：一是随着核电荷的增加，原子核对外层电子的吸引力增强，使原子半径变小；二是随着核外电子数的增加，电子间的斥力增强，使原子半径增大。两种因素结合起来，由于增加的电子的影响不足以完全抵消所增加的核电荷的影响，因此在元素周期表中从左向右，有效核电荷逐渐增大，原子半径逐渐变小。

为定量描述原子结构对原子吸引电子和抵抗电子丢失能力的高低，在化学上引入元素电离能和电子亲和能两个“相互对立”的概念。

基态气体原子失去电子，成为带一个正电荷的气态正离子所需要的能量称为第一电离能，用I_1表示。由+1价气态正离子失去一个电子而成为+2价气态正离子所需要的能量称为第二电离能，用I_2表示。由于随着原子逐步失去电子所形成的离子的正电荷数越来越

20 严格来说，依据量子力学的观点，电子在核外运动没有固定轨道，只是概率分布不同，因此原子没有明确的界面，不存在经典意义上的半径。这里我们采用传统的轨道概念，是以一种简化、近似的方式来讨论。

21 大连理工大学无机化学教研室:《无机化学》(第5版)，250页，北京，高等教育出版社，2011。

多，造成失去电子变得越来越难，同一元素原子的各级电离能会依次增大，通常所说的电离能指的是原子的第一电离能。电离能的大小反映了原子失去电子的难易程度。电离能越小，原子失去电子越容易，金属性越强；反之，电离能越大，原子失去电子越难，金属性越弱。

元素的气态原子在基态时获得一个电子成为-1价气态负离子所放出的能量称为电子亲和能。电子亲和能也有第一、第二电子亲和能之分。[22] 通常所说的电子亲和能指的是第一电子亲和能。电子亲和能的大小反映了原子得到电子的难易程度。非金属原子的第一电子亲和能总是负值，而金属原子的电子亲和能一般为较小负值或正值。

22 一般元素的第一亲和能为正值，第二亲和能为负值，这是因为负离子带负电会排斥外来电子，如要结合电子，必须吸收能量以克服电子的斥力。

原子的电离能和原子的电子亲和能分别从侧面反映了原子失去电子和得到电子的难易程度，体现了一种“对立的”关系。而为了能比较分子中原子间争夺电子的能力，需要对上述两者进行统一考虑，即要完成两者“对立上的统一”，由此引入了元素电负性的概念。

当形成化学键时，元素的原子吸引电子的能力称为元素的电负性。电负性综合考虑了原子吸引电子的能力和抵抗电子丢失的能力，可表示为

$$\chi = K(I + E)$$

其中，χ是电负性，I是电离能，E是电子亲和能，K是任意常数。可见，原子的电负性实现了电离能和电子亲和能的“对立统一”，是一种矛盾形式。

在元素周期表中，元素的电负性呈现出周期性的变化。同一周期元素，从左向右电负性逐渐增加，中间过渡元素的电负性变化不大；主族元素，从上至下电负性递减；副族元素，从上至下电负性递增。

电负性可以用来衡量金属性或非金属性的强弱。于是，元素周期表中电负性的变化是一种矛盾运动。在这种矛盾运动中，使元素的属性（这里指属于金属还是非金属）体现出量变和质变的形态，这就构成了一种原子吸引电子和抵抗电子丢失的矛盾运动的模型，如图3-12所示。不过，需要说明的是，除价电子数、原子半径带来的电负性这个因素外，影响元素性质的因素还有原子外层具体的壳层结构，在下面的讨论中我们以电负性为主，必要的地方结合原子外层具体的壳层结构共同讨论。

3.5.3 第三周期元素金属属性和非金属属性的量变和质变

如图3-13所示，在第三周期元素中，钠和镁的电负性数值小，分别属于碱金属和碱土金属，它们的价电子壳层结构分别是$3s^1$、$3s^2$。钠和镁很容易失去最外层的1个和2个电子，它们的单质都属于活泼金属，具有较强的还原性，属于强还原剂，能与氧、氢、卤素

等非金属元素以及水直接反应。钠与水会发生猛烈作用，镁能与沸水反应放出氢气。钠元素对应的氢氧化物是 NaOH，属于强碱。镁元素对应的氢氧化物是 $Mg(OH)_2$，几乎不溶于水，溶于水的部分完全电离，水溶液呈弱碱性。

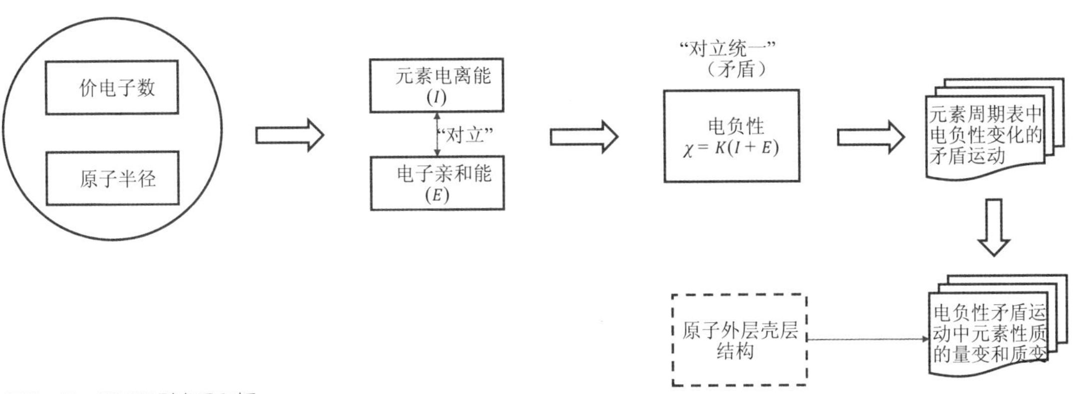

图 3-12　原子吸引电子和抵抗电子丢失的矛盾运动

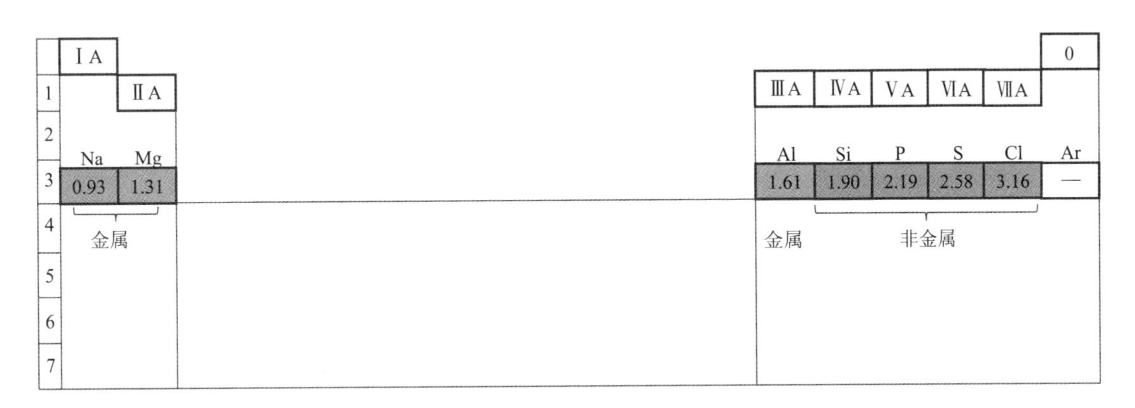

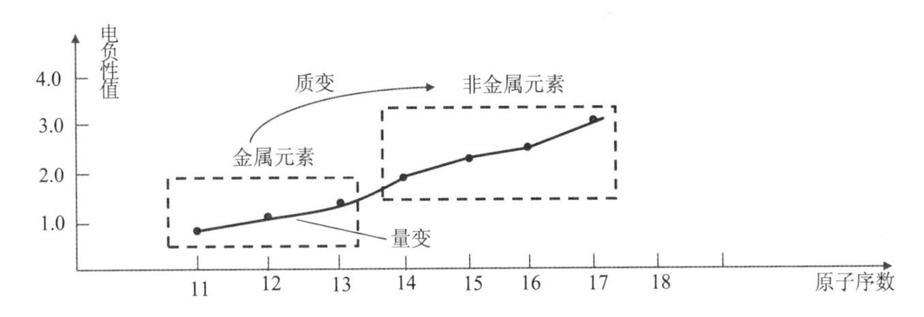

图 3-13　第三周期元素金属属性和非金属属性的量变和质变

铝在元素周期表中是第Ⅲ主族的元素，其价电子壳层结构是 $3s^2 3p^1$，属于活泼金属，可以与氧、水发生作用，不过由于其表面上覆盖了一层致密的氧化物膜，阻止其进一步与氧和水作用，因而具有很高的稳定性。另外，金属铝极易溶于强碱，也能溶于稀酸，

其氢氧化物 $Al(OH)_3$ 以碱性为主。

可见，尽管钠、镁、铝都是金属元素，但金属性依次减弱。

硅是元素周期表中第三周期的第Ⅳ主族的元素，其价电子壳层结构是 $3s^2 3p^1$，有时被称为半金属元素，在元素周期表中处于金属向非金属过渡的位置。一方面，硅有明显的非金属特性，如可以溶于碱金属氢氧化物溶液中。另一方面，硅在加热条件下既能与单质的卤素、氮、碳等非金属作用，也能与某些金属如 Mg、Ca、Fe、Pt 等作用，它在与非金属作用时常作为电子给予体，而与金属作用时常作为电子接受体。硅的最高价酸 H_2SiO_3 是很弱的弱酸。

磷是元素周期表中第三周期的第Ⅴ主族的元素，属于非金属元素。磷原子可以从电负性低的原子获得三个电子，形成离子键，这是其非金属性的体现；磷原子也可以与电负性较大的原子形成三个共价单键，根据与磷原子相结合元素的电负性高低，在化合物中磷的氧化数可以从+3 变到−3。磷的最高价酸 H_3PO_4 是中强酸。

硫是元素周期表中第三周期的第Ⅵ主族的元素，其价电子壳层结构是 $3s^2 3p^4$。硫是非金属元素，硫原子可以从电负性较小的原子获得两个电子，形成含 S^{2-} 的离子型硫化物。硫的最高价酸 H_4SO_4 是强酸。

氯是元素周期表中第三周期的第Ⅶ主族的元素。氯是非金属元素，氯原子可以从大多数原子中获得电子，它可以与各种金属（铁除外）发生剧烈反应，氯与水的反应是很强的自发反应和放热反应，且反应也比较剧烈。氯对应的盐酸是强酸。

可见，尽管硅、磷、硫、氯都是非金属元素，但非金属性依次增强。

综合起来可知，随着电负性数值的不断增大（量变），第三周期元素出现了金属属性和非金属属性的划分（质变）。在钠、镁、铝 3 种金属元素中，金属性依次减弱；在硅、磷、硫、氯 4 种非金属元素中，非金属性依次增强。

3.6 元素周期表中前进性和曲折性的统一

按照辩证唯物主义的观点，事物的运动是由矛盾运动驱动的。矛盾存在对立，对立就可能形成反复，而且事物的发展往往是由多个矛盾相互交织在一起共同作用的结果，这也决定了事物的发展不会是完全理想和一条直线式的，而只能是一种辩证的形式，即事物的发展是螺旋式的上升和波浪式的前进，事物的发展是前进性和曲折性的统一。也就是说，事物发展的基本趋势和总方向是前进上升的，但其具体道路是曲折迂回的。

元素周期表反映了各种元素间的内在关系和内在规律，总体上显示了同族元素间、不同族元素间性质演进发展的前进性。但同时，由于元素性质演进受到多个因素（构成了矛盾）的影响，因此无论是同族元素间，还是不同族元素间，性质演进发展时又显示出非完全理想和非直线的方式，即显示出元素性质演进发展时的曲折性。元素周期表是化学上直观反映事物发展前进性和曲折性辩证统一的典型案例。

3.6.1　金属与非金属折线体现的前进性和曲折性的统一

前面已经讨论过，在元素周期表中同一周期的不同元素从左向右价电子依次增加，原子半径逐步减小，电负性不断增大，金属性逐步减弱，非金属性逐步增强，于是元素从左边的金属元素变为右边的非金属元素是演进的必然，或者说是金属元素到非金属元素演进的前进性。所以在每个周期（2~6 周期）都必定出现金属元素与非金属元素的分界。

另一方面，每个周期（2~6 周期）金属元素与非金属元素的分界又不是一条直线，其原因是在元素周期表纵向方向，元素的性质还受到原子半径大小的影响，周期大，半径大，对核外电子的引力小，电负性小，由此造成不同周期中金属元素与非金属元素的分界随周期增大而不断向右推进，即从金属元素到非金属元素演进的进程减缓，体现了从金属元素到非金属元素演进过程中曲折性的一面。

将以上两种因素合并，即同时考虑周期表的横向（同一周期下不同族元素变化）和纵向（不同周期下同族元素变化），如图 3-14 所示，从左向右，第 2 周期第一个非金属元素是第Ⅲ主族的硼，第 3 周期第一个非金属元素是第Ⅳ主族的硅，第 4 周期第一个非金属元素是第Ⅴ主族的砷，第 5 周期第一个非金属元素是第Ⅵ主族的碲，第 6 周期第一个非金属元素是第Ⅶ主族的砹。可见，在元素周期表中金属元素和非金属元素的分界呈现为一条向前延伸的折线，形象地体现了元素周期表中金属元素向非金属元素递进过程是前进性和曲折性的统一。

3.6.2　元素氧化性和还原性递进体现的前进性和曲折性的统一

下面我们从共价键的角度，分析元素周期表中元素的氧化性和还原性的递进规律。仍然以第三周期元素为例，如图 3-15 所示，如果不考虑元素核外电子的具体壳层结构，仅考虑最外层电子数（或价电子数）和电负性大小，可以推得为使核外结构稳定，左边的金属元素会倾向于失去外层电子而使化合价升高，右边的非金属元素会倾向于得到电子而使化合价降低，且最高的化合价应该等于用 8 减去最外层电子数，在氧化性和还原性的变化上呈现出一种简单的线性变化的关系，这可以看作元素周期表中元素氧化性和还原性递进过程前进性的一面。但事实上，第三周期中一些元素化合价的变化范围要复杂得多，整体上并不是一种简单的线性关系，而是体现为一种前进性和曲折性的统一。其主要原因是，在影响元素氧化性和还原性表现即化合价的变化上，还有一个重要的因素，即原子核外电子的具体壳层结构，从而带来了元素化合价变化上的曲折性。

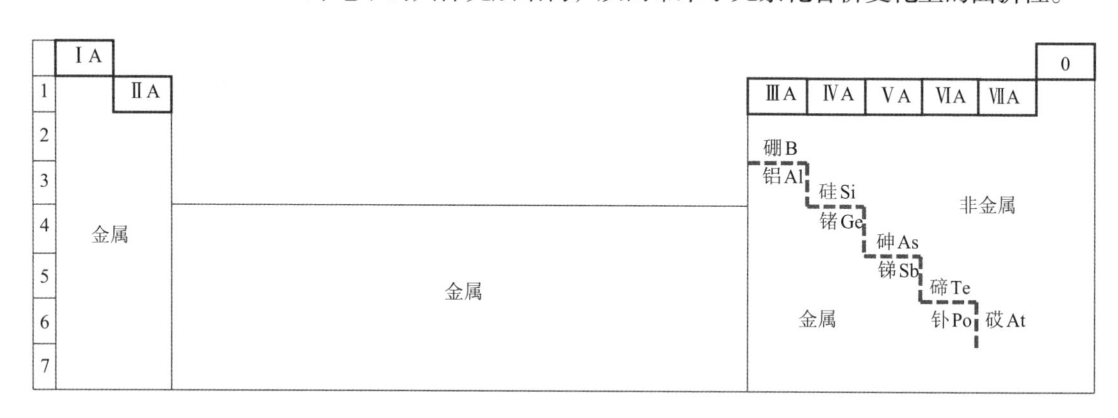

图 3-14 元素周期表中金属元素与非金属元素分界折线体现的前进性和曲折性的统一

首先，分析铝元素在化合价上表现出的“曲折性”。铝原子的外层电子构型为 $3s^2 3p^1$，在化合物中经常表现为+3 价氧化态。铝原子如果同时失去 2 个 3s 电子和 1 个 3p 电子，则生成三价铝离子 Al^{3+}；如果失去 1 个 3s 电子和 1 个 3p 电子，则生成二价铝离子 Al^{2+}；如果失去 1 个 3p 电子，则生成一价铝离子 Al^{+}，不过低价铝离子在低温下通常不稳定。另外，铝原子有空的 3d 轨道，与电子对给予体能形成配位数是 6 或 4 的稳定配合物。

其次，分析磷元素在化合价上表现出的“曲折性”。磷原子的价电子壳层结构是 $3s^2 3p^3 3d^0$，即第三层除有五个价电子外，还有空的 3d 轨道。为了达到稳定结构，磷原子可以从电负性低的原子获得 3 个电子，也可以与电负性较高的原子形成三个共价单键，根据与磷原子相结合元素的电负性高低，在化合物中磷的氧化数可以从+3 变到-3。当磷元素与电负性高的元素（F、O、Cl）相结合时，磷原子还可以拆开成对 3s 电子，并把多出的一个单电子激发进入 3d 能级而参加成键，在这种情况下，磷原子的氧化数是+5，形成的化合物是极性共价分子或基团。例如，此时磷原子采取 sp^3

杂化，同时提供空的 d 轨道形成 π 键，即形成 3 个单键和 1 个双键，结构形式是—P═（P 上下各连一个单键），正磷酸中的磷酸根就是这样的结构，而磷酸根的这种结构就形成了前面介绍的生命体大分子核苷酸中的长链骨架（参见 1.1.5 小节），可以说没有上面的这种结构就没有核苷酸，也就没有 DNA 和 RNA，从而也就没有地球上的生命存在。所以，这种前进中的曲折性带来了发展上的复杂性，而发展上的复杂性又带来了发展上的多样性，进而带来了更多的机会。在这个意义上，曲折性不完全是“坏事”，曲折性本身就是事物发展的自然属性。

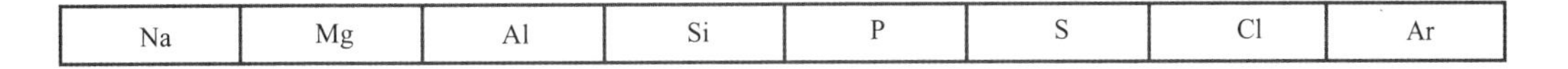

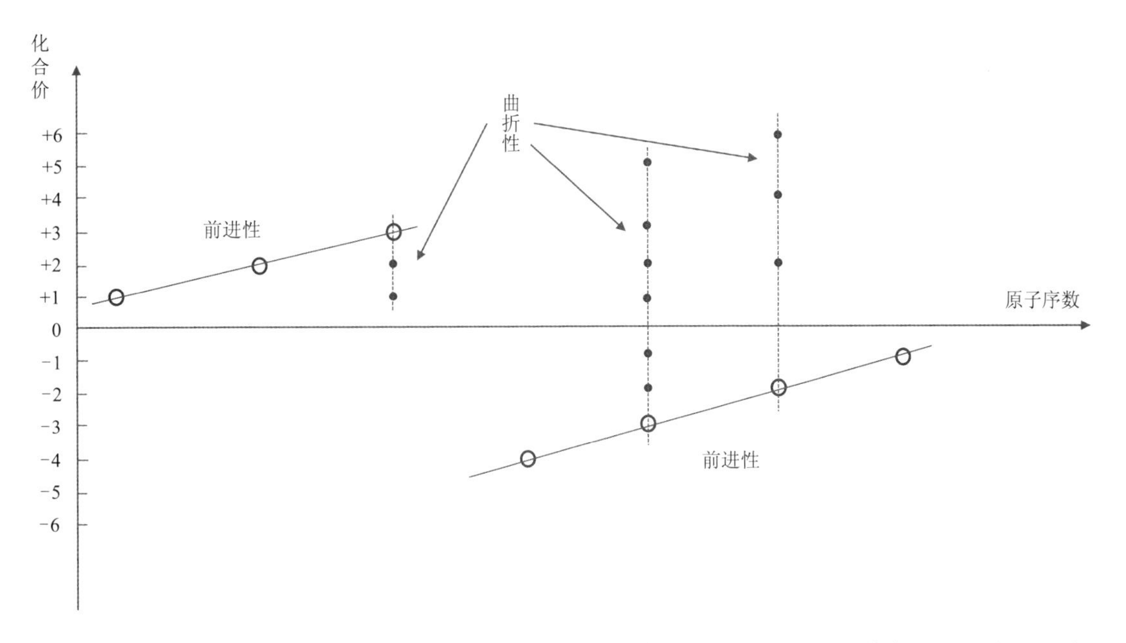

图 3-15　第三周期元素氧化性和还原性递进体现的前进性和曲折性的统一

最后，分析硫元素在化合价上表现出的“曲折性”。硫原子的价电子壳层结构是 $3s^23p^4$，它可以从电负性较小的原子获得两个电子形成 S^{2-}；同时，还有可以利用的 3d 轨道，3s、3p 轨道中的成对电子可以经跃迁拆开而成单进入 3d 轨道，然后参加成键，这样就可以形成氧化数高于 2 的正氧化态，其最高氧化数可以达到+6，还可以具备形成较多复键的条件。[23]

23　武汉大学，吉林大学等：《无机化学（上册）》（第 3 版），600 页，北京，高等教育出版社，1994。

综上可以看出，唯物辩证法的对立统一规律、量变质变规律和否定之否定规律这三个基本规律在基础化学中都得到了很好的体现。

第 4 章　从基础化学看辩证唯物主义的认识论

辩证唯物主义认识论是辩证唯物主义的重要组成部分，是关于人类的认识来源、认识能力、认识形式、认识过程和认识真理性问题的科学认识理论。辩证唯物主义认识论是可知论、反映论和实践论。同时，它还把辩证法应用于认识论，强调人的认识是一个不断深化的、能动的辩证发展过程。认识的辩证法，表现在认识和实践的关系上，体现为认识来自实践，又转过来指导实践，为实践服务；表现在认识过程中，体现为人对世界的认识不是一次完成的，而是一个实践、认识、再实践、再认识，多次反复、无限深化的过程。

古代化学几乎就是伴随人类文明的产生而产生的，伴随人类文明的发展而发展的，即贯穿了人类社会生存发展的整个实践过程。在古代，化学的发展史几乎就是代表人类生产、生活发展水平的发展史。在近现代，化学的发展史也深刻影响着人类生产、生活的发展。在自然科学中，化学是一门来自实践，又把获得的认识应用于实践，且认识和实践紧密融合的基础学科。

因此，化学学科的理论和实践为辩证唯物主义认识论提供了内容极其丰富的素材，可以实现对辩证唯物主义认识论全面、深刻、生动的验证。

4.1 实践决定认识，实践是认识的基础

实践观点是马克思主义认识论首要和基本的观点。它体现的是实践和认识间的辩证关系，其中包含两层的含义：一是实践决定认识，实践是认识的基础；二是认识对实践具有反作用，正确的认识能够指导实践取得成功，错误的认识会把人们的实践活动引向歧途。关于认识对实践具有反作用，我们在前面 1.2 节已经有充分的论述，本节不再赘述。下面我们主要论述第一层含义在化学理论和实践上的体现，并分为以下方面：实践是认识的来源、实践是认识

的动力、实践是检验认识的真理性的唯一标准以及实践是认识的目的和归宿。

4.1.1 实践是认识的来源

人在实践中接触并作用于客观事物，客观事物的现象才能大量地反映到人的头脑中。一切科学知识都是人的实践经验的结晶。自然知识最初是在物质生产活动中和对自然界的直接观察的基础上发生、发展起来的。[1]

1 上海市高校《马克思主义哲学基本原理》编写组:《马克思主义哲学基本原理》(第10版)，129页，上海，上海人民出版社，2008。

这样的实际例子在化学的发展史上有很多，如我们在前面1.2.3小节介绍的古代陶器的发明、1.2.4小节介绍的冶金技术的发明、1.2.5小节介绍的造纸术的发明以及1.2.6小节介绍的玻璃的发明。这些认识和成就都是对人类文明进程有重大影响的发明，它们无一例外都来自实践。

另一个典型的例子是火药的发明。火药是中国古代四大发明之一，但火药的发现却是来自中国古代炼丹术的实践活动，是炼丹家在寻找可长生不老的丹药时发明的。黑火药的成分是硝、硫、碳，其主要成分是作为氧化剂的硝石。在公元前3到前1世纪的秦汉时期，炼丹术开始走向兴盛，人们掌握了硝石的一些性能。早期的炼丹家为了制成长生不老之药和“金银”，曾尝试将各种药物混合共炼。所用的药物有五金、八石、三黄（硫黄、雄黄、雌黄）、汞、硝石、碳、松脂以及各种草木药品等。当用硝石与三黄、碳、松脂等共炼时，就发生了易燃易爆现象。公元300年前后，著名炼丹家葛洪把硝石、硫和含碳物质混合起来，已接近于原始火药。公元650年左右，药王孙思邈炼出了含硫和硝石的易燃制剂。刚开始人们并没有认识到它在生产和军事上的广泛用途，反而因为其具有易燃易爆性，而成为炼丹活动中的一大威胁，由此还发明了伏火法以消除它的危害。不过，后来在实践中人们发现火药的易燃易爆性可用于军事，故在我国古代陆续发明了基于火药的各种火器，如喷火桶、火炮、火箭、突火枪等。可以想见，如果没有几百年间古人在炼丹活动中反反复复的混炼实践，就不会产生对火药的认识。

煤是当今重要的能源来源，也是冶金、化学工业的重要原料，人类对煤的发现和利用已经有几千年，对煤的认识和利用也来源于实践活动。从现代的角度看，煤的化学结构是非常复杂的，根据现代化学手段的分析，人们提出了数十种煤的结构模型。但由于煤在地球上的储量丰富、分布广泛，一般也比较容易开采，为人类围绕煤的利用开展的实践活动提供了便利条件，所以即使在古代人们不可能对煤的化学结构有所认识，但丝毫不影响人们围绕煤的利用开展实践活动。首先，古人发现燃烧煤可以产生热量和高温，燃烧成为煤的传统使用方式和主要途径。早在 3 000 年以前，中国人就发现了煤，并用其来冶炼铜矿石、烧制陶瓷，《山海经》中称煤为石涅。在 2 000 多年前的古希腊，冶炼铸造中也使用了煤。13 世纪，马可•波罗从中国把煤带回欧洲。1528 年，英国人成功地用煤熔化了水稀矿石。1611 年。西方人获得了用煤熔化铁的方法并进行了改进。1713 年，采用高炉用煤熔化铁的方法获得了成功。18 世纪下半叶，随着蒸汽机的推广应用，对煤的需求量越来越大，燃烧煤获得的能量给社会带来了前所未有的巨大生产力，推动了工业的向前发展，使人类社会进入蒸汽时代。其次，人们发现煤还是一种重要的化学原料。1792 年，苏格兰人用铁干馏煤烟获得了成功，并将获得的煤气用于家庭照明。1812 年，这种干馏煤气成功用于伦敦街道照明。1816 年，美国巴尔的摩市建立了干馏煤气工厂。从此，煤的干馏工业得到发展。19 世纪 70 年代，德国建成了有化学品回收装置的焦炉，从煤焦油中提取了大量的芳烃，作为医药、农药、染料等工业的原料。当然，随着人们对煤的利用的实践活动的不断增强以及化学知识的不断丰富，科学家也确定了煤主要由碳、氢、氧、氮、硫和磷等元素组成，其中碳、氢、氧三者总和约占有机质总量的 95%以上，人们对煤化学结构的认识也必将随着人们实践活动的深入而不断增强。

在化学的发展中，实验室中的实验活动也是一种重要的实践活动。为对物质成分、结构等开展定性、定量和容量分析，甚至产生了一个化学的学科分支——分析化学，分析的方式大概可分为两大类，即经典方法和仪器分析方法。

仪器分析方法使用仪器去测量和分析物质的物理和化学属性。例如，19 世纪后半叶，由本生和基尔霍夫引入的分光法在新元素的发现中发挥了巨大作用，并在稀土和稀有气体的研究中扮演了决定性的角色。[2] 再例如，X 射线是 19 世纪末科学革命的重大发现之一，人们推测 X 射线是波长非常短的电磁波，并开始寻找能够使 X 射线产生衍射的衍射光栅，人们意识到固体中的原子间距非常适合用于 X 射线的衍射实验。1912 年，英国的布拉格父子对晶体 X 射线衍射进行了研究，提出了著名的布拉格公式，并且利用分光器进行设计，确定了包括金刚石在内的多个晶体的原子排布，从而开辟了用 X 射线研究物质结构的道路。1914 年，验证了食盐呈现面心立方晶格 Cl^-、Na^+ 交互排列的结构，确定了 Cl^-、Na^+ 的中心间距是 0.282 nm，该研究显示食盐晶体中的 NaCl 以离子存在，这成

2　[日]广田襄:《现代化学史》，丁明玉译，55 页，北京，化学工业出版社，2018。

为阿伦尼乌斯电离说的强力支撑。随后，金刚石和石墨的结构也得以解析。在金刚石中，碳原子呈四面体结构，间距是 0.154 nm，在金刚石晶体中，每个碳原子都以 sp^3 杂化轨道与另外 4 个碳原子形成共价键，由于金刚石中的 C-C 键很强，所以金刚石硬度大、熔点极高。而在石墨中，一个碳原子以 0.142 nm 的距离与 3 个碳原子结合，6 个碳原子在同一平面上形成正六边形的环，并伸展形成片层结构，片层间的间距是 0.340 nm，由于层与层间的距离较大，结合力（范德华力）小，各层可以滑动，所以石墨的密度比金刚石小，质软，并有滑腻感。这样，金刚石和石墨的性质差异从晶体结构上得到了解释。后来，许多金属、无机化合物的晶体结构也得到了研究。X 射线结构解析的实践应用，为无机化学、有机化学、金属学、矿物学的发展做出了很大贡献。[3]

3 [日]广田襄:《现代化学史》，丁明玉译，172 页，北京，化学工业出版社，2018。

仪器分析方法之外的分析化学方法，现在统称为古典分析化学。古典方法（也常被称为湿化学方法）常根据颜色、气味或熔点等来分离样品（如萃取、沉淀、蒸馏等）。这类方法常通过测量质量或体积来做定量分析。

尽管现在已经进入了现代化学阶段，但分析化学的基础性的重要作用没有降低，这也说明了实践的重要性。

4.1.2　实践是认识的动力，是认识的目的和归宿

恩格斯曾说“社会一旦有技术上的需要，则这种需要就会比十所大学更能把科学推向前进”。化学本身就是一门来自实践、服务于实践的学科。在化学上，实践的发展不断提出需要解决的新课题，推动人们进行不断的探索，在探索的基础上，对新课题给出解答，进而推动人们的认识不断发展；同时，近现代化学的研究最终回到为实践服务的终点，实践成为认识活动的目的和归宿。

实践是认识的动力，是认识的目的和归宿，近现代化学工业的发展史深刻阐释了这一点。

1. 19 世纪的化学工业

19 世纪起，科学技术迅速发展，人类对各种新物质的需求大幅度的增加。化学作为研究物质、创造新物质的基础学科，自然承担着为人类创造丰富的物质财富、增进人类的健康水平、形成崭新的社会面貌、促使人们对物质世界的认识更进一步的“光荣使命”，即化学学科获得了来自社会发展需要的巨大动力，由此兴起众多的化学产业，它们来自人类社会发展的现实需求，包括制碱产业、肥料产业、染料合成产业、制药产业、炸药产业、金属和合金产

业等。

在制碱产业方面，19 世纪，随着欧洲中产阶层的增加，消费活动变得活跃，对与肥皂、玻璃、纺织品等制造相关的化学产业的需求急速增大，制碱产业是生产以上化学产品的基础，而 19 世纪初采用的吕布兰制碱法暴露出固相反应的许多缺点，如高温操作、生产不能连续、劳动强度大、浪费多、污染大等，这就促使人们研究新的制碱方法。1811 年，英国人提出氨法制碱的思路，其主要反应式为

$$NaCl+NH_3+CO_2+H_2O = NaHCO_3\downarrow+NH_4Cl$$

后来，氨法制碱在实践中经过不断完善，形成了索尔维制碱法，其主要流程如图 4-1 所示，该方法以食盐、石灰石和氨为原料，制得了碳酸氢钠和碳酸钠。①精致饱和盐水经吸氨塔后在碳酸化塔形成氨性食盐水雨雾，并与吹入的 CO_2 发生上面的主反应，形成物经离心过滤以沉淀方式得到 $NaHCO_3$；②上面输入的 CO_2 由石灰窑煅烧 $CaCO_3$ 得到，煅烧 $CaCO_3$ 得到的另一产物 CaO 经化灰桶生成 $Ca(OH)_2$，生成的 $Ca(OH)_2$ 在灰蒸段与①的滤水反应生成 NH_3 和 $CaCl_2$，生成的 NH_3 又被输入①过程循环利用，$CaCl_2$ 作为废液排出；③生成的 $NaHCO_3$ 经煅烧生成 Na_2CO_3 和 CO_2，生成的 CO_2 又可以输入①过程循环使用。可以看出，索尔维制碱法的设计十分巧妙，解决了吕布兰制碱法在生产中碰到的问题，具有能连续生产、产量大、质量高、省劳动力、原材料成本低廉、处理废物容易等优点，还能实现反应物的循环使用。索尔维制碱法是依据实践需求和遇到的问题，利用化学反应进行巧妙设计，从而解决原有问题，提高生产效率的经典案例。

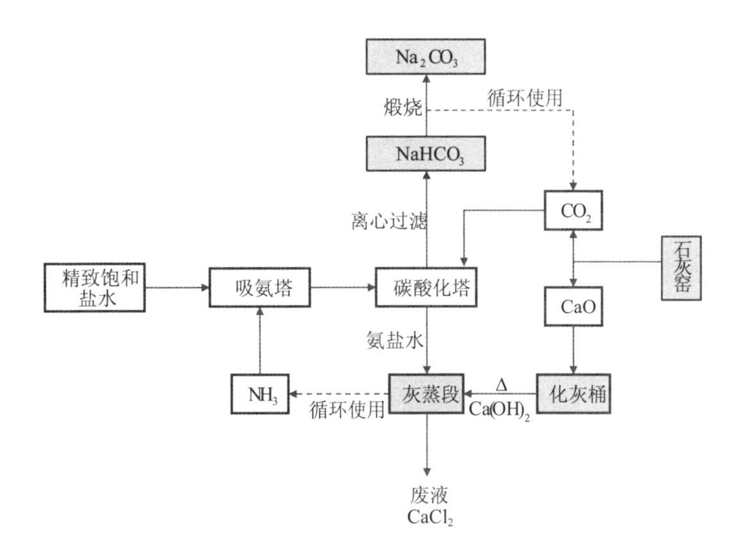

图 4-1　索尔维制碱法流程示意图

在肥料产业方面，自古以来，人们就知道肥料对植物的生长有益，并使用一些自然物质（如人畜粪便、鸟粪等）作为肥料。随着化学知识的增多，人们认识到化学物质在植物生长中的作用。面对人口的快速增加，为提高农业产量，研究人工制造肥料成为一个自然的需求。19 世纪前半叶，一批化学家的研究弄清了植物生长和磷、氮、钾等元素的关系，先是用硫酸处理矿粉制备出磷肥，后用磷酸盐矿生产出磷肥，19 世纪后半叶氮肥硫酸铵的生产成了重要产业。[4]

4　[日]广田襄:《现代化学史》，丁明玉译，95 页，北京，化学工业出版社，2018。

在染料合成产业方面，19 世纪的欧洲，随着生产力的大幅提高和社会的进步，房屋的装饰和女性的衣装对染料的需求逐步增加。每年追求流行的各种各样颜色的市场使天然染料产业成了利润大规模增长的行业。一个偶然的机会，人们从煤焦油中发现了最早的合成染料——苯胺染料（苯胺紫）。在苯胺紫提取成功的刺激下，对新的合成染料的需求也大大增加，化学家通过经验性方法从苯胺、甲苯胺、喹啉等起始物中得到了其他的合成染料。到 19 世纪中后期，天然染料受到合成染料的排挤几乎不再使用。之后，化学家又通过对天然染料成分的分析，完成了天然染料的合成。

在制药产业方面，自古以来，从开发各种中草药到炼丹寻求长生不老，人们都在寻找各种天然药物，用于治病、防病、延年益寿。19 世纪，人们在获得一定的化学知识后，开发新药物以对抗各种给人类发展带来重大威胁的疾病，也成为促进化学发展的又一动力。典型的例子就是阿司匹林的合成。在阿司匹林出现之前，人类没有有效退热、止痛和消炎的良药，19 世纪 70 年代，化学家从柳树皮中分离出水杨酸，并制出水杨酸钠，证明它具有退热、止痛和消炎作用。19 世纪末，化学家针对水杨酸钠味道较苦的缺点加以改造，制出纯净的乙酰水杨酸，这就是著名的药物阿司匹林。阿司匹林的化学成分简单，结构清楚，性质稳定，合成原料易得，制作方便，成为一种比较容易大批量生产的药物，其可以治疗常见的头痛、发烧、发炎等疾病，具有经济、有效、服用简单等优点，成为常用药，并使用至今。[5]

5 周公度:《化学是什么》（第 2 版），249-250 页，北京，北京大学出版社，2019。

在炸药产业方面，19 世纪后半叶，随着采矿业和土木工程行业的兴盛，对强力炸药的需求增大，另外火药在军事上也有很大的市场。而以硫黄、木炭、硝石为主的传统黑色火药是几种无机物的混合物，爆炸力比较小，已远远满足不了上述的需求，另辟蹊径开发新炸药成为化学家努力的目标。化学家首先发现纤维素硝化后具有爆炸性。后来化学家用浓硫酸、硝酸和棉制成了硝化纤维素。再后来用同样的混合酸处理甘油制得了硝化甘油，这是最早的合成炸药。但这些炸药不稳定，有爆炸的危险，而且硝化甘油为液体，不适合作为炸药。1866 年，诺贝尔偶然发现一桶硝化甘油泄漏光了，可是漏掉的硝化甘油被硅藻土制成的容器吸收了。于是，他受到启发，用硝化甘油和硅藻土的混合物进行实验。结果发现，如果没有引爆雷管，硝化甘油不会爆炸，这样就制成了稳定且爆炸力非常强的黄色炸药。1875 年，诺贝尔将硝化纤维和硝化甘油混合制成胶状炸药。1887 年，他又发明了无烟炸药。

在金属和合金产业方面，从 18 世纪后半叶到 19 世纪，随着产业革命的进行，对铁和铜的需求激增。蒸汽机和纺织机械的制造，以及铁道、钢铁船、铁桥的建造等，对钢铁的需求都是以往的制造方法无法满足的。18 世纪末，人们弄清了生铁和钢的差异是含碳量不同导致的。1855 年，发明了在熔化的生铁中吹入空气以氧化杂质，并利用氧化过程的发热炼钢，使大量制造钢铁成为可能，该方法称为贝塞麦法。但该方法的局限在于不能用于含磷和硫的铁矿石的转化。后来，这个问题陆续得到解决。而且通过在铁中混入其他金属（钨、铬、镍、锰）等的合金，人们开始制造具有特定性质的钢。[6]

6 [日]广田襄:《现代化学史》，丁明玉译，99 页，北京，化学工业出版社，2018。

可以说，科学技术的迅速发展带来了人们对各种新物质的强劲需求，从而奠定了各类化学产业兴起的基础，生动验证了实践是认识的动力这一观点。当然，这些产业的兴起和发展又进一步推动了相关领域化学知识和理论的发展。

2. 20 世纪前半叶的化学产业变化

20 世纪前半叶是全世界受累于两次世界大战的经济恐慌的时

代。战争产生了新需求，化学扮演了重要的角色，战争对化学产业产生了很大影响，而化学产业反过来对战争的进程给予了很大的刺激。

在整体化学产业上，协约国对战争完全没准备，战争期间，协约国难以得到德国的医药、染料、玻璃制品、钾产品等，这曾造成协约国方面很大的被动。但战争的需求又成了刺激和动力，这种动力成为英国和美国的化学产业在战争期间得到很大发展的主因，战争对很多产品的巨大需求促使了新技术的开发，并使生产量大大增加。[7]

7　[日]广田襄:《现代化学史》，丁明玉译，268页，北京，化学工业出版社，2018。

在第一次世界大战中，还首次出现了化学武器，这场战争甚至被称为“化学家的战争”。其中，德国进行了毒气开发，并在1915年首次使用了氯气，随后又使用了光气，后来还使用了芥子气；协约国方面也不示弱，同样使用了光气等毒气。尽管化学武器没有起到决定战争走向的作用，但一战使毒气成为受到极大关注的化学武器。

一战结束后，战争中产生的需求随着战争的结束而消失，并出现了新的需求。例如，在美国，随着汽车的普及，对速干漆的需求出现爆炸性增长，低黏度的硝酸纤维漆被开发出来，它可以显著缩短汽车用涂料的干燥时间。同时，20世纪30年代汽车产业的繁荣，对辛烷值高的汽油的需求激增。刚开始是采用热蒸馏法进行原油精炼；1931年开发了使用硅、铝酸性催化剂的催化分馏法，大大提高了汽油的生产量和辛烷值。这两种方法不仅用于汽油生产，还用于乙烯、丙烯、丁烯的制造。煤焦油逐步失去了作为合成化学物原料的统治地位，被从石油和天然气中提取的脂肪族烃类取代。

二战前夕，德国着手进行战争准备，合成汽油、合成橡胶、人造丝的生产量激增。相应地，美国在各方面的实力也具有压倒性优势，除合成橡胶外，还有青霉素、航空燃料以及原子弹的研发。

1939年，牛津大学的研究团队已经成功分离制备了特异青霉素，不过在二战时还无法大量生产。后来，美国开发出了在玉米糖浆和乳糖的环境下培养霉菌的技术，使青霉素定量生产成为可能。1943年，美国的制药公司开发出了批量生产青霉素的技术，并生产出首批青霉素，这种新的药物对控制伤口感染非常有效，在二战末期治疗了大批参战的盟军士兵，一度被认为是取得二战胜利的一个“利器”。二战后，青霉素得到了更广泛的应用，拯救了数以万计的生命。

二战中，航空汽油的供给成为战争进行的一个决定性因素，而航空汽油需要更高的辛烷值。先是“固定床”催化技术被提出，随后又发展为“移动床”催化技术，实现高辛烷值汽油的高产率，解决航空汽油的供给问题，成为取得战争胜利的重要因素。

二战中最大的一个事件就是原子弹的出现。原子弹爆炸产生巨大威力靠的是核裂变，核裂变产生的能量来自铀和钚等重原子核分裂成两个或多个轻原子核过程中由质量亏空转变而成的能量。原子弹制造中有两个与化学相关的关键环节：①采用 6-氟化铀气体扩散法的铀的分离和浓缩；②钚的生产。美国的化工企业最终生产出原子弹所需要的 U235 和 Pu239，保证了原子弹的成功研制。

可见，20 世纪上半叶化学产业和技术的发展往往来自社会发展中的实际需求，也验证了实践是认识的动力的观点。

4.1.3 实践是检验认识的真理性的唯一标准

马克思说:“人的思维是否具有客观的真理性，这并不是一个理论的问题，而是一个实践的问题。”人们在实践中得到的认识，究竟是不是正确反映了客观实际，是不是真理，只能依靠实践来检验，并且实践是检验认识的真理性的唯一标准。

化学是基于实践的自然学科，辩证唯物主义关于实践标准的论断在整个化学发展史上都有体现，而在古代化学、近代化学中更加突出，特别是每当在重大的理论观点和看法上出现重大分歧时，实践总是成为对不同认识观点孰对孰错的唯一评判标准。[8]

如图 4-2 所示，前面 1.2.7 小节讨论的诸多古代化学、近代化学中的重大成就都是这种情况，包括“颠倒”的物质与性质的关系、“倒立”的燃素说、阿伏伽德罗分子假说、电化二元论、门捷列夫的元素周期表等，由于缺乏更高层次的知识指导，古代化学和近代化学在实践中每前进一步几乎都伴随着不同观点的争论，而最后做出正确与否判决的只能是实践，这在 1.2.7 小节已有描述，这里不再赘述。

8 现代化学理论很多是在化学实践的基础上吸收物理学最新成果后形成的认识，这类认识同样需要接受实践的检验，这部分我们在后面的认识过程部分再讨论。

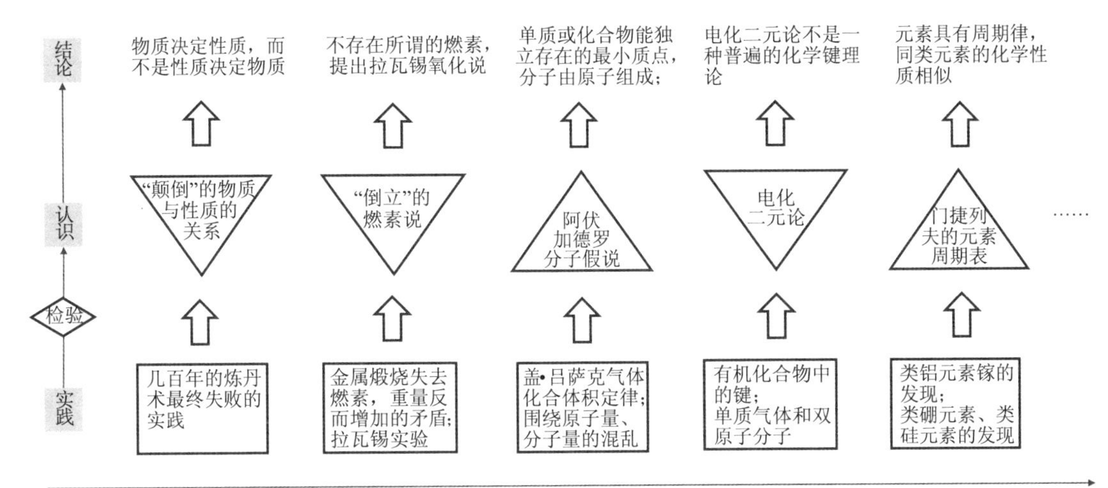

图 4-2　实践对一些古代化学、近代化学中的重大成就的检验

4.2 认识是实践基础上主体对客体的能动反映

如何把握认识的本质，这是认识论的根本问题，直接涉及认识的内容以及认识体（主体）与认识对象（客体）的关系。围绕这一问题，不同的哲学派别进行了激烈的争论。马克思主义哲学认为，认识的本质是实践基础上主体对客体的能动反映，这是对认识本质问题的科学回答。[9]

化学学科为马克思主义哲学对认识的本质的回答提供了有力的验证。

4.2.1　认识是主体对客体的反映

任何认识，从本质上讲，都是主体在与客体相互联系、相互作用的过程中对客体的反映，都是以观念的形态再现客体的面貌、特性、本质和规律。主体的活动不能凭空地进行，而要以主体之外的客观事物和现象为对象，由客观对象限定认识的一定指向和内容，没有客观对象的存在，就不可能形成相应的认识。认识不是人头脑里固有的，或是“从天上掉下来的”。[10] 这是认识论上的唯物主义。

以近代化学理论的发展和形成过程为例，它所走的每一个关键步都是建立在与相应的客观对象发生相互联系、相互作用的基础上，如图 4-3 所示。例如，燃素说与拉瓦锡的氧化论和物质的燃烧现象相联系；原子论、分子论与原子量、分子量以及气体反应实验现象相关联；物质组成与价键理论、化学动力学与反应速率及反应机制、化学热力学与化学平衡都是基于原子间的相互结合和相互分离；元素周期表与元素周期律则是基于发现的不同物质元素的排列和性质变化的规律等。具体描述可参考 1.2.7 小节。

9　上海市高校《马克思主义哲学基本原理》编写组:《马克思主义哲学基本原理》(第 10 版)，143 页，上海，上海人民出版社，2008。

10　上海市高校《马克思主义哲学基本原理》编写组:《马克思主义哲学基本原理》(第 10 版)，127-128 页，上海，上海人民出版社，2008。

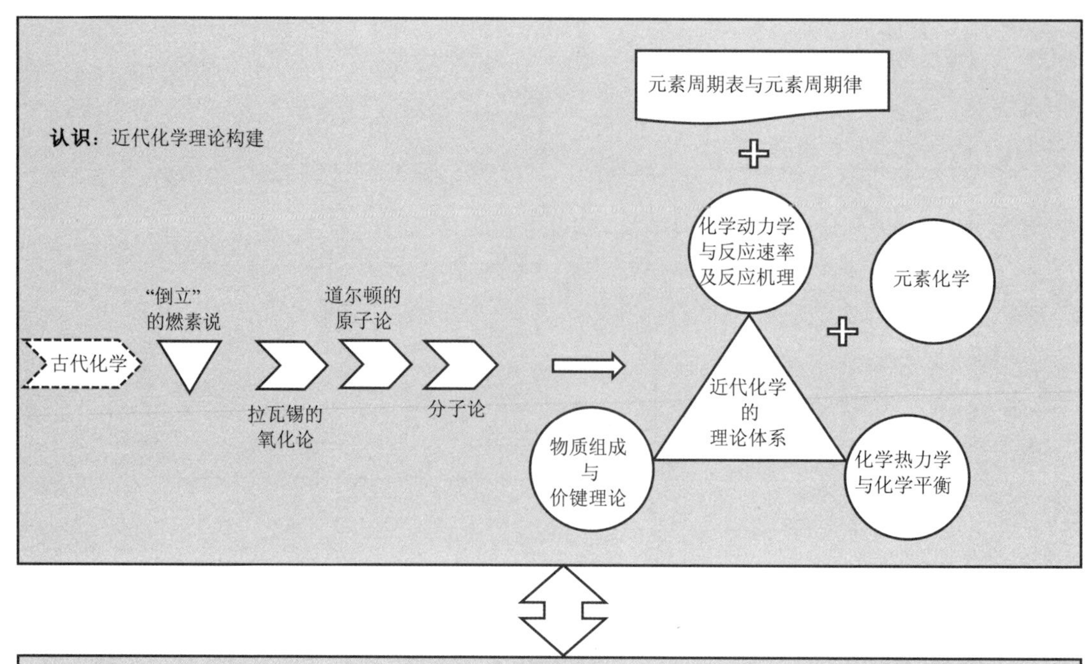

图 4-3　近代化学理论与相应的客观对象的联系

再以近代有机化学理论的发展和形成过程为例，它所走的每一个关键步也都是建立在与相应的客观对象发生相互联系、相互作用的基础上，如图 4-4 所示。这些物质基础包括对天然有机物（尿素、胆固醇等）的提取、有机物（尿素、乙酸、靛蓝等）的合成。具体描述可参考 1.2.7 小节。

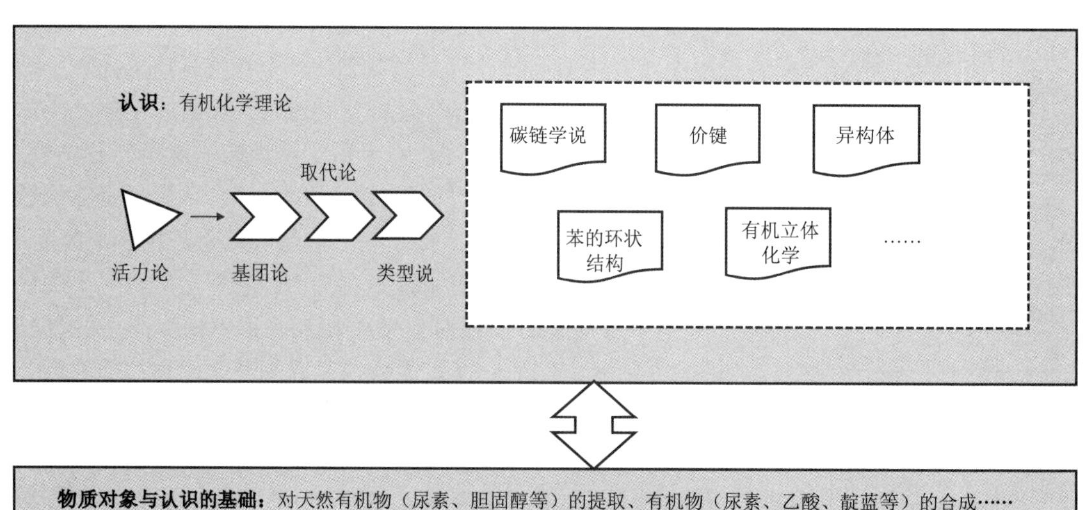

图 4-4　近代有机化学理论与相应的客观对象的联系

另外，现代化学理论则主要是建立在人的认识与原子核外电子排布以及不同原子最外层及次外层电子间的相互作用的基础上，这部分内容我们在后面讨论。

所以，归结起来，离开核外电子、原子、分子、单质、化合物、有机物等物质，各种化学理论是不可能建立起来的。

4.2.2　主体对客体的反映是一个能动的创造性过程

认识是主体对客体的反映，但这种反映绝不是如同镜面反映周围物体那样简单、直观地反映，而是去伪存真、见微知著、由此及彼的过程，即通过现象认识本质、形成概念，并运用概念进行判断推理，这就产生了人所特有的能动的抽象思维。并且，主体还能利用形成的认识（反映）能动地改造客体。主体对客体的反映是一个能动的创造性过程。

在化学发展的各个阶段，这种能动的创造性过程都有显著的体现，以下是几个典型的例子。

1. 原子论、分子论的建立

原子论、分子论是近现代化学理论的发展基础。在 19 世纪初，人们不可能直接观察到原子和分子，但这并没有阻碍那个时代的探索者通过对实际现象的总结、抽象和推理，提出了原子和分子的概念。

早在古希腊时期，哲学家德谟克利特就创建了原子结构说，他认为世界万物的本源是原子和虚空，构成万物的不可毁坏的、极小的、数目上无限的微粒，这种微粒称为“原子”。原子是一种最后不可分的物质微粒。原子没有性质的区别，只有形状、大小的不同。原子外面是空无物质的虚空，原子在虚空中运动。万物的区别就在于组成物体的原子的形状、大小和排列顺序以及位置的不同。众多原子集聚在一起就产生事物，原子分散开，事物就消亡，但原子本身并不消亡。后来，伊壁鸠鲁进一步发展了原子结构论，他指出原子不仅有大小和形态的不同，而且有重量的不同。总的来说，古希腊的原子结构说是一种直观经验基础上哲理的思辨和天才的猜测，没有相应的科学实验、事实做支撑。从本质上看，原子结构说体现的是唯物主义的观点。

在漫长的中世纪里，唯心的神学占据了绝对的统治地位，古希腊的原子论自然不被接受而暂时消失了。直到 17 世纪中期，随着强调实验的近现代科学的兴起，原子概念又被重新提起。首先是波义耳重新提出了原子的假设，他认为宇宙中普遍存在的物质可分为大小不同、形状千变万化的微小粒子。牛顿也是一个原子论者，他认为气体由粒子组成，这些粒子间的相互作用在距离小时特别强，以至于使它们结合起来而发生化学变化；当粒子间的距离较大时，粒子间的作用力就十分微弱，几乎显示不出什么作用。在道尔顿依据化学实验结果引入化学元素原子量的概念之前，近代原子论还是缺乏直接的实验支撑。

18 世纪末，一些科学家根据酸碱反应列出了酸碱当量表，即一些酸和碱或氧化物相互反应时重量成比例关系。后来，又发现每种化合物都有完全确定的组成定律，称为定比定律。酸碱当量表和定比定律成为道尔顿建立原子论和计算原子量的主要依据。另外，1801 年，道尔顿还做了以下实验：他在干燥的空气中加入水蒸气，发现总压力只增加了水蒸气的压力那么多，即混合气体的总压力等于各气体压力之和，分压定律由此诞生。这样，无论是液体物质还是气体物质，在宏观上都存在按“份”合并和分开的规律，而如果在微观上假定同类的物质都由相同的最小单元——原子组成，并且每种物质的原子具有不同的相对原子量（可以由实验测定），不仅可以解释分压定律，也可以解释酸碱当量表和定比定律。

在此基础上，道尔顿提出了近代原子论的四点假设：①所有物质都是由牢不可分的原子构成的；②原子无论发生怎样的化学反应都不被破坏而维持原样；③原子的种类只有元素的数目那么多，原子与元素直接关联；④赋予原子相对原子量，该量可以由实验确定。[11]

道尔顿大胆地对不同原子结合成化合物时的组合原则做了假设：一个 A 原子加一个 B 原子生成一个 C 原子（AB），C 称为二元化合物；一个 A 原子（或两个 A 原子）加两个 B 原子（或一个 B 原子）生成 D 原子（AB_2）或 E 原子（A_2B），D 和 E 称为三元化合物等。

可见，道尔顿原子论是在实践的基础上，对实验现象进行抽象、推理得到的，它是化学发展中的第一次辩证综合，它使当时的一些化学定律得到统一的解释，它从微观的物质结构揭示了宏观化学现象的本质，从而揭开了近代化学的序幕，推动了化学的迅速发展。

不过，按照道尔顿的观点，原子与原子结合形成的是复合原子，不是现在所说的分子。由此，道尔顿原子论在解释气体实验，如盖-吕萨克的气体化合体积定律及其推论时遇到了困难（参见 1.2.7 小节）。

为化解上述的矛盾，意大利化学家、物理学家阿伏伽德罗以盖-吕萨克的实验为基础，进行了合理的推论，提出了分子概念，并指出分子与原子的区别和联系，建立了化学和物理学中的分子学说。他认为，原子是参加化学反应的最小质点，分子是在游离状态

11 [日]广田襄:《现代化学史》，丁明玉译，25 页，北京，化学工业出版社，2018。

下单质或化合物能独立存在的最小质点，分子由原子组成，单质的分子由相同元素的原子组成，化合物的原子由不同元素的原子组成，化学变化的过程是不同物质的分子间各原子的重新结合。他还根据气体物质反应时具有体积上的简单整数比例关系的事实，提出“一切气体在相同体积中含有相同数目的分子”。

从现在的视角看，分子假设是在原子假设基础上的又一次进步，说明了原子与分子间的内在联系和化学反应的实质。不过，在当时这种观点并不容易被理解，在其提出约 50 年以后，终于被化学界所接受。关于原子量、分子量的混乱消失后，近代化学的发展走上了正确的轨道，人们开始从分子、原子层面探索化学的基本机理。在当时的时代，由于科技水平的限制，人们无法观察到分子、原子的存在，但却依据对实验的观察和分析，“超前”地提出了分子、原子的假说，这不能不说是人这个主体对物质世界这个客体的一个能动的反映。

2. 元素周期律的发现与元素周期表的建立

截至 1859 年，人们已经知道 60 余种元素，而之后由于分光法的引入，使新元素接二连三地被发现，人们自然开始寻找对元素进行切合实际的分类方法。对现在的人们来说，由于已经了解了原子核外电子的排布规律，这是一件容易的事。但在 19 世纪中叶，这却是一件没有头绪、非常困难的事。

1860 年，门捷列夫参加了第一次国际化学家代表大会，会议上最终确定了“原子”“分子”“原子价”等概念，并为测定元素的原子量奠定了坚实的基础。这次大会对门捷列夫产生了很大的影响。

在随后的几年里，门捷列夫潜心研究和收集元素数据，他甚至把每个元素分别写在卡片上，并在卡片上写上原子量以及相关信息，从而制成了一副由 63 张牌组成的“扑克牌”。

1867 年，门捷列夫为系统讲述无机化学，开始着手编写《化学原理》一书。在完成碱金属元素族的编写后，似乎应合乎逻辑的编写碱土金属元素族。这时他突然意识到这样的依据是什么？于是，他开始探讨元素之间的内在联系。他按照原子量增加的顺序，将卤族、碱金属族和碱土金属族的各个元素逐个排列起来，发现这些并列的不相似的元素族的相应元素之间的原子量近乎稳定上升，对于其他元素族也存在同样的趋势。他使用“牌阵”的方法，把常见的元素族按原子量递增的顺序排列起来，然后排列其他不常见的元素，最后只剩下稀土元素，因为没有合适的位置，就把它们放在表的边上。这就是门捷列夫制定的第一个元素周期表。随后，他阐述了元素周期律的基本观点（参见 1.2.7 小节）。

1871 年，门捷列夫又修订了他的第一个元素周期表，使原来的竖行变为横行，使同族元素处于同一竖行中，并划分为主族和副族，这就更加突出了化学元素的周期性。根据周期性，他还预言了 6 个“存在”的元素和它们的性质。在随后的几年里，他所预言的新元素被陆续发现。这引起了人们对元素周期表和元素周期律的普遍重视，科学界开始有指导性的寻找新元素。元素周期表和元素周期律的发现，表明原来被认为彼此孤立、互不相干的各种化学元素实际上是一个有着内在联系的统一体，元素特性的发展变化也呈现由量变到质变的过程，这些都对化学的发展起到了重要的推动作用。

元素周期表和元素周期律首先来自对元素实践和知识的归纳总结，在不了解原子更没有原子结构知识的年代，通过观察、推理，发现了纷杂、蛛丝马迹的现象背后隐藏的规律，这也是主体对客体能动反映的一个生动体现。

3. 苯环结构学说的建立

18 世纪后期，冶金工业的发展促进了焦炭生产，而焦炭生产的同时得到了大量的煤焦油。19 世纪上半叶，人们从煤焦油里分离出苯、萘、蒽、甲苯、二甲苯等芳香族化合物。化学家发现，它们都含有较多的碳，而且还有一个由六个碳原子构成的核，这个核内碳原子间的结合非常牢靠。后来，人们认识到苯是芳香族化合物中最简单的结构，并测得其化学式是 C_6H_6，其他芳香族化合物都可视为苯中的氢原子被其他基团所取代而产生的衍生物。19 世纪中叶起，人们开始用芳香族化合物合成香料，由此就需要迫切弄清芳香族化合物的结构，而首先就是要弄清苯的化学结构。

这时，人们已经知道碳是四价，并能相互结合形成碳链，但 6 个碳和 6 个氢如何结合形成碳链成为一个难题。

德国有机化学家凯库勒在大学学习的是建筑学，后来在德国著名的化学家李比希影响下改学了化学。1858 年，凯库勒提出苯中的碳原子彼此之间应比大多数有机化合物更加靠近，随后他又模糊地意识到苯的碳原子之间可以存在重键。在探索中，凯库勒充分发挥了他的建筑学特长和灵感，将建筑模型和化学结构结合起来，终于在 1864 年提出了一个大胆的设想：碳链有时能两端连接起来形成环。他曾这样生动地回忆他的发现：“有一次在书房里打瞌睡，梦见碳原子的长链像蛇一样盘绕弯曲，忽见其抓住自己的尾巴。这幅图像在眼前嘲弄般的旋转不已。”1865 年和 1866 年，凯库勒两次发表论文，明确提出并完善了苯的环状结构，他认为“苯中六个氢可处在不同或相同的位置上”，“苯可用正六角形表示”，并给出了苯核的图示。

1872 年，凯库勒又对上述静止的苯环模型做了补充，提出苯分子中碳原子以平衡位置为中心，不停地进行振荡运动，造成单、双键不断快速交换位置，这样就解决了苯邻位二元取代物有两种异构体的问题。

苯环结构学说的建立过程，体现了主体对客体的能动反映是一种“超强”的想象力、建构力。

4. 配位理论的提出

我们现在已经知道，配位化合物（络合物）一般指由过渡金属的原子或离子（价电子层的部分 d 轨道和 s、p 轨道是空轨道）与含有孤对电子的分子（如 CO、NH_3、H_2O 等）或离子（如 Cl^-、CN^-、NO^{2-} 等）通过配位键结合形成的化合物。配合物是化合物中一个较大的子类别，广泛应用于日常生活、工业生产及生命科学中。

人们也很早就开始接触络合物，当时大多用于日常生活，原料也基本上是天然取得的，如杀菌剂胆矾和用作染料的普鲁士蓝。最早对络合物的研究开始于 1798 年，化学家用二价钴盐、氯化铵、氨水制备出 $CoCl_3 \cdot 6NH_3$。但当时并无法解释这些化合物的成键及性质，所进行的大部分实验也只局限于配合物颜色差异的观察、水溶液可被银离子沉淀的摩尔数以及电导的测定。

从现在的角度看，对络合物的结构的解释“深度”依赖于对原子核外电子排布规律的理解。在 19 世纪人们完全不了解原子结构和核外电子排布规律，因此在当时的情况下解开络合物的结构的谜团似乎是一件完全不可能的事情。

瑞士化学家维尔纳对络合物做了大量实验，仔细观察了各种现象，并于 1893 年提出了络合物的配位理论。他认为，原子价概念不可能说明络合物的结构，应引进附加的概念加以补充，即一些金属的原子除主价以外，还可以有副价。

例如，在 $CoCl_3 \cdot 6NH_3$ 中，Co 的主价为 3，副价为 4，主价使 Co 与 Cl 生成 $CoCl_3$，副价使 4 个 NH_3 分子与一个 $CoCl_3$ 结合。维尔纳把络合物分为“内界”和“外界”，内界由中心粒子或原子与周围紧密结合的配位体所组成，他把与中心粒子结合的配位体总数称为配位数。中心粒子与配位体不易解离，而外界的离子则容易解离。维尔纳还指出，内界的构型可以是立体的，也可以是平面的。配位数为六的络离子为正八面体形，而配位数为四的络离子可以是正方形，也可以是四面体形，因而可能构成几何异构体，在八面体形的顺式结构中还存在旋光异构体。维尔纳的理论正确解释了实验事实，扩展了原子价概念，为立体化学的发展开辟了新领域，该理论一发表便得到化学界的极高评价。

维尔纳配位理论的提出也生动体现了主体对客体反映所具有的巨大能动性。

总之，在化学发展的各个阶段，经常出现“超越时代”的惊艳成果，体现出认识过程中人所具备的难以置信的归纳力、透视力、想象力、建构力，这些都是主体对客体能动反映的生动表现。

4.3 认识的发展过程是从感性认识到理性认识，再到实践

在实践的基础上，从感性认识到理性认识，再从理性认识到实践，实践、认识、再实践、再认识，循环往复，不断深化，这就是认识发展的总过程。

认识的矛盾运动是主观与客观、理论与实践、具体的和历史的统一过程。统一是具体的，是指主观、理论要与一定时间、地点、条件下的客观实践相符合；统一是历史的，是指主观、理论要与不断变化中的客观实践相符合，当客观、实践的具体过程已经向前推移的时候，主观、理论就应当随之转变。[12]

首先，我们对不同阶段下一些典型化学理论的发展过程进行剖析，主要是 19 世纪末电子理论前的化学理论的发展过程，验证实践、认识、再实践、再认识的认识发展过程。

其次，我们还考虑化学理论发展中一个显著的特点，即化学理论的发展和物理学理论的发展有着密不可分的关系，通常物理学理论为化学理论提供了底层的支撑，因此伴随每一次物理学理论的引入，都会带来化学理论的一次重大变化和发展，这本身体现了辩证唯物主义联系的观点。我们还结合物理学重大成果（电子的发现、原子模型、热力学成果和量子力学理论）的引入，讨论对化学理论认识的影响及对应的发展过程，即物理学上新成果的引入可能带来化学上的新认识（新概念、新理论等），这些新认识还要和实践结合，解释原有的实践活动，并接受新的实践活动的检验。通过具体事例的分析，说明这种模式和实践、认识、再实践、再认识的认识发展过程都不矛盾，而是辩证唯物主义认识发展过程表现形式的补充。

12 上海市高校《马克思主义哲学基本原理》编写组:《马克思主义哲学基本原理》(第 10 版)，152 页，上海，上海人民出版社，2008。

4.3.1　实践、认识、再实践、再认识的认识过程

下面我们选择化学中电子理论之前化合价和氧化还原反应理论的发展，来分析它们如何体现实践、认识、再实践、再认识的认识过程。

1. 电子理论之前对化合价的认识过程

化合价是化学学科中最重要的概念之一，从最初的提出到现在已近 200 年。下面我们主要讨论 20 世纪前的发展，这段时期最能体现化学自身领域内的实践、认识、再实践、再认识的认识过程。化学学科在 20 世纪以后的发展主要和物理学成果的引入有关，化合价也进入电子理论阶段，我们在后面讨论。

在 19 世纪初期，原子学说和一些定量定律建立以后，人们开始探索原子和原子为什么要以一定的比例化合？它们的化合究竟依靠什么力量？

如图 4-5 所示，1812 年，瑞典化学家贝采利乌斯根据电解水实验中正负电相互吸引的原理提出了著名的“电化二元论”，他提出带有正电性和负电性的原子就能凭借静电的吸引力结合而形成化合物。

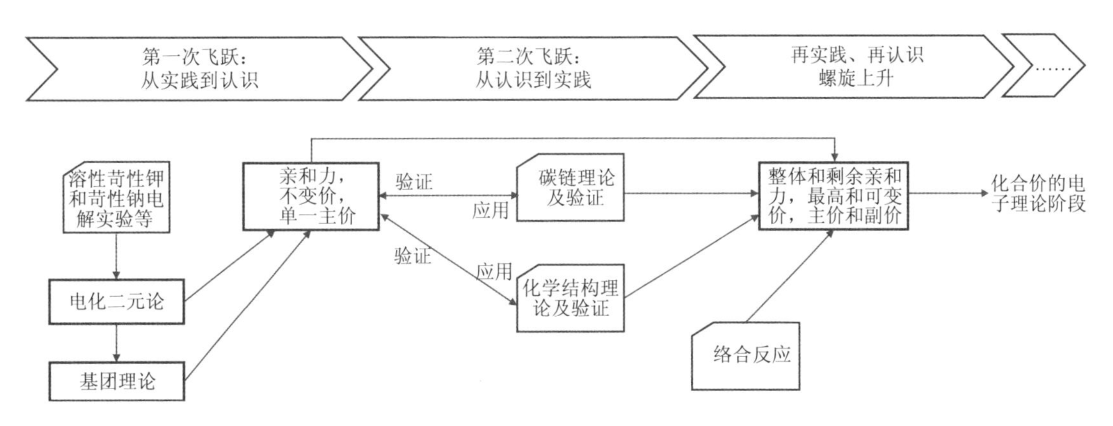

图 4-5　电子理论之前对化合价的认识过程

1817 年，贝采利乌斯把他的电化二元论从无机化学推广到了有机化学领域，并运用“基”的思想提出了基团学说。他认为，复基是一切有机物的组成单位，与无机物中的元素相同。随后，有化学家证实，在苦杏仁酸、安息香酸、安息香酰氯及它们的许多衍生物中，存在一个共同的基——安息香酸基，在相关的一系列化学反应中，该基的组成保持不变。1837 年，李比希和杜马断言：“无机化学中的基是简单的，有机化学中的基是化合物，这是唯一的不同点，化合的规律和反应的规律在这两个化学的分支中都是完全一样的。”1838 年，李比希又给有机基下了一个定义：①它是一系列化

合物中的不变组分；②它在化合物中可被元素置换。这样，在贝采利乌斯旧的基团学说基础上，建立了新的基团理论。新的基团理论的实质仍然是电化二元论在有机化学中的推广，它认为基也像元素一样，可分为形成碱的带正电的基和形成酸性氧化物的带负电的基，正的基与负的基之间仍然凭借静电的吸引力结合。

1850 年前后，英国化学家富兰克林在研究金属有机化合物时发现，每一种金属原子只能和一定数目的有机基团相结合，他把每种原子在化合时的结合能力称为“饱和能力”。1852 年，他把关于饱和能力的想法推广到无机领域，阐明了元素的“饱和能力”。他说：“当观察无机化合物的式子时，甚至肤浅的观察家都会对这些化合物的普遍对称产生深刻的印象，特别是氮、磷和砷的化合物，表现出这些元素具有可形成含有 3 个或 5 个其他元素原子的化合物的倾向。正是在这样的比例下，这些元素的亲和力得到最大的满足。”这里的化合力就是后来所谓的原子价或化合价。

富兰克林提出的原子价概念比较模糊，而且不能具体确定一个元素的原子价数目。1857 年，德国化学家凯库勒根据甲烷与氯气发生的置换反应提出 C 是四价的，随后又根据一些实验数据确定 N、P、As 是三价、O、S 是二价、H、Cl、Br、I、K 等是一价。这样，他就提出了原子数的概念。但是凯库勒认为碳的化合价（原子价）是不变的。

1864 年，德国化学家迈尔提出用原子价或化合价代替原子数或亲和力单位。这样，化合价就完成了从实践到认识的第一次飞跃。

化合价在实践中的一个应用是促进了碳链理论的提出。凯库勒认为，含有几个碳原子的物质分子中，碳原子彼此之间可以相结合，变成任何长度和复杂的链。英国化学家库伯也提出了类似的观点，他在化合物的各元素符号之间画了一条短线，表示亲和力单位和原子之间的键，这很接近现代有机化学的结构式。化合价概念的提出，使当时很多碳化合物的分子排列被确定下来。化合价的概念也被用于无机和有机化学反应的分析，既起到检验作用，也起到一定的指导作用。

化合价概念的提出还促进了化学结构理论的提出和实践。1861 年，俄国化学家布特列洛夫首次提出了化学结构的概念。他说：“假定一个原子具有一定的和有限的化合亲和力，借助于这种亲和力，原子形成化合物，那么这种关系或者说在组成的化合物中，各原子间的相互连接就可以用化学结构这一术语来表示。”他还指出：

“一个分子的本性取决于组合单元的本性、数量和化学结构。”由此，他得出结论：可以从分子的化学结构去了解和预测它的许多化学性质；反过来，又可以从化学性质去确定分子的化学结构。布特列洛夫根据化学结构理论，预言并合成了一些有机化合物，如叔丁醇、异丁烯等。化学结构理论作为化合价概念的一个自然延伸，标志着近代有机结构理论的建立。从此，化学家开始测定化合物的结构，用化合物结构解释化合物的性质，并根据化学结构预言和合成化合物。化学结构理论自身也在实践中得到不断检验和完善，也间接验证了化学价概念。

以上大致可以认为是从围绕化合价概念的认识到实践的第二次飞跃。不过，这时的化合价只有整体亲和力，没有剩余亲和力；只有一个不变值以及单一主价。

18 世纪，人们已经知道了络合物的存在，并在 1798 年制备出 $CoCl_3 \cdot 6NH_3$。显然，上面的以整体亲和力和单一主价为基础的化合价概念无法用于络合反应的解释，实践对原有的化合价概念提出了挑战。1889 年，门捷列夫提出了“剩余亲和力”的概念，即两个原子化合时，其电荷未充分中和形成的分子具有剩余的电荷或亲和力，意味着化合价在一定条件下是可分的。1893 年，在经过大量实验和分析的基础上，瑞士化学家维尔纳进一步提出，原子价概念不能说明络合物的结构，应引进副价的概念加以补充。另外，一些化学家提出一个元素的化合价不是一个固定值，是可变的。于是，在络合物和络合反应实践的推动下，化合价的概念完成了从整体亲和力、只有一个不变值和单一主价到既有整体亲和力又有剩余亲和力，既有最高值又在最高值以下可变，既有主价又有副价的转变。这就是电子理论之前的化合价概念的再实践和再认识的过程。

从上面的分析，我们也可以看出，对一个复杂概念或问题的认识过程，从实践到认识和认识到实践的过程既可以是直接的过程，也可以是间接的过程。对认识的检验既可以是直接的检验，也可以是间接的检验，而且全过程往往不是简单、线性的。但无论如何复杂，其基本过程仍然符合实践、认识、再实践、再认识的认识过程。

2. 电子理论之前对氧化还原反应的认识过程

氧化还原反应是一种基本的化学反应。在电子理论出现前，关于氧化还原反应的认识也经历了实践、认识、再实践、再认识的认识过程。

如图 4-6 所示，18 世纪下半叶，化学中的一系列发现，使燃素说陷入了危机。拉瓦锡从 1772 年开始研究燃烧问题。1774 年，他用锡和铅做了金属煅烧实验，经过称量发现，燃烧后物质增重的原因来自瓶内的空气。由此，他对燃素说产生了怀疑，并提出了锻灰可能是金属和空气化合物的设想。1775 年，拉瓦锡借助普利斯特利实验的成果，从汞锻灰中得到比普通空气更能助燃、助呼吸的气体，该气体在 1777 年被命名为“氧”。由此，拉瓦锡揭示出燃烧过程的机制：可燃物的燃烧是与氧的结合，而不是放出燃素；可燃物的重量变化关系由氧造成，而与燃素无关。并且，拉瓦锡把物质与氧化合的反应称为氧化反应，把含氧物质失去氧的反应称为还原反应。不过，拉瓦锡并没有认识到氧化反应和还原反应在一个反应中同时发生，而是以氧化概念解释燃烧现象，与燃素说以燃素解释物质的可燃性质相似。上述过程可以看作电子理论之前的关于氧化还原反应认识的从实践到认识的第一次飞跃。

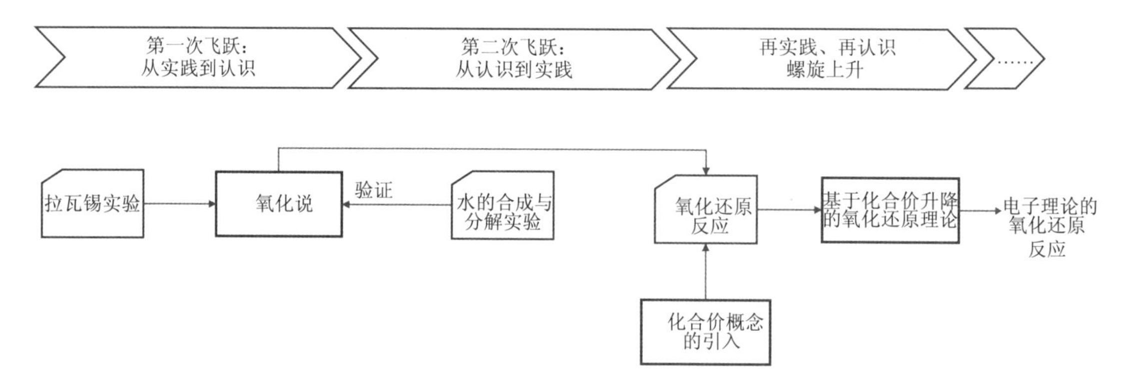

图 4-6 电子理论之前对氧化还原反应的认识过程

随后，拉瓦锡完成了水的合成和分解实验，即在密闭容器内燃烧氢气和氧气会生成水，如果让水蒸气通过炽热的铁，水蒸气就会分解产生氢气。这样，他的关于氧化和还原的观点得到了验证，氧化燃烧学说得到了公认。这是电子理论之前的关于氧化还原反应认识的从认识到实践的第二次飞跃。

化合价的概念提出以后，化学家重新审视氧化还原反应，发现以往定义的氧化还原反应中都有元素的化合价在反应前后发生了升降。1880 年，美国化学家奥蒂斯·科·约翰逊提出采用“化合价变化法”进行氧化还原反应方程式的配平，并把化合价升高的反应称为氧化反应，把化合价降低的反应称为还原反应。氧化还原反应的概念范围从“得失氧”扩展至“化合价升降”。这可以认为是电子理论之前的关于氧化还原反应认识的再实践和再认识过程。当然，由于电子尚未发现，因此电子理论之前的氧化还原反应理论无法真正解释氧化还原反应的实质，需要等到电子发现以后认识的再一次螺旋上升。

4.3.2　电子发现和原子结构模型等成果在化学上带来的再认识

按照化学的基本观点，分子是由原子组成的。但具体是什么机制使不同的原子能结合在一起，在 19 世纪末之前人们是不了解的，只能笼统地归为一种亲和力。这是容易理解的，因为到 19 世纪末的时候，人们一直认为原子是不可分的，更谈不上了解原子的结构了。

这种状况在 19 世纪末的时候发生了改变。物理学上一系列重大的发现和理论创新使人们发现了电子，知道了原子是可分的，而且还具有自己的结构，并且提出了相应的原子结构模型。之前化学家已经有结构决定性质的观点，因此可以想象物理学在原子结构上的重大成果一定会带来化学理论上的巨大突破，这种突破是由其他相关领域（特别是更基础的领域）的重大突破带来的。

我们先简要回顾一下 19 世纪末至 20 世纪 20 年代量子力学理论产生前这段时间人们在物理学上取得的重大进展。

19 世纪末，物理学上出现了三大发现：1895 年，德国物理学家伦琴在研究阴极射线激发玻璃壁而发生荧光的现象时发现了 X 射线；1897 年，J.J. 汤姆孙通过著名的阴极射线实验发现了电子；随后，人们又发现铀、钍等元素具有放射性，能自发地产生一种射线，该射线又只与发出射线的原子自身有关。X 射线和放射性代表原子内部能够发出强烈的射线，说明原子内部具有自己的结构，汤姆孙阴极射线实验表明原子内含有电子。[13]

1909—1911 年，英国物理学家卢瑟福和他的合作者们做了用 α 粒子轰击金箔的实验，发现了原子核的存在，并在 1911 年提出了原子行星模型，即新的原子结构模型。在该模型中，带正电的原子核犹如太阳系的中心——太阳，带负电的电子则像行星那样绕太阳运行，原子核只占原子空间范围的极小部分，但却占了原子质量的极大部分。卢瑟福原子行星模型虽然生动形象，但存在致命的弱点。[14]

玻尔将普朗克和爱因斯坦开创的量子概念引入原子结构，并与卢瑟福的原子行星模型结合，提出了玻尔原子模型。该模型建立在两点假定之上：定态假定，即原子中电子只能处于分离的定态，具有特定的能量，沿着特定的轨道绕原子核做圆周运动，既不吸收也不辐射能量，即处于稳定状态；跃迁假定，即因某种外部原因，电子由一特定轨道移入离原子核或近或远的另一特定轨道时，即产生能级跃迁，这时将伴随着产生光的发射与吸收。

13　赵建：《写给未来工程师的物理书》，144 页，天津，天津大学出版社，2021。

14　如果电子是绕原子核进行圆周运动的话，由于其带有负电荷，根据电磁场理论，它将不可避免地向外发出电磁波而失去部分能量，而带来的结果是它环绕的半径将减小。这样，在电子环绕原子核运行的过程中，运动半径会越来越小，电子会不断靠近原子核，直至最后撞向原子核，因此这样的体系构成的原子应该是不稳定的，由原子构成的世界会因为原子自身的塌缩而毁于一旦。

在这个时期，光谱学也得到很大的发展。到1922年，通过3个量子数（主量子数、角量子数、磁量子数）的引入，物理学家建立了原子核外电子的结构模型：将电子的壳层按第一层（2）、第二层（2、6）、第三层（2、6、10）、第四层（2、6、10、14）分组。1925年，泡利提出引入第四个即与后来的自旋量子数相对应的量子数。同年，泡利提出了泡利不相容原理，洪特根据大量光谱实验数据总结提出了洪特规则。

由此，到1925年，根据原子核外电子的壳层模型，依据能量最低原则、洪特规则和泡利不相容原理，物理学家基本得到了一个相对完整的原子核外电子的结构模型（具体参见2.1.4小节）。

由此，以上电子的发现和原子结构模型的形成等成果为化学带来了新的认识，它们或使已有化学认识获得深化，或回答了原来一些化学理论为什么的问题，或推动化学产生了新的概念和理论。下面我们讨论一些典型的事例。

1. 对化合价的再认识

在电子发现前，化合价的概念建立在笼统的亲和力的基础上，其具体是什么实际上是不清晰的。电子的发现以及后续建立起来的原子核外电子模型为化合价究竟是什么提供了依据。上述物理学成果在化学中的引入促进了化合价的再认识。

如图4-7所示，1904年波兰化学家阿培格提出八数规则。他认为，元素的化合价按它和带正电的元素或带负电的元素结合而不同，因此每一种元素有正负两种化合价，非金属一般是负价，金属一般是正价，任何一种元素正化合价和负化合价之和为八。后来，特鲁德从电子论的角度指出，阿培格指出的正价数是一个原子可以给出的电子数目，而负价数则是一个原子可以接受的电子数目。1913年，英格兰物理学家莫斯莱提出了原子序数概念，从而把一个原子的电子数目确定下来。同年，丹麦物理学家玻尔提出了原子的电子层结构模型，并指出最外层的电子数决定该元素的化学性质。同时期的德国化学家柯赛尔认为，原子的电子结构与化学键和化合物有密切关系，他开始以电子的观点解释化学键。1916年，他明确指出，“化合价的本质是原子最外层电子行为的表现”，原子总是力图使其最外层电子具有稳定的惰性元素结构。据此他提出了电价键理论，即金属元素的外层电子一般少于4个，容易失去电子，成为带正电的阳离子，非金属元素的外层电子一般大于4个，容易获得电子，成为带负电的阴离子；阳离子和阴离子之间依靠静电吸引结合成分子；失去和得到的电子数是元素的正原子价数和负原子价数。电价键理论较好地解释了离子型化合物的形成过程及其稳定性，在实践中得到了验证。1916 年，美国化学家路易斯首次提出了双中心双电子键的假设，指出两个（或多个）原子可通过共用一对或多对电子形成具有惰性气体原子的电子层结构而生成稳定的分子。共价键理论较好地说明了共价型化合物的形成，基本解释了共价键的饱和性，在实践中也得到了验证。当然，它没有说明电子对为什么会结合在一起并进而使原子互相结合，对这个问题的回答需要等到量子力学出现以后才能完成。

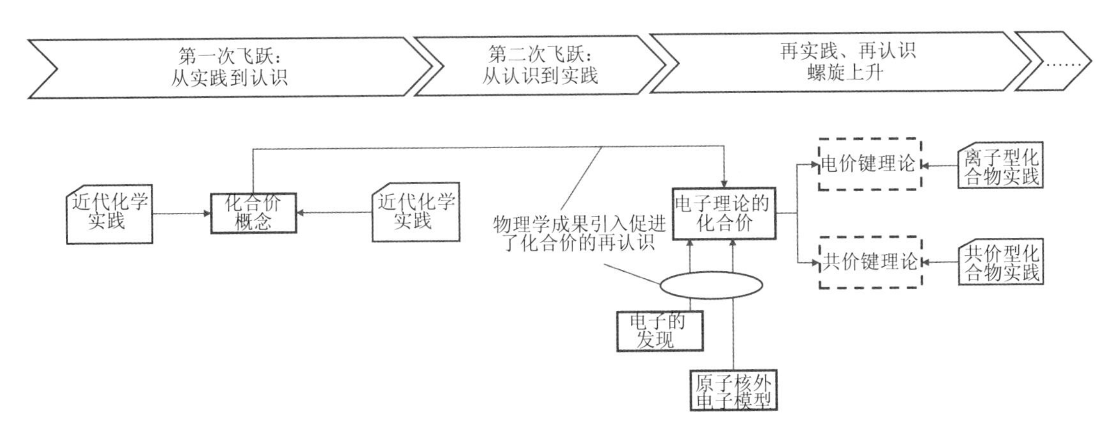

图 4-7　对化合价的再认识

总之，电子的发现以及建立起来的原子核外电子模型的引入，使对化合价的认识实现了一次“跨越式”的再认识，这种再认识促进了化合键理论的诞生，而上述的再认识和理论又被用于化学实践，并被再实践所验证。

2. 对氧化还原反应的再认识

如图 4-8 所示，1916 年，德国化学家柯赛尔提出了电价理论，解释了离子型化合物的形成。同年，美国化学家路易斯提出了共价理论，解释了共价型化合物的形成。化学反应逐渐从电子的角度被重新解释，化学家注意到，在氧化反应中，某元素化合价升高时，原子失去电子（或电子对偏离）；在还原反应中，某元素化合价降低时，原子得到电子（或电子对偏向）。由此得到电子理论下对氧化还原反应的再认识：氧化还原反应的本质是“电子转移”，包括“电子得失”或“共用电子对的偏移”；发生氧化还原反应时，还原剂失去电子、氧化剂得到电子，得失电子数守恒。该再认识用于氧化还原反应的实践并得到了验证。

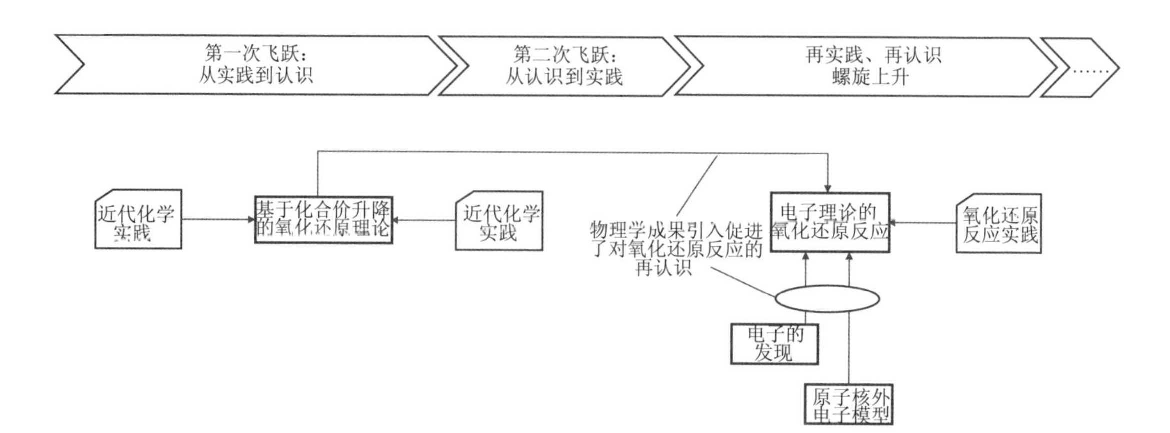

图 4-8 对氧化还原反应的再认识

3. 对元素周期律和元素周期表的再认识

如图 4-9 所示，在电子和原子核外电子模型被发现之前，仅依据元素的原子量和性质猜测出元素周期表和元素周期律可以说是一个神奇之举，而这时的元素周期表和元素周期律只能回答是什么的问题，无法回答为什么的问题，并且还存在不准确的地方。

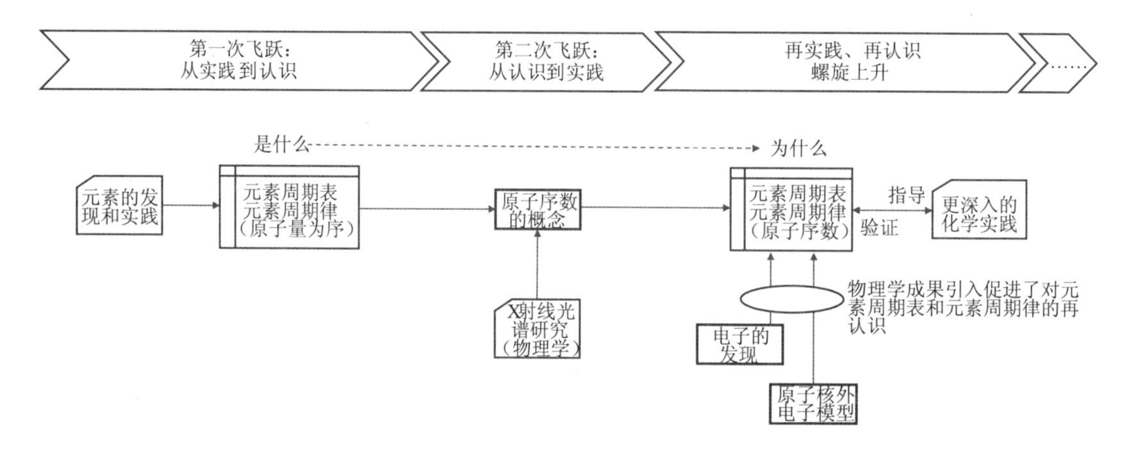

图 4-9 对元素周期律和元素周期表的再认识

物理学的实践和成果的引入使之前靠猜测获得的元素周期表和元素周期律获得了再认识。

首先，物理学上的一项实践——X 射线光谱研究带来了原子序数概念的提出。

1913 年，英国物理学家莫斯莱研究了 X 射线光谱，他以不同元素作为 X 射线的靶，发现所产生的特征 X 射线波长不同，并将各种元素按所产生的 X 射线的波长进行排列，其顺序恰好与元素在周期表中的顺序一致，并把这个次序命名为元素的原子序数。莫斯莱指出，核内的单位电荷数才是元素周期表中元素排列顺序的根本依据。1920 年，英国物理学家查德威克进一步测定了各种元素的核电荷，证明了原子序数在数量上正好等于核电荷数。原子序数的发现对元素周期表和元素周期律具有现实意义。其一，它使元素周期律有了新的内涵，元素的性质是其原子序数的周期函数。其二，原子序数的测定能更准确地判定元素在元素周期表中的位置，从而解决了原来元素周期表中按原子量排列时存在的一些错误，如氩与钾、镍与钴、碲与碘等元素间位置颠倒的问题。其三，采用原子序数也使人们能够更准确地预测和探索尚未发现的元素。可以说，一项物理学上的实践结果在引入化学后带来了对原有认识中错误部分的修正。

其次，也是更重要的一面，电子和原子核外电子模型的引入，回答了元素周期表和元素周期律的为什么的问题[15]，带来了对元素周期表和元素周期律的再认识，这种再认识比原有的认识要深刻得多。这种再认识可以指导更深入的再实践活动，并且在再实践中获得验证。

15　具体参见 2.1.4 小节。

4.3.3　热力学成果在化学上带来的再认识

首先，热力学是物理学的一个分支，它从宏观角度研究物质的热运动性质及其规律，其研究对象是人们熟悉的由大量粒子组成的宏观系统，因此在这一点上它和化学的研究对象有很大相似性。其次，尽管热力学开始着眼于物质的热运动的研究，但热力学的基本定律具有更加普遍的意义，如热力学第零定律揭示的是物质都具有的分子热运动属性（温度），热力学第一定律揭示的是和热运动相关的能量守恒定律，热力学第二定律揭示的是一个孤立系统自发向熵增方向运行的方向性问题。显然，以上三个热力学定律都会在化学的物质变化过程中发挥作用。

因此，19 世纪中后期，热力学理论发展起来以后，热力学的成果就在化学领域产生了重大影响，最典型的就是吉布斯自由能概念的提出和化学热力学的建立。可以说，吉布斯自由能概念的提出和应用使人们对化学反应自发与平衡的认识获得了一次飞跃式的再认识。

如图 4-10 所示，早在 18 世纪末，法国化学家贝托莱发现埃及盐湖沿岸有碳酸铜沉积，他认识到这是盐湖中大量的氯化钠与岩石主要成分碳酸钙作用的结果。由此，他猜测，当产物足够过量时，化学变化会逆向进行。1799 年，他提出，化学反应不单要看亲和力，而且更重要的是要看反应中各个物质的质量及其产物的性质（特别是挥发性和溶解度）。1803 年，他第一次提出了化学平衡的概念。1850 年，法国化学家威廉米研究了蔗糖转化问题，发现了酸量、糖量及湿度对反应速率的影响，并用数学式表示出来。同年，他指出，化学平衡是正反应速率与逆反应速率相等的状态。另外，人们通过化学反应的观察也一定认识到，有些反应是可以自发进行的，有些反应则不可以。可见，人们已经从化学实践中认识到存在反应的自发性和化学平衡的问题，但如何从定量和规律上判定化学反应的自发性以及与化学平衡的关系并没有真正的认识。

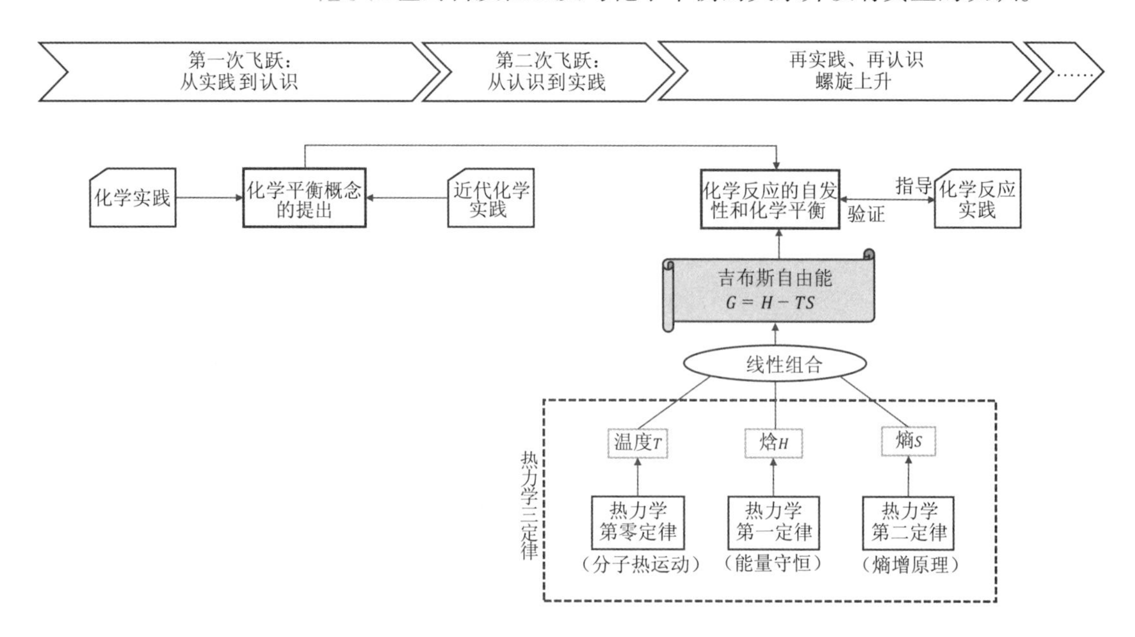

图 4-10 热力学成果在化学上带来的再认识

19 世纪中后期，热力学理论的发展和在化学上的引入提供了解决上述问题的契机。美国物理学家、化学家吉布斯在 1876 年和 1878 年分两次发表论文，提出了吉布斯自由能、化学势等概念，阐明了化学平衡、相平衡、表面吸附等现象的本质。特别是吉布斯自由能的提出，为判断化学反应过程进行的方向提供了直接的定量化依据，也为理解化学平衡系数提供了直接的依据。吉布斯自由能的定义是以公理形式给出的，从形式上看，它是温度T、焓H和熵S的一个简单的线性组合。而从热力学看，温度T、焓H和熵S分别来自热力学第零定律（分子热运动和温度的定义）、热力学第一定律（与热转换相关的能量守恒定律）和热力学第二定律（熵增原理）。因此，吉布斯自由能实际上是以一种简约的形式综合了热力学三条最重要的定律，在化学上基于吉布斯自由能的成果（参见 3.3.2 小节）是利用热力学理论成果对化学反应的自发性以及化学平衡的再认识。吉布斯化学热力学理论用于指导化学反应实践并在实践中得到了验证。

4.3.4　量子理论在化学上带来的再认识

我们现在已经知道，微观粒子和宏观物体在运动规律上是不同的。在量子力学理论出现之前，人们实际上是把宏观物体运动的力学规律应用在微观粒子上。这时对微观粒子运动形成的认识是粗略和近似的，是不准确的，甚至是错误的。化学键和化学反应是建立在原子核外电子的运动和相互作用的基础上，是在原子层面典型的微观粒子的运动和相互作用过程。量子力学理论是对微观粒子的运动和作用规律进行定量描述的理论。由此，就不难理解为什么量子力学理论的诞生和在化学中的引入对现代化学理论产生的深远影响，可以说量子力学理论带来了以化学键、化学反应为基础的对传统化学理论的全新的再认识。这部分内容前面已经分散在不同章节进行了讨论，下面主要从认识过程的角度进行一个归总。

1. 量子力学理论的发展

首先，我们简要回顾一下量子力学理论的发展过程。

1901 年，普朗克在黑体辐射实验研究时，发现为解释他所得到的被实验证实的普朗克辐射公式，必须引入一个对于经典物理学来说“石破天惊”的、革命性的量子假说：黑体在吸收和发射频率为υ的电磁能量时，能量不是连续的，只能一份一份地进行，这一份一份的能量是一个最小能量单元ε的整数倍，他把这个最小的不可再分的能量单元称为能量子，能量子的数值$\varepsilon = h\upsilon$，其中υ是频率，h是最小作用量子，后称为普朗克常数。普朗克常数和量子假说的提出是对经典物理学一切过程都是连续变化的观念的重大突破，它与相对论一起带来了物理学的一场重大革命，从根本上改变了物理学的面貌。

普朗克提出量子假说后，最早认识到这一假说的重要意义，对量子概念的发展起到重大推动作用的是爱因斯坦。他意识到，量子概念必将引起物理学理论的根本变革。他赞成能量子假说，但他不满足于普朗克把能量的不连续性局限在辐射的吸收或发射的特殊性上。经过认真研究，爱因斯坦于 1905 年把普朗克的量子假说推广到光本身，提出了光量子假说。他大胆假定，光与原子、电子一样，也有粒子性，光不仅在吸收或发射时是不连续的，光在空间的传播也是不连续的，光就是以光速c运动着的粒子流，他把这种粒子称为光量子。与普朗克的能量子一样，每个光量子具有的能量也是$E = h\upsilon$。根据光量子假说，爱因斯坦比较容易地就成功解释了传统理论无法解释的光电效应现象。之后，爱因斯坦提出了光具有波粒二象性，即光量子同时具有粒子性和波动性两种特征。

如前所述，1897 年 J.J. 汤姆孙发现了原子中电子的存在，1910 年卢瑟福完成了著名的“卢瑟福实验”，并于 1911 年提出了卢瑟福模型——“行星原子模型”，但看似完美的模型却存在难以克服的障碍。1913 年，玻尔把普朗克和爱因斯坦的量子概念引入原子结构，与卢瑟福的行星原子模型结合，通过定态和跃迁两点假设，提出了玻尔原子模型，它是原子结构理论发展上的重大突破，根据它导出了巴尔末公式，解释了氢原子谱线波长的位置问题。玻尔在氢光谱方面取得的引人注目的成功吸引了更多物理学家投入光谱方面的研究，新的量子数陆续被引入进来：在轨道能量量子化的基础上，引入轨道角量子数对轨道的形状进行量子化，引入轨道磁量子数对轨道的位置（空间取向）进行量子化；1920 年还引入了第四个量子数（后来的电子自旋）。有人把出现于 1900—1925 年的量子理论称为“旧量子论”，这些启发式的理论是对经典力学所做的最初始的量子修正，玻尔原子模型是旧量子论中亮丽的成就。

但应用玻尔原子模型研究多电子原子时也碰到了困难，即使是最简单的氦原子光谱和最简单的氢分子的化学键，都得不到满意的结果，这就暴露了旧量子论的缺点，促使人们进一步深入探索微观粒子运动所遵循的规律。

1924 年，德布罗意把爱因斯坦提出的光的波粒二象性大胆推广到一切实物粒子也都具有波粒二象性，并且利用狭义相对论和爱因斯坦光量子公式，借助“相波”和“相波波包”的概念，建立了粒子和波的定量关系并解释了波粒二象性。他还提出了适用于电子等实物粒子的关系式（德布罗意公式），假设具有动量 p 和动能 E 的物质客体都具有波动性，其频率和波长分别由下式确定：$E = h\upsilon$，$p = \frac{h}{\lambda}$ 或 $\lambda = \frac{h}{p}$。其含义是实物粒子在运动时，伴随着波长为 λ 的德布罗意波（物质波）。对于运动的宏观物体，h 已经很小，动量 p 很大，德布罗意波会非常小，这种波动在宏观物体中几乎体现不出来。但对微观粒子而言，如电子，动量 p 小，计算得到的德布罗意波的波长和晶体晶面间的间距具有了可比性，在这种情况下这种波动就会体现出来。

在德布罗意波概念的基础上，1926 年，薛定谔提出了微观粒子运动满足的波动方程——薛定谔方程，它是根据微观粒子的波动性建立起来的用波动方程描述微观粒子运动规律的理论，是量子力学理论的一种表述形式。[16]

根据薛定谔方程，可以求解出原子核外电子的波函数用于描述

16 量子理论另外一种表达形式是矩阵力学理论，它在解决原子核外电子结构问题时没有薛定谔方程方便，在化学领域使用很少。

电子的状态，通过波函数可以知道原子中电子运动的统计规律。波函数的平方正比于电子在各点出现的概率密度，它的值越大表示电子出现的概率越大，它的值越小表示电子出现的概率越小。波函数在空间具有不同的形态，代表电子的不同运动状态，习惯上仍把它们称为“原子轨道”，但实际上已经不是经典力学中描述的轨道的含义了。根据量子力学的观点，所谓的“轨道”，代表的是量子化的电子在空间出现的概率密度，即原子核外的电子通过能量的量子化分布在空间各点的概率密度，看起来仿佛还是电子分散在原子核周围的空间。人们常常形象地将电子在空间中的这种概率分布称为电子云。

理论上，根据给定的条件，利用薛定谔方程就可以分析原子核外电子的分布和相互作用。[17] 由此，量子理论的成功被陆续引入现代化学中，并取得了一系列的理论突破，使现代化学进入了一个新的阶段，不仅可以通过实践的归纳，而且可以通过理论的演绎获得对化学基本概念和理论的认识。

17　不过，一般情况下，薛定谔方程非常复杂，通常不能精确求解，而是通过近似的方法求解。

2. 共价键的再认识

1927 年，海特勒和伦敦开始求解氢分子的薛定谔方程。他们设想，把两个氢原子放在一起的时候，这个体系包含两个带正电的核和两个带负电的电子。当两个原子相距很远时，彼此间的作用可以忽略，作为体系能量的相对零点；当两个原子逐渐接近时，利用近似的方法计算出基态（两电子自旋相反）和排斥态（两电子自旋相同）两种情况下体系的能量和波函数，得到表示氢分子的两个状态的能量曲线和电子分布的等密度曲线。

如图 4-11 所示是求解得到的氢分子的两个状态的能量曲线。对基态而言，在两个原子间距离达到R_0时，两个原子组成的体系有一个能量的最低点 D_e，这是不同于传统观点的，其原因是这时原子结合的能量（键能）由两部分组成：一部分是原子核和电子间库仑相互作用的传统能量，另一部分则是称作交换能的能量，在经典理论中无法描述，它来自电子不能识别而可以交换（电子对纠缠），交换能的大小取决于两个电子波函数的重叠程度，且比库仑能要大得多，它决定了化学键的强度。因此，化学键本质上是量子力学现象。[18] 由海特勒-伦敦化学键的量子理论诞生了量子化学这一新的化学领域。之后，量子化学被应用于许多化学现象的解释。

18　[日]广田襄:《现代化学史》，丁明玉译，165 页，北京，化学工业出版社，2018。

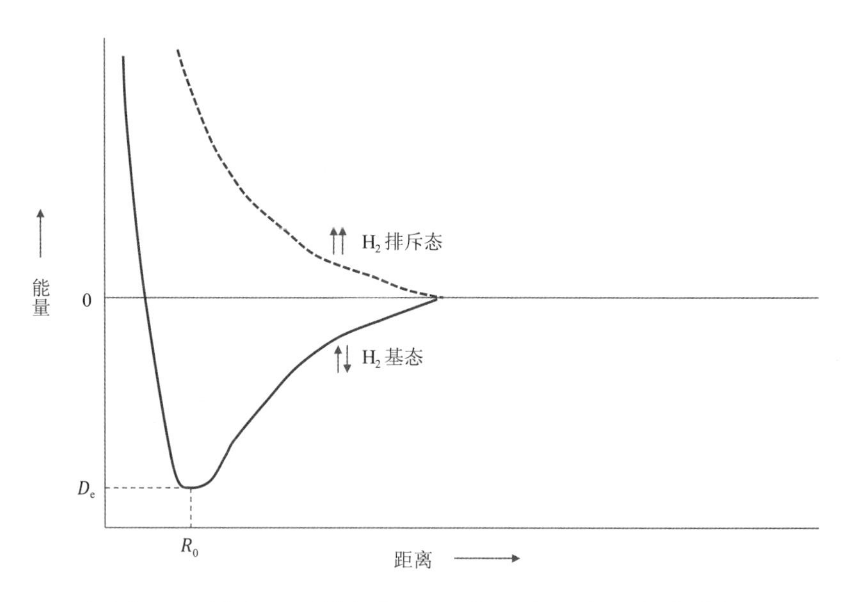

图 4-11 氢分子的两个状态的能量曲线

如图 4-12 所示，回顾在电子理论基础上建立的共价键理论，可以看出基于量子力学理论的共价键理论是量子力学理论的引入而带来的对电子理论基础上共价键理论的再认识。它揭示了前一个理论无法解释的共价键成键的真正原因，解释了前一个理论不能解释的为什么两个氢原子能结合成一个氢分子的原因。同时，该理论在实践中得到了验证，如根据该理论计算得到的 H_2 分子体系的能量分布曲线和实际测定的 H_2 分子体系的能量分布曲线基本吻合。

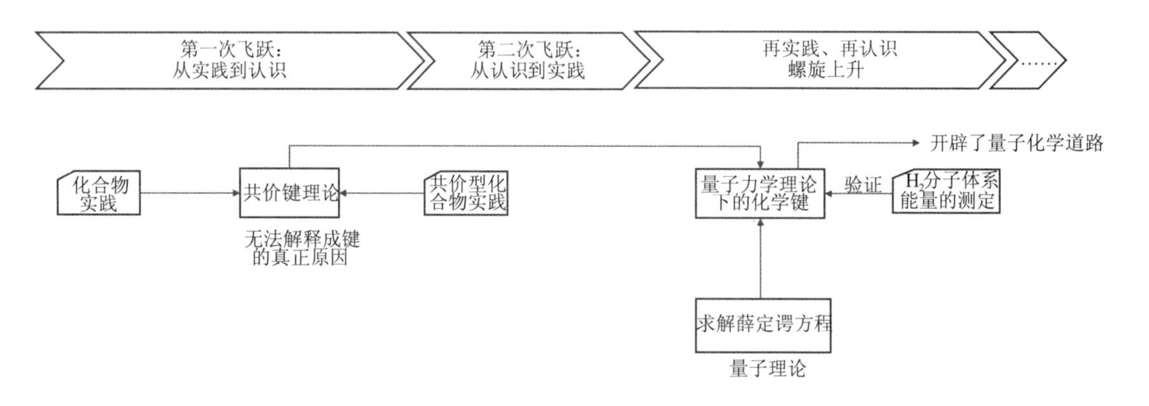

图 4-12 共价键理论的认识与再认识过程

3. 轨道杂化和立体结构化学理论的再认识

前面已经提到，19 世纪的化学家通过 CH_4 的观察分析，神奇地提出了四价碳原子可以形成正四面体的立体结构，由此开辟了立体结构化学理论的先河。但四价碳原子为什么能形成这样的立体结构却无法回答。

1931 年，在海特勒和伦敦之后，利用量子力学理论，鲍林和

约翰 • 斯莱特两人独立地提出了杂化轨道的概念，说明了甲烷的键的形成和所具有的立体结构。

他们认为，碳的 2s 轨道上的一个电子上升到 2p 轨道，一条 2s 轨道和三条 2p 轨道形成杂化后的四条等能量的 sp_3 轨道，在这些杂化轨道中各有一个电子，它们与四个氢的电子配对成键，这四个氢原子位于一个正四面体的四个顶点上，这样就形成了具有稳定的四面体结构的 CH_4。利用同样的杂化轨道概念还可以说明直线形（sp）、平面三角形（sp_2）结构的分子[19]，并进而用含有 d 轨道的杂化轨道模型说明平面四方形和八面体结构的分子，这些理论解释与实际晶体结构的解析结构非常吻合。

19 可参见前面 2.2.3 小节。

如图 4-13 所示，杂化轨道理论可以说是在引入先进的物理学理论后，在化学上形成的对原有立体结构化学理论的再认识，它解释了前一个理论无法解释的为什么问题，同时还进一步深化和拓展了前一个理论的应用范围。当然，该理论在实践中也得到了验证。

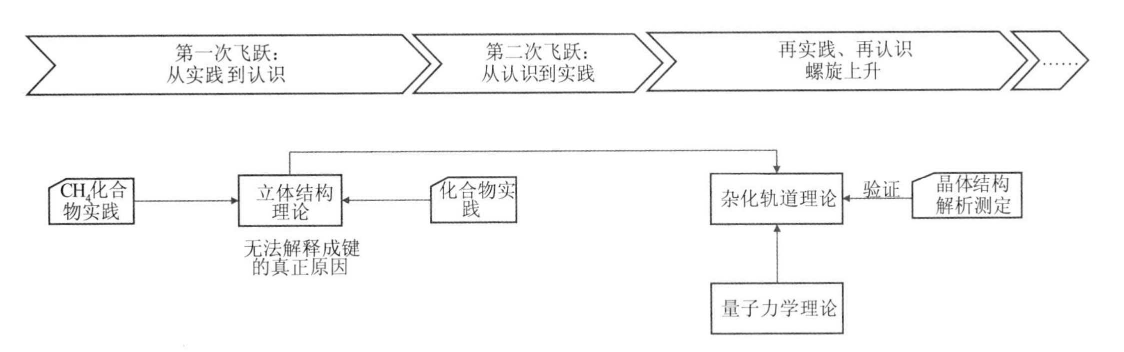

图 4-13 立体结构化学理论的认识与再认识过程

4. 配位化合物价键理论的再认识

在 4.3.1 小节我们已经介绍，19 世纪的化学家在络合物实践中已经提出金属元素具有主价和副价的概念，这是很了不起的成就，但是它却无法解释为什么。

如图 4-14 所示，鲍林利用量子力学理论发展了杂化轨道理论，并进一步将杂化轨道理论应用于配位化合物，形成了关于配合物的价键理论。其主要内容是中心离子或原子必须具有空轨道，以接纳配位体授予的孤电子对，形成配位共价键。例如，在 $[Co(NH_3)_6]^{3+}$ 中，$Co^{3+}(d_6)$ 的空轨道接受 NH_3 分子中 N 原子提供的孤电子对形成 $Co \leftarrow NH_3$ 配位键，从而形成稳定的六氨合钴配离子。

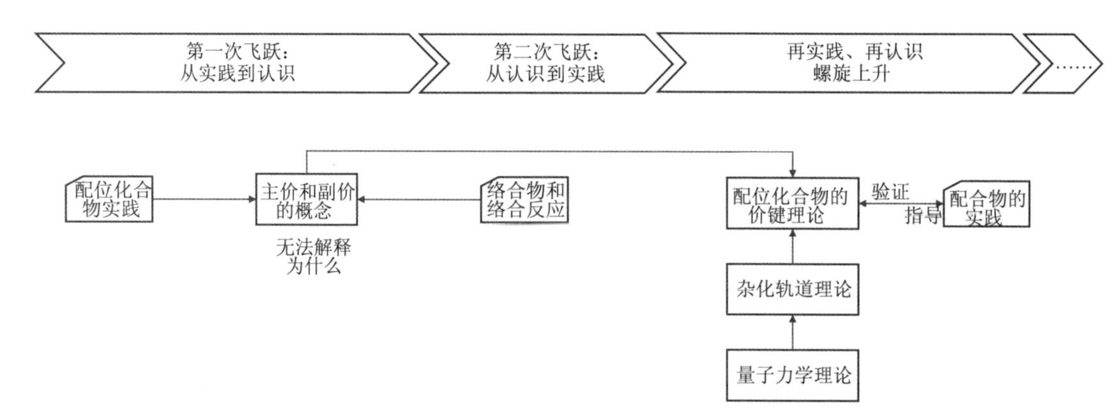

图 4-14　配位化合物价键理论的认识与再认识过程

配合物的价键理论解决了中心离子与配位体间的结合力、配位数、空间构型、稳定性等问题，是引入量子力学成果以后对配位化合物成价概念的再认识，并在实践中得到了验证。

关于配位化合物成键还有一个理论——晶体场理论，这一理论将离子与配位体之间的相互作用完全看作静电的吸引和排斥，同时考虑到配位体对中心离子 d 轨道的影响，具体参见 2.2.4 小节。

在 4.3.2、4.3.3、4.3.4 小节所给出的关于化学理论的再认识过程中有一个共同的特点，那就是这种再认识是由于物理学成果的引入而带来的，不同于在自身领域通过新的实践实现的突破，这种认识过程在一定程度上体现出先有再认识、后有再实践的“错位”。但由于它所使用的物理学成果仍是由实践、认识、再实践、再认识的过程获得的，因此综合起来看，这种成果引入产生的认识过程在整体上仍然符合实践、认识、再实践、再认识的认识过程规律。而且，这些再认识的概念在化学实践中已经有了萌芽，只有站在更高的层面才被发现出来，因此也不违背唯物辩证法认识论实践决定认识、实践是认识的基础的基本观点。

当然，上述再认识的形成过程启示我们，既要重视来自实践的直接的归纳和总结形成理论的过程，也要重视通过相关领域先进成果的引入带来的理论上的再认识过程，而且后者往往以演绎的方式带来理论上更大的突破。

第 5 章　基础化学的发展与唯物辩证法对应关系的探讨

一般认为，物理和化学是自然科学的两个基础性的中心学科。其中，物理学更底层、更基础一些（参见 1.1.1 小节），而物理学的重大突破往往能为化学的发展提供巨大的推动力，即人类在物理学上取得的对组成物质的基本粒子和物质结构的成果往往会传递到化学学科上，使基础化学也取得突破。基础物理学和基础化学在发展上具有比较好的对应性，这种对应性自然也会反映到它们与唯物辩证法的对应关系上。

本章首先探讨了基础物理学发展与唯物辩证法的对应关系，即基础物理学的发展和唯物辩证法之间存在惊人的契合关系，基础物理学的发展轨迹几乎完美演绎了辩证唯物主义的胜利和强大生命力。在此基础上，大致总结了基础物理学成果到基础化学的输出及带来的化学的发展。依据上述发展上的对应性，对基础化学的发展与唯物辩证法的对应关系进行了探讨，表明这种契合关系依然存在。

5.1 基础物理学发展与唯物辩证法对应关系的探讨

基础物理学的发展起始于牛顿力学，后续演进发展出经典电磁学、经典热力学，再后来发展出相对论、量子理论和现代热力学。如果我们把基础物理学的演进和哲学上唯物论与唯心论、辩证法与形而上学两组世界观和方法论放在一起（如图 5-1 所示），它们之间就呈现出以下明显的对应关系：17—18 世纪的牛顿力学对应的是“唯物主义+形而上学”的世界观和方法论，19 世纪的经典电磁学和经典热力学对应的是“唯物主义+半形而上学半辩证法”的世界观和方法论，20 世纪初至今的现代物理学理论（相对论、量子理论、现代热力学）对应的是“唯物主义+辩证法”的世界观和方法论。

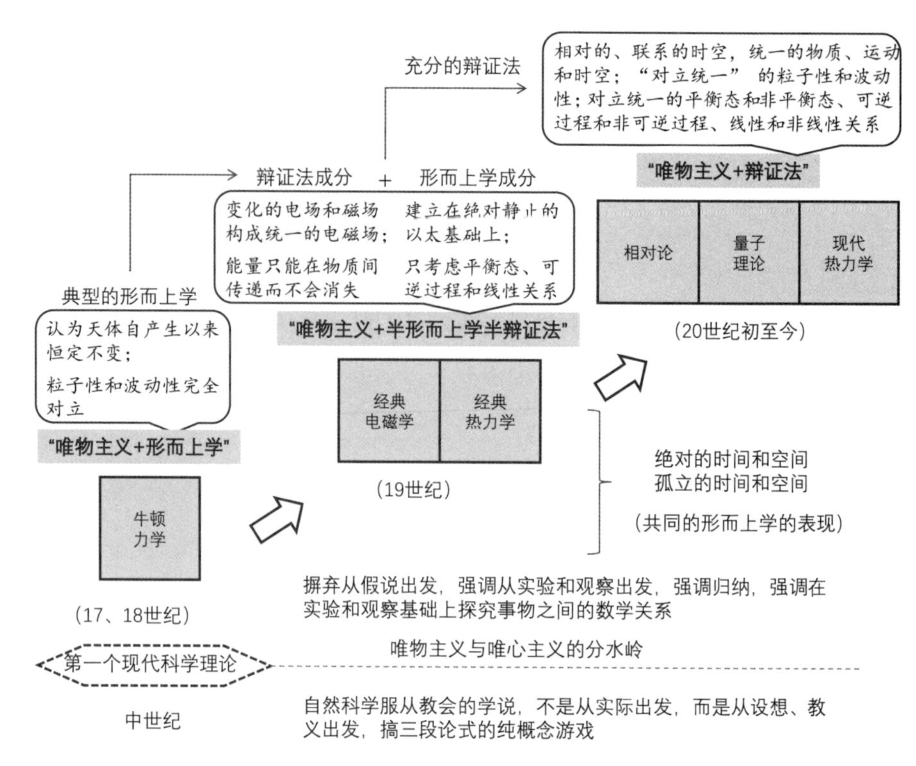

图 5-1 基础物理学的演进与唯物论和辩证法的对应关系

牛顿力学是人类历史上第一个现代科学理论。它是在 17—18 世纪主要由伽利略和牛顿所创立的。我们认为，它不仅是科学发展上的一个分水岭，也是哲学发展上的一个分水岭。

牛顿力学摒弃了统治欧洲近千年的从假说出发的经院哲学的方法论，强调从实验和观察出发，强调归纳，强调在实验和观察基础上探究事物之间的数学关系，从而开辟了实验和科学推理相结合的道路，将科学的方法论引上了历史的舞台。牛顿力学的三大定律和万有引力定律把天体和地上物体的运动规律统一到可以通过数学公式表述的经典物理学框架中，牛顿用刚性的、机械的“力”取代了天体运行中的神秘因素，以数学公式表述其规律，并得到事实的有力证实，表明天体不是中世纪宣称的那样具有神圣的性质。从力学的角度来讲，天体的运动规律和地球上的自然现象并无二致。

牛顿力学在哲学上的影响是促进了近代形而上学唯物主义的形成。哲学家把力学的规律当作整个宇宙的普遍规律，从而形成了近代机械唯物主义的哲学世界观，它从根本上批判了宗教神学的荒谬性，对把人们从神学的禁锢中解放出来和促进科学的发展都发挥了积极的作用。但牛顿力学具有鲜明的形而上学性，即在关键性问题上它采取的是静止而不是运动变化，孤立而不是相互联系的观点。具体表现如下：牛顿力学体系中的时间和空间不仅是永恒不变的，而且是绝对孤立的，绝对时间和绝对空间的形而上学观的最后，就很容易滑向客观唯心主义；同时，由于没有考虑天体的形成和变化，它认为天体自产生以来就恒定不变，所以牛顿在对待太阳、地球、月亮以及其他天体的观点上，也认为它们自产生以来就不再发生变化，而且会永远按部就班地运转下去，从而也会因为需要上帝提供“第一推动力”而滑向客观唯心主义；而在方法论上，它往往把相互联系的整体分成彼此孤立的部分，把连续发展的过程划分成彼此无关的阶段。

牛顿力学对近代化学的发展也产生过影响，既有促进原子论形成的正面影响，也有机械套用燃素说的负面影响。

经典电磁学理论、经典热力学理论是牛顿力学之后在 19 世纪后叶形成的物理学理论，它们在总体上体现的是“唯物主义+半形而上学半辩证法”的世界观和方法论。

先看经典电磁学理论。19 世纪中叶，电磁学理论的物质性基础已经具备，无论是电荷还是电场、磁场都被认为是客观存在的。不过，在最初很长的时间里，电学和磁学始终是两门独立发展的学科，因此体现了“很强的形而上学性”。但这种状况在 1820 年丹麦物理学家奥斯特发现了电流的磁效应以后发生了改变，奥斯特实验揭示了电现象和磁现象的联系，宣告了电磁学作为一个统一学科的诞生，之后一系列揭示电磁场相互作用的定律、定理被发现。1864 年，麦克斯韦对前人和自己的工作进行了概括，提出了联系电荷、电流和电场、磁场的基本微分方程组——麦克斯韦方程组，它是经典电磁学理论上的最大成果，电磁场理论已经具有很强的唯物辩证法思想，我们可以归纳出简单的四句话分别对应麦克斯韦方程组的四个方程：电场是物质的，表现为电场源于电荷（方程一）；实践发现，有磁场没有磁荷（方程二），磁场需要其他的物质来源；于是发现电流产生磁场（方程四），这样磁场也是物质的，磁场源于联系；实践中又发现变化的磁场产生电场（方程三），说明联系又是相互的。经典电磁学的另一大支柱是洛伦兹力公式，它是洛伦兹融合了电磁学中“场论”和“源论”两派的观点，克服了原来场和力的孤立性，把二者有机地结合在一起而形成的，它揭示了电磁作用的规律，也体现了相互联系的辩证法思想。

但经典电磁学理论并没有完全克服形而上学的影响，主要表现在以下方面。首先是经典电磁学理论是建立在“孤立的”绝对时间和绝对空间之上，因此重新提出以太的概念。麦克斯韦通过数学推导成功预测了电磁波，但他对电磁波产生机制的解释在现代物理学看来是错误的。根据预测，除存在电磁波外，电磁波在真空中的传播速度和参照系无关，且是一个常数 c，即光速。而根据经典力学中的伽利略变换，在不同的参照系中，观察到的光速应该是不同的。为解决光速不变和伽利略变换之间的矛盾就需要一个假设：麦克斯韦方程组只能在一个特殊参照系里才成立，即对于这个特殊参照系，光速 c 为恒值。对于这个特殊参照系，麦克斯韦含含糊糊地说是静止不动的以太，这样在经典电磁学里就需要一个特殊的“以太参照系”。“以太参照系”和其他参照系地位不等价，具有明显的优越性。这样，牛顿力学中的“绝对空间”终于有了“具体实物”做衬托[1]。因此，经典电磁学在时空概念上仍然建立在“孤立的”绝对时间和绝对空间之上，在时空概念上体现了明显的“形而上学性”。后来，爱因斯坦正是抓住了经典电磁学这个“形而上学的”弱点，提出了“相互联系”且“相对变化”的时间和空间的概念，即体现辩证法的时空观，才发现和提出了狭义相对论，并进而发展到广义相对论。其次是在经典电磁学理论中，麦克斯韦方程组和洛伦兹力公式是不兼容的，它们各自在电磁场运动变化的规律和电磁作用的规律方面发挥作用，两者还是相对分离的，各自都不能解释全部的电磁相互作用的问题。如果说麦克斯韦方程组体现的是场和波动性，则洛伦兹力公式更多体现的是力和粒子性。这样，在经典电磁学理论中，波动性和粒子性处于各自“孤立”的状态，这是经典电磁学理论“形而上学性”的另一个表现。因此，经典电磁学理论在总体上体现的是“唯物主义+半形而上学半辩证法”的世界观和方法论。

1　杨建邺：《物理学之美》，118 页，北京，北京大学出版社，2019。

再看经典热力学理论。经典热力学理论首先从早期人们对于热本质的探索开始。当时有两种观点：一种是热质说，认为存在一种热质的东西，它由没有重量的细微粒子组成，可以从一个物体流向另一个物体；另一种是热动说，认为不需要热质的东西，热现象的直接原因是物质内部自身的运动。其实，两种观点都是唯物的观点，后来当焦耳测得热功当量的精准结果后，热质说衰落下来，人们开始普遍接受热动说。可以说，经典热力学理论开始就源于唯物的观点。随后，在热动说的基础上，人们基于热交换等热现象，形成了几个基本的热力学定律。①人们基于最基本的热交换事实，给出了“温度相同”的定义，即在外界影响隔绝的条件下，如果物体 A、B 分别与处于确定状态下的物体 C 达到热平衡，则物体 A 和 B 也是相互热平衡的，这就是热力学第零定律或热平衡定律，可见热平衡定律中采用了联系的观点，体现了辩证法的思想。②人们发现在热交换过程中能量是守恒的，即在一个热力学过程中既做功又传热，那么系统的内能的增量等于外界对系统所做的功与外界传递给系统的热量的和，这就是热力学第一定律。在热力学第一定律的基础上，人们把能量的概念从机械运动扩展到热、电、磁乃至生命过程，提出了普遍的能量守恒原理，即能量只能在物质间传递而不会消失，可见热力学第一定律体现了很强的唯物观点和联系的辩证法思想。③人们进一步发现热量只能自发地从高温物体传递到低温物体，而不是相反。在此基础上，人们提出了熵的概念，作为对系统混乱程度的度量，并指出在一个孤立的系统中，遵循熵增原理，这就是热力学第二定律。热力学第二定律指出了系统运动发展的方向，即在一个孤立的系统中，熵只能增加，不能减少，意味着系统只能从有序到无序发展，可见热力学第二定律体现了辩证思想的发展观。

但如同经典电磁场理论一样，经典热力学理论在体现唯物性和辩证法思想的同时，由于时代和科学水平的限制，还体现着很强的形而上学性。首先，经典热力学理论在时空概念上仍然建立在“孤立的”绝对时间和绝对空间之上。因此，在经典热力学理论中实际上还存在两个独立的守恒——质量守恒和能量守恒，在热力学第一定律的基础上建立的能量守恒定律还不是一个普遍的守恒定律，后来在爱因斯坦提出狭义相对论之后，质量和能量等价，质量守恒、能量守恒和动量守恒三个守恒定律统一为一个守恒公式之后，才可以说是更加广泛意义上的能量守恒定律。其次，热力学第二定律只反映了孤立系统的发展方向，具有片面性。如果以这样一个片面的角度来看，任何系统最后就只能走向死亡（沉寂），这和自然界所看到的物质世界从低级到高级、从简单到复杂的发展事实刚好相反。其原因在于实际系统往往处于与外部的普遍联系之中，是开放性系统，而且经典热力学理论多建立在单一的平衡状态、可逆过程、线性关系的概念上，而实际系统往往还存在非平衡状态、非可逆过程、非线性关系，所以经典热力学理论的片面性在一些重大问题上得出的结论是完全不符合实际的。经典热力学理论的片面性在现代热力学理论中得到克服。现代热力学理论从研究平衡状态和可逆过程转向研究非平衡状态和不可逆过程，实现了两者的对立统一，在综合中产生了耗散结构理论等现代热力学理论，这些理论成功解释了自然界所看到的物质世界从低级到高级、从简单到复杂的发展规律。总体来看，经典热力学理论体现的也是“唯物主义+半形而上学半辩证法”的世界观和方法论。

20 世纪初，爱因斯坦对牛顿力学中孤立存在的绝对时间和绝对空间的概念提出了质疑，其基本依据有两个：光速不变原理和相对性原理。爱因斯坦依据电磁场理论的结论和有关的实验结果提出了光速不变原理，并且利用相对性原理把光速不变原理推广到所有惯性系，认为在所有的惯性系中光速不变原理都是成立的，没有哪一个惯性系特殊。在此基础上，导出了洛伦兹变换，并发现随着运动速度的改变，空间长度是可伸缩的，时间是可伸缩的，质量也是变化的，时间和空间不再是相对独立的，质量和能量也不再相互独立，这就是狭义相对性原理的基本内容。进而爱因斯坦又把光速不变原理利用相对性原理推广到所有惯性系和非惯性系，认为所有惯性系和非惯性系也是平等的，即在所有的惯性系和非惯性系中光速不变原理都成立，没有哪一个成员特殊，这样就引入了弯曲的时间和空间。爱因斯坦进一步提出，弯曲的时间和空间是由物质的质量引起的，并提出爱因斯坦引力场方程，这就是广义相对性原理的基本内容。从另一个角度看，相对论反映了时空、物质和运动的统一性，反映了时间、空间、质量、能量、惯性、引力这些和物质运动相关的基本物理量是如何从相互孤立走向相互联系和统一的。狭义相对论突破了牛顿力学绝对、孤立的时间和空间概念，实现了时间和空间的关联，突破了能量和质量相对独立的观念，实现了能量和质量的统一，而广义相对论进一步实现了质量、惯性和引力的统一，最终完成时空、物质和运动到物质的大统一。[2]后来的科学家依据广义相对论发展起现代宇宙学和现代天体学，建立了动态的宇宙学模型，揭示了宇宙及其中的天体都是按照客观规律动态演变的事物，而不是被一次创立并静止不变的事物。从经典物理学理论到狭义相对论，再到广义相对论，比较彻底地体现了辩证唯物主义的物质性和运动、变化、联系的辩证法思想，体现的是比较彻底的“唯物主义+辩证法”的世界观和方法论。

2 赵建:《写给未来工程师的物理书》，前言6-7页，天津，天津大学出版社，2021。

在经典物理学理论中，1900年，普朗克通过对黑体辐射实验的分析，提出不同的辐射在产生和接收过程中必须是离散的，并提出能量子的概念，即能量在产生和接收过程中必须是一份一份的，这样才能满足由实验得到的统一的黑体辐射公式。这就打破了传统物理学理论中物理学量一般被认为都是连续的量的观念。从哲学角度看，离散和连续是一对矛盾，两者构成一种对立统一的关系，这种对立统一的关系本就应该存在于物质世界中，只是在这之前我们看到和感知的度量物质世界的量在感官上都是连续的，这实际上是片面的、不完整的、形而上学的，只有增加了离散的一面，我们的认识才更全面。在连续和离散的对立统一之后，是粒子性和波动性的对立统一。之前，牛顿力学主要是关于质点做粒子运动的理论，经典电磁场理论主要是关于连续场变化关系的理论，在经典物理学理论中，粒子性和波动性是完全对立的，集中体现在光的粒子说和波动说的长期对立上。1905 年，爱因斯坦在普朗克能量子概念的基础上提出光量子的概念，成功解释了光电效应，指出光具有波粒二象性，粒子性和波动性首先在光上得到对立统一。后来，德布罗意提出物质波的概念，将波动性扩展，认为不仅是所有的微观粒子，包括宏观物体也具有波粒二象性，只是后者的波动性太弱，在宏观尺度下可以完全忽略不计。期间，玻尔还将离散的观点引入原子核外电子轨道的描述中，并获得成功。于是，微观粒子具有波粒二象性的观点被完全接受，在波粒二象性的基本概念之上人们发展起波动力学、矩阵力学两个等效的量子力学理论。再后来，人们又将相对论引入量子理论，并进行了结合，提出“真空不空”和“反粒子”的概念，通过交换粒子实现物质相互作用的机制，以及电磁作用理论、弱相互作用理论、强相互作用理论以及夸克模型，基于规范不变性实现电弱作用理论的统一和电弱强作用的大统一，最终形成一个至关重要的成果——粒子物理标准模型，它阐释了丰富多彩的物质世界其实是由种类极为有限的基本粒子组成的。在量子理论中，可以说物质粒子是基础，对立统一是驱动力，运动变化是特征，集中体现了唯物主义和辩证法的统一，体现了“唯物主义+辩证法”的世界观和方法论。

经典热力学理论主要是解决以平衡状态、可逆过程、线性关系为特征的热分子运动的统计规律问题。显然，这是片面的，具有很大的形而上学性。因为在实际中还存在不平衡状态、不可逆过程和非线性关系，而且从现在的角度看，后者往往较前者更重要，往往是矛盾的主要方面。经典热力学理论伴随人们对蒸汽的认识和运用，促进了第一次工业革命的出现，也继续为人类动力应用提供指导，间接为第二次工业革命做出贡献。后来，随着量子理论、相对论等近现代物理学新领域的大发展，热力学似乎有过一段沉寂，但从 20 世纪 30 年代起，热力学的研究发生了重大改变，普里戈金对非平衡状态、不可逆过程、非线性关系的研究从根本上改造了这门科学，使之重新充满活力，他所创立的理论打破了化学、生物学领域和社会科学领域之间的隔绝，使之建立起了新的联系。耗散结构论、信息论、生命科学、一般非线性科学等新兴学科的兴起，开启了人类和自然的新对话，展示了热力学的“新生”和“现代”。而霍金利用现代热力学、广义相对论、量子理论提出和解释了著名的“霍金辐射”，从而使黑洞从“恒星生命的死亡归宿”变成“充满生命力的活跃之星”，彻底改变了人类对黑洞的认知，从而引发人类对于宇宙发展和演变的认知。[3] 在现代热力学理论中，也同样是以物质系统为基础，体现了平衡状态与非平衡状态、可逆过程与不可逆过程、线性关系与非线性关系的对立统一，指出在一个有外部能

3　赵建:《写给未来工程师的物理书》，290 页，天津，天津大学出版社，2021。

量输入的开放系统中将遵循从低级到高级、从简单到复杂的发展的运动变化规律，因此也同样集中体现了唯物主义和辩证法的统一，体现了“唯物主义+辩证法”的世界观和方法论。

总之，基础物理学的发展与唯物论和辩证法的发展之间存在惊人的契合关系，基础物理学的发展轨迹几乎完美演绎了辩证唯物主义的胜利和强大生命力，具体表现如下：经典牛顿力学标志着唯物主义对唯心主义第一次的胜利，但这时的唯物主义是形而上学的；经典电磁学、经典热力学标志着唯物主义对唯心主义第二次的胜利，但这时的唯物主义是半形而上学半辩证法的；相对论、量子理论、现代热力学不仅是唯物主义对唯心主义第三次的胜利，而且全面体现了辩证法的思想，可以说是辩证唯物主义思想的完美胜利。

由于物理学和化学之间深刻的相互联系，基础物理学的发展与唯物论和辩证法的发展之间的契合关系势必影响基础化学的发展。

5.2 基础化学发展与唯物辩证法对应关系的探讨

基础物理学对基础化学的影响，主要体现在不同阶段基础物理学成果引入基础化学以及带来的基础化学相关理论的突破。

如图 5-2 所示，在近代化学阶段，引入基础化学的基础物理学成果主要是经典热力学和经典电磁学。

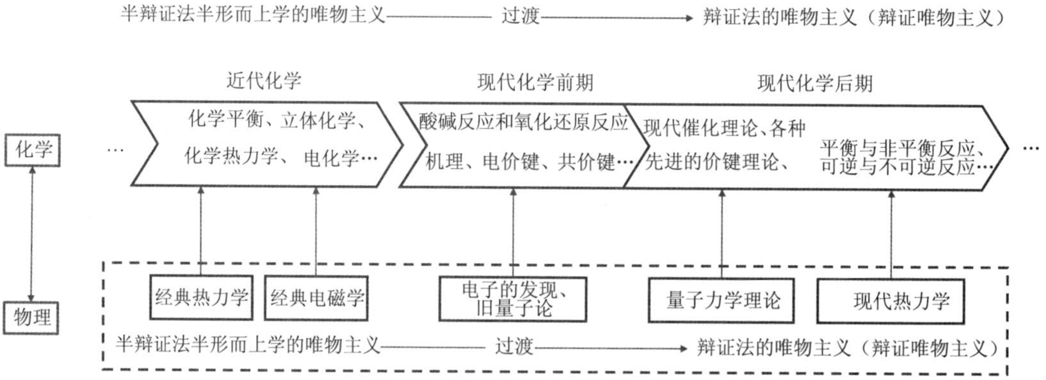

半辩证法半形而上学的唯物主义——过渡——→辩证法的唯物主义（辩证唯物主义）

近代化学　现代化学前期　现代化学后期

化学　…　化学平衡、立体化学、化学热力学、电化学…　酸碱反应和氧化还原反应机理、电价键、共价键…　现代催化理论、各种先进的价键理论、平衡与非平衡反应、可逆与不可逆反应…　…

物理　经典热力学　经典电磁学　电子的发现、旧量子论　量子力学理论　现代热力学

半辩证法半形而上学的唯物主义——过渡——→辩证法的唯物主义（辩证唯物主义）

图 5-2　基于基础物理学影响下的基础化学与唯物论和辩证法的对应关系

18 世纪末，物理学中对静电现象的研究已经相当深入。1800 年，伏打电池问世，首次实现了用人工方法产生相对稳定的电流，这为化学的发展创造了条件。1807 年，英国化学家戴维进行了对熔融苛性钾和苛性钠的电解，提出了二元论的接触说。1814 年，瑞典化学家贝采利乌斯在此基础上提出了电化二元论，把酸碱概念与电的极性联系起来，然后又将这种极性推论到元素上，开创了分子中各原子间相互关系探索的先河。1820 年，丹麦物理学家奥斯特发现了电流的磁效应，揭示了电现象和磁现象的联系，经典电磁学开始兴起，之后发现了一系列揭示电磁场相互作用的定律、定

理。而这个过程又是和化学的一些进展联系在一起的。法拉第是英国物理学家和化学家，是电磁学理论的创始人和奠基者。他在实践中发现："电解产物的数量与通过电解液的电量成正比"，"电解时，由相同的电量产生的不同电解产物有固定的当量关系"。这两条电解定律后来被称为法拉第电解定律，在 1834 年被正式发表。法拉第电解定律提供了电量与化学反应量之间的定量关系，奠定了电解、电镀等电化学工业的理论基础，成为联系物理学与化学的桥梁。不过，经典电磁学理论还不能从本质上解释所有的电现象，它体现的是半辩证法半形而上学的唯物主义，这也对当时电化学的发展产生了影响。例如，对于溶液中电解质性质的认识，基于电解的现象，大多数人认为只有在外界电流的作用下，电解质才能理解为带电的离子[4]，这就形成了很大的片面性，影响了对电解质本质的正确认识，以片面代替全面，以表象代替本质，以外因掩盖内因，体现了形而上学的成分，这时的电化学体现的是半辩证法半形而上学的唯物主义。

19 世纪中后期，热力学理论发展起来以后，热力学的成果就在化学领域产生了重大影响，最典型的就是吉布斯自由能概念的提出和化学热力学的建立。吉布斯以严密的数学形式和严谨的逻辑推理，用几个热力学函数描述系统的状态，从而建立了起化学平衡以及自发反应方向的判据。[5]吉布斯的工作把热力学和化学在理论上紧密地结合起来，德国物理化学家奥斯特瓦尔德认为，吉布斯从内容到形式赋予了物理化学整整 100 年。经典热力学体现了辩证法的思想，如运动、变化的基本特征。同时它的辩证法思想又不彻底，还有明显的形而上学的成分，如它只考虑平衡过程和可逆过程，而不考虑非平衡过程和不可逆过程，因此它的一些结论和实际往往相反。因此，我们说经典热力学在哲学上体现的是半辩证法半形而上学的唯物主义。也正因为这样，在经典热力学基础上建立起来的传统化学热力学也继承了这个特点，体现的也是半辩证法半形而上学的唯物主义。

近代化学除直接受上述物理学成果的引入而带来的影响外，由于历史阶段的限制，在很多理论观点上都体现出半辩证法半形而上学的唯物主义的特征。例如，1916 年，美国化学家路易斯在提出电子键理论以后，进而提出在分子中每个原子均应具有稳定的稀有气体原子的八电子外层电子构型（He 除外），习惯上称为"八隅体规则"。这在当时是一个不小的成就，它体现了不同原子间在构成化学键建立联系时的一种规则。当然，现在看来，这是建立在化学

4　瑞典化学家阿伦尼乌斯在 1887 年提出了电离学说，指出：电解质是溶于水，能形成导电溶液的物质，电解质溶入水中就能大量离解为离子。但这个学说直到 19 世纪末 20 世纪初才得到化学界的认可。

5　具体可参见 3.3.1 和 4.3.3 小节。

键的形成只和最外层电子相关的假设上，而事实上，化学键的形成不仅和最外层电子相关，还和次外层电子相关，因此“八隅体规则”只是“孤立地”把化学键的形成和最外层电子相关联，而忽视了次外层电子的相关，因此在建立原子间联系的时候仍然保留了形而上学的成分，体现的是半辩证法半形而上学的唯物主义。对应的还有人们对惰性气体性质的认识，根据“八隅体规则”，最外层电子层上有 8 个电子是所有原子最稳定的排布，电子的这种排布使它们不会与其他元素发生反应。但这种观点只“孤立地”考虑了原子最外层这一部分电子的稳定，而忽视了原子整体甚至生成分子整体稳定的要求，并且认为不可改变，这不是一种运动和联系的观点，即不是辩证法的观点。到 1962 年，首个稀有气体化合物——六氟合铂酸氙被发现，其他惰性气体化合物随后也陆续被发现，人们认识到化学键的形成应该放在原子整体甚至生成分子整体的稳定（或者说能量最低）的范围内考虑。惰性气体化合物的发现在实际上证实了“八隅体规则”中形而上学成分的不足。另外，在共价键模型中，路易斯将电子看成静止的来处理[6]，这既与物理学家把电子看成运动的来处理的构想相违背，也体现了以静止代替运动的形而上学的成分。

6 [日]广田襄:《现代化学史》，丁明玉译，162 页，北京，化学工业出版社，2018。

现代化学分为前后两个阶段，即现代化学前期和现代化学后期，两者以量子力学理论的引入为界。

在现代化学前期，化学引入的物理学成果主要有电子的发现、X 射线的应用以及以玻尔原子模型为代表的旧量子论。电子的发现使人们在酸碱反应、氧化还原反应机理上的认识得到了深化。[7] 基于电子的概念和各种原子模型，人们提出了电价键、共价键的概念，这是化学键理论上重大的进步，但这时电价键和共价键是两个相互独立的化学键概念，仍然保留了形而上学的成分。

7 参见 4.3.2 小节。

在现代化学后期，主要引入的是量子力学成果和现代热力学成果。量子力学成果的引入，使人们对各种化学键的本质以及它们之间的联系、化学反应的机理有了深刻的认识。[8] 例如，通过量子力学理论，人们认识到化学键的本质是量子力学现象，而量子力学理论的一个重要特征是波函数（概率密度分布），即电子以一定的概率出现在不同的区域。鲍林在将量子力学应用于解决结构化学问题时，为了说明许多化合物的结构解析的结果，提出了具有介于离子键和共价键中间性质的部分离子键的概念，金属卤化物中的离子键不是 100%离子性的，HF和HCl 的共价键具有相当程度离子性的键。[9] 鲍林在 1931 年引入了电负性的概念，说明结合在一起的两种

8 参见 4.3.4 小节。

9 [日]广田襄:《现代化学史》，丁明玉译，166 页，北京，化学工业出版社，2018。

原子吸引电子的能力。即原来的离子键和共价键并不是完全对立的，而是对立统一的，这就是从原来的形而上学到辩证法的进步。后来，鲍林和约翰 • 斯莱特独立提出了杂化轨道的概念。杂化轨道实际上打破了原本划分的孤立的 s 层、p 层、d 层相互孤立的限制，为实现整体能量的最低而在 s 层、p 层、d 层间建立联系和协同的结果，也是从形而上学到辩证法的一次进步。20 世纪 20 年代，人们还提出了分子轨道法作为处理分子的电子状态的又一个近似方法，即在分子范围内考虑能量最低，用原子轨道的线性组合表示分子轨道，这实际上是将原子间电子运动和相互联系的范围跨越不同原子，扩大到整个分子，是从形而上学到辩证法的又一次进步。随着计算机的出现，到 20 世纪后半叶，分子轨道法对化学的许多领域产生了巨大冲击。

整体来看，尽管化学的发展历程没有像物理学那样体现出与唯物论和辩证法之间十分清晰的对应关系，不过由于来自物理学成果的继承性以及科学发展阶段的对应性，化学的发展历程与唯物论和辩证法之间还是大致形成了一个对应关系：近代化学和现代化学的前期体现的是半辩证法半形而上学的唯物主义，现代化学后期体现的则是辩证唯物主义。